高等院校网络空间安全专业实战化人才培养系列教材

郭启全　丛书主编

数据安全管理与技术

杨正军　王安宇　郭启全　编著

电子工业出版社·
Publishing House of Electronics Industry
北京·BEIJING

内 容 简 介

本书围绕数据安全的综合管理与技术实践展开，系统阐述了从理论基础到行业应用的全方位内容。全书以数据全生命周期为核心，结合国内外法律法规与标准规范，探讨数据分类分级、风险评估、安全防护、个人信息保护及数据要素流通等关键议题，旨在为构建安全可靠的数字化生态提供理论指导与实践参考。

本书是高等院校网络空间安全专业实战化人才培养系列教材之一，可作为网络空间安全专业的专业课教材，适合网络空间安全专业、信息安全专业以及相关专业的大学生、研究生系统学习，也适合各单位各部门从事网络安全工作者、科研机构和网络安全企业的研究人员阅读。

图书在版编目（CIP）数据

数据安全管理与技术 / 杨正军等编著 . -- 北京 ：

电子工业出版社，2025. 7. -- ISBN 978-7-121-50128-9

Ⅰ . TP309.2

中国国家版本馆 CIP 数据核字第 2025RY1844 号

责任编辑：刘御廷　　文字编辑：刘怡静

印　　刷：河北鑫兆源印刷有限公司

装　　订：河北鑫兆源印刷有限公司

出版发行：电子工业出版社

　　　　　北京市海淀区万寿路173信箱　　邮编：100036

开　　本：787×1 092　1/16　印张：16.75　字数：424千字

版　　次：2025年7月第1版

印　　次：2025年7月第1次印刷

定　　价：69.00元

凡所购买电子工业出版社图书有缺损问题，请向购买书店调换。若书店售缺，请与本社发行部联系，联系及邮购电话：（010）88254888，88258888。

质量投诉请发邮件至zlts@phei.com.cn，盗版侵权举报请发邮件至dbqq@phei.com.cn。

本书咨询联系方式：（010）88254569，liuyj@phei.com.cn。

高等院校网络空间安全专业
实战化人才培养系列教材

编委会

主任委员： 郭启全

委　　员：蔡　阳　崔宝江　连一峰　吴云坤

荆继武　肖新光　王新猛　张海霞

薛　锋　魏　薇　杨正军　袁　静

刘　健　刘御廷　潘　昕　樊兴华

段晓光　雷灵光　景慧昀

在数字化智慧化高速发展的今天，网络和数据安全的重要性愈发凸显，直接关系到国家政治、经济、国防、文化、社会等各个领域的安全和发展。网络空间技术对抗能力是国家整体实力的重要方面，面对日益复杂的网络安全威胁和挑战，按照"打造一支攻防兼备的队伍，开展一组实战行动，建设一批网络与数据安全基地"的思路，培养具有实战化能力的网络安全人才队伍，已成为国家重大战略需求。

一、培养网络安全实战化人才的根本目的

在网络安全"三化六防"（实战化、体系化、常态化；动态防御、主动防御、纵深防御、精准防护、整体防控、联防联控）理念的指引下，网络安全业务越来越贴近实战。实战行动和实战措施都离不开实战化人才队伍的支撑。培养网络安全实战化人才的根本目的，在于培养一批既具备扎实的理论基础，又掌握高新技术和前沿技术、具备攻防技术对抗能力，还能灵活运用各种技术措施和手段，应对各种网络安全威胁的高素质实战化人才，打造"攻防兼备"和具有网络安全新质战斗力的队伍，支撑国家网络安全整体实战能力的提升。

二、培养网络安全实战化人才的重大意义

习近平总书记强调："网络空间的竞争，归根结底是人才竞争"，"网络安全的本质在对抗，对抗的本质在攻防两端能力较量"。要建设网络强国，必须打造一支高素质的网络安全实战化人才队伍。我国网络安全人才特别是实战化人才严重缺乏，因此，破解难题，从网络安全保卫、保护、保障三个方面加强实战化人才教育训练，已成为国家重大战略需求。

当前，国家在加快推进数字化智慧化建设，本质是打造数字化生态，而数字化建设面临的最大威胁是网络攻击。与此同时，国家网络安全进入新时代，新时代网络安全最显著的特征是技术对抗。因此，新时代要求我们要树立新理念、采取新举措，从网络安全、数据安全、人工智能安全等方面，大力培养实战化人才队伍，加强"网络备战"，提升队伍的技术对抗和应急处突能力，有效应对新威胁和新技术带来的新挑战，为国家经济发展保驾护航。

三、构建新型网络安全实战化人才教育训练体系

为全面提升我国网络安全领域的实战化人才培养能力和水平，按照"理论支撑技术、技术支撑实战"的理念，创新高等院校及社会差异化实战人才培养的思路和方法，建立新型实战化人才教育训练体系。遵循"问题导向、实战引领、体系化设计、督办落实"四项原则，认真落实"制定实战型教育训练体系规划、建设实战型课程体系、建设实战型师资队伍、建设实战型系列教材、建设实战型实训环境、以实战行动提升实战能力、创新实战

型教育训练模式、加强指导和督办落实"八项重大措施,形成实战化人才培养的"四梁八柱",有力提升网络安全人才队伍的新质战斗力。

四、精心打造高等院校网络空间安全专业实战化人才培养系列教材

在有关部门的大力支持下,具有 20 多年网络安全实战经验的资深专家统筹规划和整体设计,会同 20 多位部委、高等院校、科研机构、大型企业具有丰富实战经验和教学经验的专家学者,共同打造了 14 部技术先进、案例鲜活、贴近实战的高等院校网络空间安全专业实战化人才培养系列教材,由电子工业出版社出版,以期贡献给读者最高水平、最强实战的网络安全重要知识、核心技术和能力,满足高等院校和社会培养实战化人才的迫切需要。

网络安全实战化人才队伍培养是一项长期而艰巨的任务,按照教、训、战一体化原则,以国家战略为引领,以法规政策标准为遵循,以系统化措施为抓手,政府、高校、企业和社会各界应共同努力,加快推进我国网络安全实战化人才培养,为筑梦网络强国、护航中国式现代化贡献我们的智慧和力量!

郭启全

数字化浪潮席卷全球，数据已成为驱动社会经济发展、推动科技进步、提升国家治理能力的关键生产要素。随着大数据、云计算、人工智能等技术的飞速发展，数据的采集、存储、处理、分析和应用能力实现了质的飞跃，为各行各业带来了前所未有的变革与机遇。与此同时，数据安全问题日益凸显，成为制约数字经济健康发展的重大挑战。数据泄露、数据滥用等安全事件频发，不仅侵犯了个人隐私权，也对国家安全、社会稳定、企业运营构成了严重威胁。筑牢数字安全屏障、保障数据安全是实现数字经济健康发展、建设数字中国的重要保障。因此，加强数据安全管理与技术研究，构建完善的数据安全保护体系，已成为时代赋予我们的紧迫任务。

进入新时代，网络安全最显著特征是技术对抗，应树立新理念，采取新举措，立足有效应对大规模网络攻击，认真落实"实战化、体系化、常态化"和"动态防御、主动防御、纵深防御、精准防护、整体防控、联防联控"的"三化六防"措施，按照"打造一支攻防兼备的队伍，开展一组实战行动，建设一批网络与数据安全基地"这条主线，加强战略谋划和战术设计，建立完善的网络安全综合防御体系，大力提升综合防御能力和技术对抗能力。从创新角度出发，按照"理论支撑技术、技术支撑实战"的理念，加强理论创新和技术突破，实施"挂图作战"；从"打造一支攻防兼备的队伍"出发，创新高等院校和企业差异化网络安全人才培养思路和方法，建立实战代人才教育训练体系，加强教育训练体系规划，强化课程体系、师资队伍、系列教材、实训环境建设和培养模式创新，培养网络安全实战型人才。

为了满足培养网络安全实战型人才的需要，郭启全组织成立编委会，共同编著高等院校网络空间安全专业实战化人才培养系列教材，包括《网络安全保护制度与实施》《网络安全建设与运营》《网络空间安全技术》《商用密码应用技术》《数据安全管理与技术》《人工智能安全治理与技术》《网络安全事件处置与追踪溯源技术》《网络安全检测评估技术与方法》《网络安全威胁情报分析与挖掘技术》《数字勘查与取证技术》《恶意代码分析与检测技术》《恶意代码分析与检测技术实验指导书》《漏洞挖掘与渗透测试技术》《网络空间安全导论》。郭启全统筹规划和整体设计全套教材，组织具有丰富网络安全实战经验和教学经验的专家、学者，撰写这套高等院校网络空间安全专业教材，并对内容严格把关，以期贡献给读者最高水平、最强实战的网络安全、数据安全、人工智能安全等方面的重要知识。

《数据安全管理与技术》旨在全面系统地探讨数据安全领域的核心问题，从基础理论、政策法规、技术实践到未来趋势，为读者呈现一幅数据安全技术和管理的全景图。通过深入分析数据安全的基本概念、核心要素、生命周期安全等基础知识，帮助读者建立起对数据安全的全面认知；同时，结合国内外数据安全管理的实践经验与最新成果，介绍了一系列行之有效的数据安全政策标准和技术手段，为数据安全实践提供有力支撑。

本书由杨正军、王安宇、郭启全编著。在本书的撰写过程中，得到了众多行业内外专家学者的鼎力支持与帮助，感谢刘扬、杨阳、钟子修、孟洁、王志波、孙勇、王佳星、吴连涛、白晓媛、潘无穷等人为本书付出的辛勤努力！

由于作者水平有限，书中难免有不妥之处，敬请读者批评指正。

作者

目录 CONTENTS

第 2 章

**数据安全管理
体系**

本章介绍数据和数据安全的基本概念、数据安全核心要素、数据全生命周期安全，数据安全保护制度，数据安全保护与网络安全等级保护的关系，数据安全有关政策和标准，数据安全管理目标、数据安全风险评估，阐述人工智能、云计算、物联网、零信任架构、量子计算等新技术与数据安全的关系，为读者深入学习数据安全管理与技术奠定基础。

1.1　数据和数据安全

科学与技术进步已深刻地影响了全球经济，改变了人们生产和生活的方方面面。20 世纪 50 年代，计算机和数字化技术的出现标志着第三次工业革命的开始，极大地推动了人类社会经济、政治、文化领域的变革，并且深刻影响了人类生活方式和思维方式。

当今世界已经进入第四次工业革命时代。第四次工业革命融合了人工智能（AI）、机器人技术、物联网（Internet of Things，IoT）、3D 打印、基因工程、量子计算和其他技术，在丰富人们生活的同时，也推动了工业的智能化转型，促进了数字世界、物理世界和生物世界的融合。

一项对全球物联网市场的研究显示，2019 年活跃的物联网设备（含计算机、服务器、手机等）数量约为 76 亿台。到 2030 年，全世界的联网设备数量将达到 241 亿台。各类智能终端设备开始出现在人们的生活中，如智能可穿戴设备、AR 眼镜、VR 头戴式设备，甚至是未来的全息投影设备等也将逐渐推广和普及。现代生活中的很多场景依赖于这些智能终端设备的支持。智能导航系统可以在驾车时迅速计算出到达目的地的可选路线；智能手机中的语音助手提供了丰富的人机交互方式，甚至可以代替机主在餐馆预订座位；手机中的社交应用可以识别出照片中的人脸。

随着网络空间和真实空间的进一步交融，物理、数字和生物世界之间的界限变得模糊，或者说是融合。在此场景中，数据的范畴得到了极大的外延。数据量急剧膨胀的同时，数据的重要程度和价值也越来越高，但数据的风险也迅速增长。面对不断变化、飞速演进的数字化世界，系统化地分析、识别数据安全的风险，有针对性地制定和实施各类安全控制措施，设计和实现安全架构，并持续性安全运营，是每个组织保护数据安全的关键。

1.1.1　数据安全基本含义

数据和数据安全是最基础的两个概念，什么是数据？什么是数据安全？从不同的维度，有很多种对于数据的定义。

1．数据的定义

数据（Data）是事实或观察的结果，是对客观事物的逻辑归纳，是用于表示客观事物的、未经加工的原始素材。根据《中华人民共和国数据安全法》（简称《数据安全法》）第三条"本法所称数据，是指任何以电子或者其他方式对信息的记录"，数据是信息的表现形式和载体，可以是符号、文字、数字、语音、图像、视频等。数据和信息是不可分离的，数据是信息的表达，信息是数据的内涵。数据本身没有意义，数据只有对实体行为产生影响时才成为信息。

在现代（1960年后）计算机系统中，数据以二进制信息单元0、1的形式表示，通过计算机系统可以处理。

数据可以分为结构化数据和非结构化数据。结构化数据指符合数据模型的数据，具有明确定义的结构，遵循一致的顺序，并且可以由人或计算机程序轻松访问和使用。结构化数据通常以定义明确的模式存储，如传统的关系型数据库。结构化数据通常是表格形式的，具有明确定义其属性的行和列。SQL（Structured Query Language，结构化查询语言）通常用于管理存储在数据库中的结构化数据。

与之相对应，非结构化数据是未按预定义方式组织或不具有预定义数据模型的数据，因此不适用于主流关系型数据库。对于非结构化数据，存在用于存储和管理的替代平台。非结构化数据通常包含文本、语音、图片、视频、PDF文档、媒体日志等格式，非结构化数据在IT系统中的应用越来越广泛，并可以用于各种商业智能和分析应用程序中。

2．个人数据和敏感个人数据

不是所有的数据都有相同的价值，因此，数据安全主要关注"需要受保护的数据"的安全防护。对一般组织和个人而言，两个相关的概念尤为重要：个人数据和敏感个人数据。

（1）个人数据。个人数据也称个人信息，是与个人身份有关的任何信息。个人数据的范围非常广泛，其含义在不同的国家和地区也略有不同，但个人数据保护的原则类似。值得关注的个人数据的两大类型为个人身份信息（Personally Identifiable Information，PII）和个人隐私信息。美国国家标准与技术研究院（National Institute of Standards and Technology，NIST）在SP 800—122行业标准中将个人身份信息定义为"由代理机构维护的有关个人的任何信息，包括：任何可用于区分或追踪个人身份的信息，如姓名、社会安全号码、出生日期和地点、生物特征如指纹和人脸特征；与个人链接或可链接的任何其他信息，如医疗、教育、财务和就业信息。"值得注意的是，在此定义下，互联网用户的IP地址为"链接的个人数据"。但是在欧盟，互联网用户的IP地址为个人数据。

（2）敏感个人数据。敏感个人数据是个人数据的子集，在不同的国家和地区对其范畴有不尽相同的定义。一般而言，个人财务数据（如银行卡）、个人健康数据（如基因、病历卡）、个人生物识别特征（如面部特征、指纹）都被认为是敏感个人数据。处理敏感个人数据时，不仅要实施必要的安全防护机制，还需要满足适用的法律法规和监管要求。

3. 数据安全

数据安全（Data Security）聚焦于在数据全生命周期过程中保护数据免受未授权的访问与数据损坏，并涵盖一整套相关的标准、技术、框架和流程。《数据安全法》第三条指出，"数据安全，是指通过采取必要措施，确保数据处于有效保护和合法利用的状态，以及具备保障持续安全状态的能力"。

数据安全的主要目的是保护在收集、存储、创建、接收或传输过程的数据。无论使用哪种设备、技术或流程来管理、存储或收集数据，都必须对其进行保护。合规性也是一个主要考虑的因素。

在"互联网+"飞速普及并逐步渗透到各行各业的今天，所有的政府机构、企业每天都在处理着数据。数据安全领域面对的环境和业务包罗万象。但是，无论是处理大量个人和财务数据的银行系统，还是互联网厂商提供的云服务，亦或是在移动电话上存储用户照片，都是不同形态和内涵的数据的应用。事实上，信息与通信行业的本质，可以理解为聚焦于信息的生命周期，提供相应的服务。而信息的基础载体就是数据。因此，数据安全的目标可以抽象为保障信息生命周期的安全性（机密性、完整性、可用性）及数据处理的合理性（含用户隐私）。

1.1.2　数据安全核心要素

NIST FIPS 199（联邦信息处理标准出版物 199）《联邦信息和信息系统的安全分类标准》中提出，数据安全模型的三个核心要素为机密性（Confidentiality）、完整性（Integrity）与可用性（Availability），简称为 CIA 三角（CIA Triad），如图 1-1 所示。

数据安全模型有助于阐述数据安全和信息安全两个领域的关系。数据安全领域和信息安全领域有着千丝万缕的联系，在某些区分不严格的场合中，这两个术语甚至可以混用。信息安全一般指企业或组织的商业秘密、技术秘密和其他关键信息资产的防护，从一般含义上讲，信息安全更侧重数据安全模型中的机密性。

1. DIKW 金字塔模型

著名的 DIKW（Data, Information, Knowledge and Wisdom，数据、信息、知识和智慧）金字塔模型清晰地阐述了数据、信息、知识和智慧四个术语之间的关系，如图 1-2 所示。

（1）数据。最底层也是最基础的是数据，数据是以原始或未分类的形式表述的一系列事实。如果没有关联或上下文，数据本身的含义并不明确。例如，12122020 是一个数字的序列。如果加上表示日期的上下文，则很容易得到信息：2020 年 12 月 12 日。由此引出第二个概念：信息。

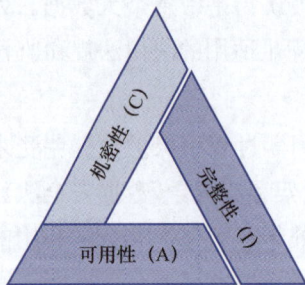

图 1-1 数据安全的三个核心要素

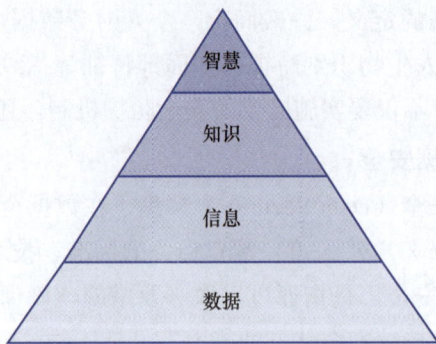

图 1-2 DIKW 金字塔模型

（2）信息。信息是已经排除错误并经过进一步处理的数据，可用于针对特定目的的测量、可视化和分析。取决于不同目的，数据处理可能涉及不同的操作，如组合不同的数据集，确保收集的数据相关且准确等，即基于目的的上下文所关联的数据产生信息。例如，3371.96、3373.28、3347.19，是一串离散的数据点。如果是已知这些数据点是证券市场上证综合指数某几天休市时的数据，则可以创建该特定时间段内数据点的图表来分析上证综合指数的表现。

（3）知识。信息从数据中获取关联，可用于解答"4W"的问题，即 Who（谁）、What（什么）、When（何时）、Where（何地）。不过一旦问题变为 How（如何），则进入更上一层的领域：知识。

从收集的数据中得出的信息与我们的目标如何相关呢？这些信息中的"各部分"如何与其他部分关联以增加更多的意义和价值呢？最重要的是，如何使用信息来实现目标呢？

当信息不仅是对收集的事实的描述，还可以被使用以实现目标时，信息即转变为知识。这些知识通常是组织和个人超越竞争对手的优势。利用信息和知识，发现潜在的或隐含的关联，则称为"见解"。

（4）智慧。当组织或个人使用从信息中获得的知识和见解做出主动决策时，即达到了 DIKW 金字塔模型的顶尖——"智慧"。智慧是知识在决策中的应用。智慧可以回答"Why"开头的问题，也可以解答"What"开头的问题。

根据信息安全和数据安全的概念辨析可知：按照信息和数据的范畴和内涵，数据的范畴和内涵更为通用和抽象；数据安全更聚焦于本领域的业务和技术，而信息安全聚焦于组织的信息甚至是知识的机密性，并聚焦于组织视角的场景与应用。

2. 数据安全的三个核心要素

下面详细解释数据安全的三个核心要素的含义。

（1）机密性

机密性指确保只有获得授权的信息访问主体才可以获得指定的信息。信息访问主体可以是实际的用户，也可以是进程、App、服务等。

机密性的定义比较抽象，可以从反方向来直观理解。常见的数据机密性受损的案例包括：手机丢失导致存储的照片泄露；互联网账户密码泄露导致账户被恶意登录和操作；含有报价等敏感信息的电子邮件被误发给其他人。

在维护信息机密性的过程中采取保护操作，是为了防止敏感信息在传递过程中出现误传或窃取等情况后被泄露。为此，必须使用一定的技术手段，使得对明文真实数据的访问仅限于有权查看该数据的人员。机密性的保护措施一般在信息传递之前实施。但是，还应做好数据泄露预案，包含如何识别数据泄露的数量和类型，并根据这些假想情形制定相应的善后措施。

确保机密性的常见方法包括数据加密、多因素身份认证。当然，对于极度敏感的数据，也可能需要采取物理隔离、非联网设备存储等措施。

除技术手段外，保护数据机密性通常还需要对处理重要数据的人员进行特殊培训。这类培训可以帮助被授权接触重要信息的人员熟悉潜在的风险因素，并实施有针对性的防范措施。

（2）完整性

完整性指确保数据在整个生命周期中不会受到非法的篡改与破坏。

在某些场景下，数据完整性是数据质量的代称，如数据库中不出现逻辑相反的两条记录；在某些场景下，数据完整性是数据损坏的反义词。在数据安全领域，数据完整性旨在防止数据被意外或蓄意地更改。

在设计、实现和应用任何涉及存储、使用和传输数据的系统时，数据的完整性都是需要考虑的关键问题。完整性意味着必须采取行之有效的措施，以确保数据不会在传输过程中被更改，同时也不会被未经授权的人员更改，如在信息机密性受到损害时。由于存储、检索或使用操作而导致的任何数据被意外更改，包括恶意篡改、意外的硬件故障和人为错误，都是数据完整性的故障场景。如果更改是由未经授权访问引发的，则也属于数据完整性的故障场景。

数据完整性的技术从目的上是相同的：确保按预期准确地记录数据，并且在以后检索时，确保数据与原始记录时的数据相同。

常见的确保数据完整性的措施包括文件操作许可控制和用户访问权限控制。此外，在日常的生产过程中，工作组织必须定期采取一些措施来检测由非人为的意外事件（如电磁脉冲或服务器崩溃）所带来的数据变化，这些检测措施包括但不限于检验数据的明文或加密后的校验。除定期检验外，还必须有稳定安全的备份才能确保将受影响的数据恢复到正确的状态。

（3）可用性

可用性指确保合法用户对数据的获取与使用能够得到保障。

任何用于存储、使用和传输数据的系统，应该在用户需要时，及时准确地提供数据。这意味着，存储、使用和传输的业务功能中，用于保护信息的安全控制及用于访问信息的通信通道必须能够正常运行。高可用性系统旨在始终保持可用状态，以防止因断电、硬件故障和系统升级而导致服务中断。确保可用性还涉及防止拒绝服务攻击（Denial of Service

Attack，DoS 攻击），如防止因将大量传入消息发送到目标系统，从而迫使该系统无法针对正常用户提供服务的情况。

严格维护硬件设施、定期执行硬件维修、维护操作系统环境与保持系统始终部署最新的安全补丁与更新是可用性得以维持的重要保障。当然，提供足够的通信带宽并防止出现性能瓶颈也同样重要。在预防措施做足的同时，提供充足且稳定的冗余、故障转移、独立磁盘冗余阵列（Redundant Array of Independent Disks，RAID，简称"磁盘阵列"），甚至高可用性群集等后发性保障措施，可以有效缓解硬件问题发生所带来的后果。最糟糕的情况发生时，快速和自适应的灾难恢复至关重要，而强大的恢复能力需要依靠一套全面的灾难恢复计划（Disaster Recovery Plan，DRP）。

DRP 的风险预估中必须包括不可预测的事件，如不可抗力带来的灾害。为防止此类事件造成数据丢失，备份副本应该尽可能保有多份并存储在地理位置相隔离的地点。除不可抗力外，对于可能遭受的拒绝服务攻击等恶意攻击，DRP 要求部署额外的安全设备或软件（如防火墙和代理服务器），以确保即便在攻击造成了短暂宕机的情况下也能足够迅速地恢复正常的服务。

在数据安全领域，可用性是保障系统的用户能够正常使用系统的关键所在。

CIA 三角的三个核心要素需要权衡一定的冲突。例如，共享驱动器的访问、网络代理服务器的配置、员工发送外部电子邮件的权限等场景，对于企业 IT 系统而言都存在机密性、完整性和可用性的冲突，因此需要不同团队（如网络运营、开发、事件响应和变更管理团队等）的协作以解决问题、应对风险、保障企业内的数据安全。

1.1.3 数据生命周期安全

伴随着数据规模剧增、大数据时代来临，物联网的持续发展与演进，数据生命周期管理（Data Lifecycle Management，DLM）变得越发重要。越来越多的设备正在世界上的每个角落产生海量的数据，识别不同数据的整个生命周期，并对数据进行适当的安全防护，同时维持数据的使用便捷，显现出其重要意义。

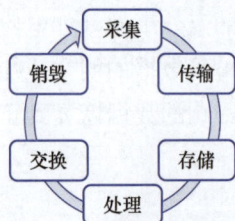

按照国家标准 GB/T 37988《信息安全技术 数据安全能力成熟度模型》的定义，数据生命周期（Data Lifecycle），即数据从其最初采集（或创建），到传输、存储、处理、交换（传输），直到其使用寿命结束并被销毁的生命周期阶段序列，如图 1-3 所示。

1. 数据生命周期的安全防护机制

图 1-3 数据生命周期

数据生命周期管理（DLM）是管理整个数据生命周期的数据流的过程。在整个数据生命周期中准确地识别和保护数据，特别是敏感数据，是数据安全的基础要求。基于数据生命周期的分析还可以确定应用安全控制的位置，并选择合适的安全机制。不同数据类型的不同生命周期阶段，其每个阶段的安全防护关键点也不相同。

（1）在数据的采集阶段，不同的数据类型的采集方式可谓千差万别。例如，数字温度计采集办公室的室内温度数据，电信设备生成用户每次通话的计费账单，手机同步照片到云存储的创建方式都各有不同。但从数据安全的基本原则角度，在数据的采集阶段，应该对数据进行识别并做出合理的分类，还应明确该类数据的保护要求。

（2）在数据的传输阶段，可通过数据传输加密保障数据的机密性，通过网络基础设施及网络层数据防泄露设备的备份建设，实现网络的高可用性，从而保证数据传输过程的稳定性。

（3）在数据的存储阶段，与创建阶段类似，数据的存储方式也有很大的差异，可能是在本地存储设备上存储，或者采用分布式存储、云存储。本阶段应该实现必要的数据访问控制，以确保数据受到合适的保护，从而降低数据被泄露、被篡改和被破坏的风险。

（4）在数据的处理阶段，数据安全防护的关键点是将安全控制机制应用于使用中的数据。一般而言，应能够监控对数据特别是敏感数据的访问，并应用各类安全控制以确保数据的安全。

（5）数据的交换阶段，是数据安全控制中最薄弱的环节。而对于数据这一信息载体而言，类比于传统的实体商品，数据在交换时才能体现价值。因此在一定程度上，数据安全和数据价值会产生冲突。适度的安全控制对于平衡数据安全和数据价值十分重要。

（6）在数据的销毁阶段，需要关注不同法律法规对于数据归档的约束性要求。当数据的归档时限已过，应根据监管要求删除数据。此时，数据安全的关注重点是采取合理的数据销毁机制，以确保数据无法被恢复。即使数据并非以传统的文件类型存储，也需要考虑相应的销毁机制。

上述为数据生命周期的 6 个典型阶段。需要注意的是，不同的数据类型其生命周期阶段也不完全一致。比如，对于数字温度计的温度数据，以数字温度计的视角，只有采集和交换两个阶段。

2. 数据的三种状态及其安全防护机制

随着数据访问界面不断复杂，攻击路径不断增加，攻击者的攻击策略变得越来越体系化和系统化，对数据安全管理而言，数据安全的各个方面都变得非常重要——从安全的数据存储、使用和传输，到访问控制，以及有效的密钥管理，如果有一个环节易于受到攻击，则会破坏整体安全机制的有效性。

若要应对来自上述多个维度的风险，则需要一种全面的、以数据为中心的安全防护方法。也就是说，应在数据生命周期的所有环节关注保护数据本身，而不是仅关注网络、应用程序或服务器。

数据在存储（At Rest）、使用（In Use）和传输（In Motion）三种状态时，都会面临独特的安全威胁和挑战，因此要针对这三种状态下的数据进行保护，如图 1-4 所示。

存储
(At Rest)

传输
(In Motion)

使用
(In Use)

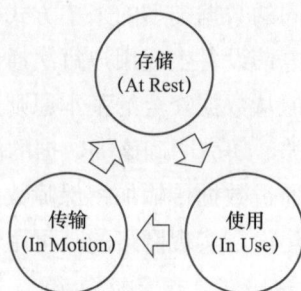

图 1-4　数据生命周期状态

（1）数据的存储

数据在硬盘驱动器上存储时处于静止状态。静态形式存储的数据指位于硬盘驱动器、外置存储、云存储或磁带机等位置的数据，又称静态数据。在这种相对安全的状态下，传统的分层防御机制可以起到作用。首先，是存储位置所在的物理设施，如机房、办公室的保护。其次，是基于外围的防御措施，如防火墙、入侵检测和防御系统的保护。再次，是基于端点的防御措施，如防病毒软件、端点策略防护、补丁管理等。最后，是数据本身的防御措施，包括加密和访问控制两大类型。

加密分为驱动器加密和文件加密。加密硬盘驱动器能防止硬盘丢失、被盗带来的数据安全风险，对安全销毁场景也有作用。但多数硬盘加密技术有缺陷，开机后磁盘内容会被解密，数据使用状态下不再生效。因此，部分含敏感数据的文件应采用应用级别的文件加密。对于结构化数据存储，很多数据库发行版本支持数据库、表甚至列级加密，可针对敏感数据和个人数据进行细粒度防护。

其他存储安全措施也可能对数据安全有帮助，如将不同的数据分类存储在单独的位置，以减少攻击者获得足够信息而进行欺诈或其他犯罪的可能性。

上面描述的是传统的主机存储、移动存储和服务器存储。对于云存储，还要关注其他方面的要求。例如，存储空间必须是在合同、服务水平协议和法规允许的地理位置，存储的数据必须要保证包括所有的副本和备份，以防止因数据丢失而造成的损失。例如，存储和使用受欧盟《通用数据保护条例》约束的电子健康记录，可能对数据拥有者和云服务提供商都是一种挑战。将数据存放在云端后要考虑其可靠性、保密性及完整性，考虑供应商的安全权限管理措施是否完善，对存储的数据是否进行安全管理，以及数据的存放格式是否合理。所以，若要保证在这一过程中的数据安全，就需要对数据进行额外的完整性保证、数据加密及数据隔离等措施。

综上所述，静态数据通常被认为是相对安全的数据状态。在此状态下，基于网络和物理边界的解决方案可以被视作第一道防线。根据数据本身的用途和敏感性，还可以添加额外的防线。数据的存储也需要注意应遵从相关的法律法规的约束。

（2）数据的传输

虽然数据在静止状态更容易得到完善的保护，但数据一直处在静止状态是无法带来真正的价值的。数据通过传输以提供给其他需求方，从而实现数据的共享和价值。数据在此阶段往往最容易受到攻击。

云数据通过网络、进程通信等方式传输给其他的客户和虚拟服务以供其使用，由于网络的开放性，数据不能在没有安全控制的情况下进行传输。数据的创建者要考虑是否对数据进行管理权限的设置。所以若要保证传输数据的安全，就要使用数据加密技术以同时维护数据传输过程中的机密性及传输后的完整性。

相较于静态数据，传输中的数据更容易受到攻击，无论是通过公共网络或专用网络传输，还是利用其他传输机制。图 1-5 是几种典型的数据传输机制示例。

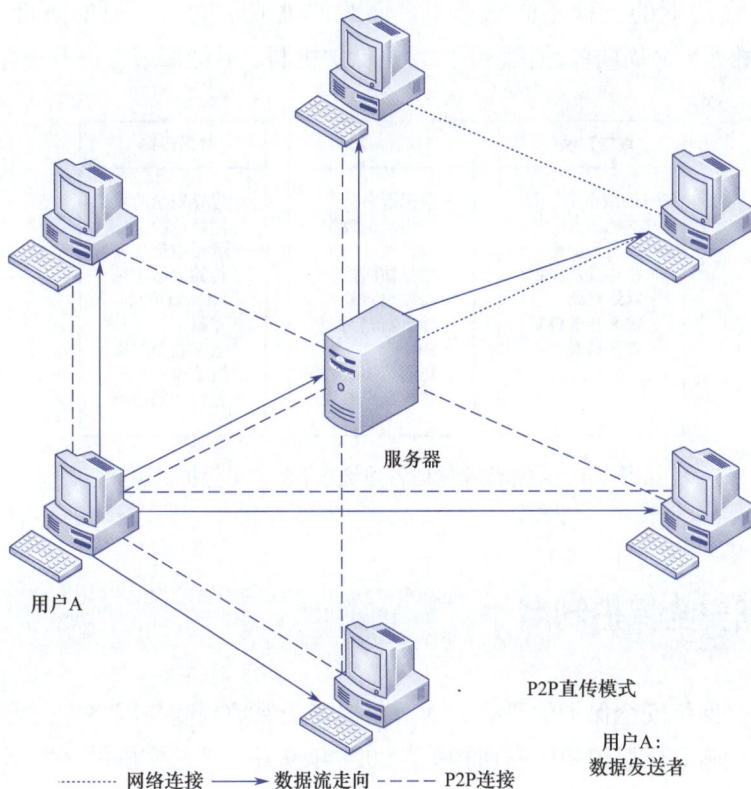

图 1-5　数据传输机制示例

保护传输中的数据的一般做法是数据加密。应选用合适的密码算法与加密实践，从而将传输加密当作一道有效的防线。

（3）数据的使用

对于静态数据的防护，不仅是最易于解决的，而且是普遍受到关注的重点。对处于传输状态的数据予以防护，是最易于理解的情形。与之形成对比的是，正在使用中的数据的安全性，却最容易被忽视，也是攻击者最易于突破的环节。使用中的数据比静态数据更容易受到攻击，因为根据数据的可用性，需要这些数据的人员必须可以访问它们。当然，有权访问数据的人员和设备越多，在某些时候数据落入错误的人员的手中的风险就越大。确保使用中的数据安全的关键是尽可能严格地控制访问并结合一种或多种类型的身份认证，以确保用户使用的不是已被窃取的身份或凭据。

组织还需要能够跟踪和报告相关信息，以便检测可疑活动、诊断潜在威胁并主动提高安全性。例如，由于一定次数的失败登录尝试而被禁用的账户可作为系统受到攻击的警告信号。

经验证明，如果存在对攻击者而言有价值的数据，一定要识别出可以访问数据的每一个入口，并对其加以保护。仅将加密局限在数据生命周期中的一部分是一种危险的行为。保护存储、传输和使用这三种状态中的数据是至关重要的。

在数据生命周期的三种不同状态下，面对的挑战不同，采取的防御手段也不同。图 1-6 归纳了数据生命周期各种状态下的常见保护机制。后续章节会进一步介绍。

数据存储	数据使用	数据传输
·端点安全 ·主机加密 ·应用层加密 ·移动设备保护 ·网络存储 ·物理介质控制 ·安全销毁	·数据匿名化 ·使用示例数据 ·身份认证 ·数据访问控制 ·授权与鉴权 ·导出/保存控制 ·DRM ·访问/使用监控 ·特权账户监控	·边界安全防护 ·网络监控 ·敏感数据加密 ·传输通道加密 ·Internet访问 控制 ·数据收集和交 换策略 ·过程访问控制

图 1-6　数据生命周期各种状态下的常见保护机制

1.2　数据安全保护制度

数据安全是网络安全保护的重要方面，数据安全保护制度与网络安全等级保护制度、关键信息基础设施安全保护制度密切相关。2021 年 9 月 1 日起实施的《数据安全法》，标志着我国将数据安全保护的政策要求，利用法律进行了明确和固化，以法律形式确立了数据安全保护制度，为各地区、各部门加强数据安全保护提供了法律保障。

数据作为关键要素和国家重要战略资源，在国家经济发展和社会进步中越来越发挥基础性和全局性作用。《数据安全法》是数据领域的基础性法律，也是国家安全领域的一部重要法律，旨在提升国家数据安全的保障能力和数字经济的治理能力，规范数据处理活动，保障数据安全，促进数据开发利用，保护个人和组织的合法权益，维护国家主权、安全和发展利益。

1.2.1　《数据安全法》主要内容

《数据安全法》是我国实施数据安全监督管理的基础性法律，目的是提升国家数据安全的保障能力和数字经济的治理能力。《数据安全法》阐明了数据安全与发展的关系，明确了未来数据治理的方向。《数据安全法》共 7 章 55 条。第一章为总则，第二章为数据安全与发展，第三章为数据安全制度，第四章为数据安全保护义务，第五章为政务数据安全与开放，第六章为法律责任，第七章为附则。

《数据安全法》第七条规定，国家保护个人、组织与数据有关的权益，鼓励数据依法合理有效利用，保障数据依法有序自由流动，促进以数据为关键要素的数字经济发展；第九条规定，国家支持开展数据安全知识宣传普及，提高全社会的数据安全保护意识和水平，推动有关部门、行业组织、科研机构、企业、个人等共同参与数据安全保护工作，形成全社会共同维护数据安全和促进发展的良好环境；第十一条规定，国家积极开展数据安全治理、数据开发利用等领域的国际交流与合作，参与数据安全相关国际规则和标准的制定，促进数据跨境安全、自由流动。

《数据安全法》的内容可以总结归纳为如下要点。

（1）开展数据领域国际交流与合作，参与数据安全相关国际规则和标准的制定，促进数据跨境安全、自由流动。

（2）全面加强数据开放利用，推进技术和标准体系建设，建立健全数据交易管理制度。

（3）建立分类分级数据保护制度，形成集中、统一、权威的数据安全机制，建立数据安全应急处理机制、数据安全审查制度、数据安全出口管制以及根据实际情况采取数据投资贸易反制措施等，健全数据安全基础制度，以数据安全保障数字中国建设、推动数字经济高质量发展。

（4）明确数据安全保护义务，落实数据保护责任，加强数据安全风险监测和评估。

（5）国家机关政务数据要建立健全数据安全管理制度，落实数据安全保护责任，及时、准确公开政府数据，构建统一、规范、互联互通、安全可控的政务数据开放平台，推动政府数据开放利用。

数据处理者应重点关注如下内容。

1. 重视数字经济

国家以法律形式保护数据应用和发展，体现了数字经济发展的极端重要性，为国家经济发展注入了强大动力。《数据安全法》体现了国家保护个人和组织依法、合理使用数据，促进数据依法有序自由流动和数字经济发展的坚定态度。加快数字化发展，推进数字产业化和产业数字化，推动数字经济与实体经济深度融合，是我国经济发展的基本国策。

2. 高度重视数据安全

国家高度重视数据安全，加强综合治理和安全监管，切实保障国家数据安全。近年来，非法采集、加工、使用以及数据窃取、泄露等问题突出，严重危害国家安全、社会稳定和经济发展。各地区、各部门可以采用多种方式，积极宣传数据安全的法律、政策，调动有关部门、行业组织、科研机构、企业、个人等社会各界和社会力量的积极性，共同参与数据安全保护工作，共同维护数据安全。

3. 发展和安全并重

数据应用和数据安全是数据的两个重要方面，数据处理者需要找好平衡点，既不能过度强调应用而忽视安全，也不能因为重视安全而阻碍数据应用发展。为了解决这对矛盾，各地区、各部门要积极探索，该管好的重要数据、核心数据应保护好，一般数据应被积极应用，促进经济发展。

4. 加强国际合作

国家重视有关数据工作的国际交流合作，各地区、各部门应积极与有关国家、地区、组织等在数据安全治理、数据开发利用等领域开展国际交流与合作，积极参与数据安全相关国际规则和标准的制定，促进数据跨境安全、自由流动，推动世界数字经济发展，掌握国际数据治理的主动权和话语权。

1.2.2 我国数据安全管理的职责分工

《数据安全法》提出，维护数据安全，应当坚持总体国家安全观，建立健全数据安全治理体系，提高数据安全保障能力。各地区、各部门按照上述原则，依据职责分工，配合开展数据安全工作。

1. 中央国家安全领导机构统筹协调国家数据安全工作

数据安全与网络安全有着如下密不可分的关系。

《数据安全法》第五条规定，中央国家安全领导机构负责国家数据安全工作的决策和议事协调，研究制定、指导实施国家数据安全战略和有关重大方针政策，统筹协调国家数据安全的重大事项和重要工作，建立国家数据安全工作协调机制。

本条明确了中央国家安全委员会是国家数据安全工作的最高领导机关，负责国家数据安全工作的决策和议事协调，研究制定和指导实施重大战略、方针政策，统筹协调重大事项和重要工作，领导各单位、各地区开展数据安全工作。数据安全工作上升到国家安全最高领导机构负责，体现了数据安全工作的极端重要性，也充分体现了国家对数据安全工作的高度重视。国家安全委员会办公室建立国家数据安全工作协调机制，落实任务分工，承担日常统筹协调、督促落实等工作。

2. 各地区各部门按照法律法规的规定在职责范围内承担数据安全监管职责

《数据安全法》第六条规定，各地区、各部门对本地区、本部门工作中收集和产生的数据及数据安全负责。工业、电信、交通、金融、自然资源、卫生健康、教育、科技等主管部门承担本行业、本领域数据安全监管职责。公安机关、国家安全机关等依照本法和有关法律、行政法规的规定，在各自职责范围内承担数据安全监管职责。国家网信部门依照本法和有关法律、行政法规的规定，负责统筹协调网络数据安全和相关监管工作。

本条明确了各地区、各部门的职责。

（1）各地区、各部门按照数据安全法规定和国家有关政策要求，组织本地区、本部门开展数据安全工作，对本地区、本部门工作中收集和产生的数据及数据安全负责，承担数据安全的主体责任。

（2）工业、电信、交通、金融、自然资源、卫生健康、教育、科技等主管（包括监管）部门，包括能源、水利、公检法、司法、发改、财政等重要行业部门，承担本行业、本领域数据安全主管（监管）职责，结合法律和国家政策，出台行业规范，指导并组织本行业、本领域开展数据安全工作。

（3）公安机关、国家安全机关等依照本法和有关法律、行政法规的规定，在各自职责范围内承担数据安全的国家监管职责，开展威胁情报工作，侦查打击危害数据安全的违法犯罪活动，保卫数据安全。

1.2.3　数据安全保护与网络安全等级保护的关系

数据安全与网络安全有着如下密不可分的关系。

（1）《数据安全法》第二十七条规定，利用互联网等信息网络开展数据处理活动，应当在网络安全等级保护制度的基础上，履行数据安全保护义务。法律将网络安全等级保护制度延伸到数据安全保护领域，表明了网络安全等级保护制度与数据安全保护制度的密切关系，进一步确立了网络安全等级保护制度的基础性作用和地位。

（2）数据安全保护是网络安全等级保护和关键信息基础设施保护的重要内容。《中华人民共和国网络安全法》（简称《网络安全法》）以及网络安全等级保护制度、关键信息基础设施安全保护制度，均对数据安全保护提出了明确要求。数据通常存储并运行在网络系统中，是网络系统和关键信息基础设施不可分割的重要组成部分，同时，关键信息基础设施中存储处理大量国家重要数据和核心数据。按照《数据安全法》和有关政策要求，数据分为一般数据、重要数据和核心数据，其中，重要数据应落实第三级等级保护要求，核心数据应落实第四级等级保护要求和关键信息基础设施安全保护要求。

（3）数据安全的特殊性。存储和运行在网络系统中的数据，其安全保护和管理与网络安全保护是一个整体、密不可分。从保护措施、保护手段、管理措施、保卫措施等方面，网络和数据安全通常按照整体布局和统筹安排。但数据安全具有其特殊性，体现在数据可以交易、买卖、销毁、出境、跨平台跨系统跨境传输等，需要在这些环节和活动中，对数据安全的特殊性予以高度重视，制定相关政策、标准规范，采取相应的管理和技术手段、措施，解决数据全生命周期的安全问题。

1.3　数据安全法律政策和标准

在数据安全与隐私保护维度，存在一系列的国内外标准。一些标准是特定国家或地区的准入门槛，称为"强制认证标准"。企业在面向这些国家和地区提供服务时，除应满足当地法律法规的要求外，还需要满足强制认证标准的要求。这个动作也称"标准遵从"。另外一些标准是推荐性的，可以作为参考。部分标准还提供认证功能，以认证一个组织、组织所提供的产品或服务满足特定的安全水平。

1.3.1 数据安全法律政策

为推进数据安全建设，我国在法律上、制度政策上逐渐形成数据安全保护体系。

2016 年 8 月，中共中央网络安全和信息化委员会办公室发布《关于加强国家网络安全标准化工作的若干意见》，在发展高端制造业和《促进大数据发展行动纲要》等国家战略的要求下，推进关键信息基础设施保护、大数据安全、网络安全等领域的标准研究和制定工作。

2017 年《网络安全法》正式实施，网络运行安全和关键信息基础设施安全、网络安全等级保护制度等工作逐步加强。

2021 年 3 月，国家互联网信息办公室联合四部门共同发布《常见类型移动互联网应用程序必要个人信息范围规定》，对过度利用个人信息的现象进行整治。

2021 年 4 月，《关键信息基础设施安全保护条例》出台，我国大力推进以 5G、人工智能、工业互联网、数据中心为代表的新型基础设施建设，为实现数据安全奠定基础。

2021 年，《数据安全法》与《中华人民共和国个人信息保护法》（简称《个人信息保护法》）正式实施，数据安全与个人信息保护工作迎来了新阶段。

1.3.2 数据安全标准

1. 国际数据安全标准

国际标准化组织（International Standards Organization，ISO）和国际电工委员会（International Electrotechnical Commission，IEC）是两个权威的国际标准组织。SC 27 是 ISO 和 IEC 两个组织的联合委员会 JTC 1 下属的安全技术分委会，于 1990 年成立，负责信息安全领域国际标准、技术报告和技术规范的制定。SC 27 的标准化活动包括处理信息安全、网络安全和隐私的通用方法、管理系统要求、技术和相关准则。

SC 27 下设五个工作组和两个管理组，其组织架构和工作内容见表 1-1。数据安全和隐私保护作为横向业务领域，与上述各个工作组的工作内容、国际标准都有相关性。

表 1-1　SC 27 组织架构和工作内容

SC 27		工作内容
管理组	SWG-M	SC 27的总体管理
	SWG-T	SC 27的横向项目管理

SC 27		工作内容
工作组	WG 1	信息安全管理系统（ISMS）
	WG 2	密码学和安全机制
	WG 3	安全评估、测试和标准
	WG 4	安全控制和服务
	WG 5	身份管理与隐私技术

SC 27 发布的 ISO/IEC 27000 系列标准涵盖信息安全管理的最佳实践建议。这些国际标准提供了信息安全的顶层框架，包含组织信息风险管理流程中涉及的法律、物理和技术控制措施。

ISO/IEC 27001 是 ISO/IEC 27000 系列信息安全标准中的一篇，描述了建立、实施、维护和持续改进信息安全管理系统（ISMS）的要求。符合该标准要求的组织可以选择在成功完成审计后由认可的认证机构进行认证。ISO/IEC 27001 要求管理层完成以下几项工作。

（1）系统地检查组织的信息安全风险，综合考虑威胁、脆弱性和影响。

（2）设计并实施一套连贯而全面的信息安全控制措施和其他形式的风险处理办法（如风险规避或风险转移），以应对那些被认为不可接受的风险。

（3）采用一个总体的管理程序，以确保信息安全控制措施持续满足组织的信息安全需求。

安全领域的管理标准主要是 ISO 27005："信息安全风险管理"。实施指南类标准主要是 ISO 27110："网络安全框架实施指南"。安全控制措施设计类的标准主要是 ISO 27002："信息安全控制的实践准则"。

2．国内数据安全标准

近年来，数据安全类国标发布数量逐渐增多，这反映了数据安全在国家安全战略中的地位不断提升，以及社会对数据安全保护需求的日益增长。

截至 2024 年，我国已经基于《网络安全法》《数据安全法》《个人信息保护法》出台了多项数据安全领域国家标准、行业标准、地方标准和团体标准，如下。

（1）国家标准《数据安全技术 数据分类分级规则》（GB/T 43697）不仅给出数据分类分级的通用规则，为数据分类分级管理工作的落地执行提供重要指导，同时针对重要数据制定了识别指南。

（2）《信息安全技术 步态识别数据安全要求》（GB/T 41773）规定了步态识别数据在收集、存储、传输、使用等过程中的安全要求，适用于步态识别数据处理者规范数据处理活动。

（3）医疗健康大数据安全要求团体标准强调了医疗健康大数据在收集、存储、传输和使用等各个环节的安全要求。它要求确保数据的真实性和完整性，并采用安全可靠的采集设备和方法。此外，还提出了身份认证和访问控制的要求，以及数据备份和灾难恢复的建议。

1.4　数据安全管理

伴随着各行各业的数字化转型，数据范畴越来越多，数据量级越来越大，数据传输的速度越来越快，数据的价值将会越来越高。而数据资源区分于传统资源的重要特征是复制和篡改的低成本，流动迅速，这些都对数据的安全构成了重大的挑战。

为了应对日益复杂的环境，特别是网络环境的开放性和复杂性、攻击者的日益专业化和组织化，各类组织需要采用以数据为中心的安全治理框架，按照"识别、保护、检测、响应、恢复"的方法论，针对敏感数据和关键数据，基于其生命周期流程，实现完善的端到端的保护。

1.4.1　数据安全管理目标

数据安全管理目标可分为"数据合规"、"风险管理"和"充分利用"三个维度。数据合规是数据安全管理的底线要求，包括数据安全、数据跨境合规和数据隐私合规等内容；风险管理是数据安全管理要面对和解决的主要问题，而数据的充分利用，有助于最大化的发挥数据的价值，促进组织目标的达成。数据的"充分利用"与业务场景、业务目标相关，在本书的后面章节深入讨论。

（1）在数据合规维度，基于对业务与场景的识别，对各类数据的识别，数据所面临风险的识别，进一步推进到组织对于不同等级的数据安全风险设置不同的管理政策，制定相应的策略，以明确数据合规的管理目标。

例如，通过业务与场景识别，可以确认企业产品和服务的业务形态、所提供服务的国家和地区、业务的交互关系和关键路径。基于此，可以识别出数据的类型，对数据做准确的分级分类，识别数据的流向和数据生命周期的关键阶段。对于新型数据，如 AI 模型数据、AI 训练集数据，还可以提炼出数据特征，以匹配可能的风险。

（2）在风险管理维度，核心是识别、评估和处理各类信息系统的使用，会给组织的数据或关键信息资产带来的风险。风险的评估更像是商业概念，重点是考虑哪些数据资产会影响组织的盈利能力，或者哪些数据资产的泄露会给组织带来巨大的经济损失。然后再查看这些数据资产面临哪些风险和威胁。

基本的数据安全风险评估涉及三个因素：数据资产的重要性、威胁的严重程度及系统脆弱性。利用这些因素，可以评估数据安全风险，即组织蒙受商业损失的可能性。风险评估很难量化，但可以直观地用下述公式来表示：

$$风险 = 资产 \times 威胁 \times 脆弱性$$

上述公式还有另一种直观的理解，任何数字乘以 0 的结果都是 0。如果威胁很大，系统也脆弱，但资产价值为 0，那么就不需要额外的保护。

从数据风险评估模型可以得出，安全事件发生的可能性与资产的脆弱性及威胁出现的频率相关，而安全事件造成的损失与资产的价值和资产的脆弱性相关。

更进一步的评估可以基于描述安全事件发生的可能性与安全事件的损失的风险值评估矩阵进行，如图 1-7 所示。基于对风险的评估，组织可以基于自己的风险管理要求和偏好，定义相应的风险管理的目标。

事故发生	安全事件的损失				
的可能性	极低	低	中	高	极高
极低	0	1	2	3	4
低	1	2	3	4	5
中	2	3	4	5	6
高	3	4	5	6	7
极高	4	5	6	7	8

图 1-7　风险值评估矩阵

1.4.2　数据安全风险评估

系统化的数据安全风险评估方法，如图 1-8 所示。数据安全风险评估，主要围绕数据处理者的数据和数据处理活动，对可能影响数据保密性、完整性、可用性和数据处理合理性的安全风险进行分析和评价。

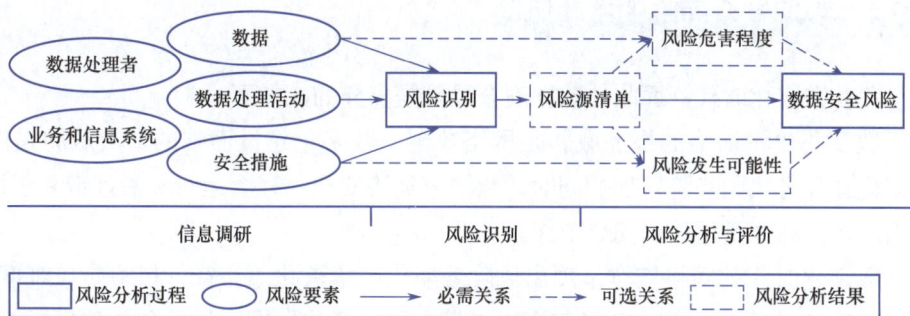

图 1-8　数据安全风险评估

数据安全风险评估主要包括信息调研、风险识别、风险分析与评价等。

（1）信息调研：对可能影响数据安全风险的要素的情况进行调研，包括数据处理者、业务和信息系统、数据资产、数据处理活动、数据安全防护措施。掌握数据处理者、业务和信息系统基本情况，梳理涉及的数据资产和数据处理活动，了解采取的数据安全防护措施情况，掌握被评估对象或同行业相关数据安全事件历史发生情况。

（2）风险识别：基于信息调研情况，从数据安全管理、数据处理活动安全、数据安全技术、个人信息保护等方面进行数据安全风险识别，识别评估对象现有安全措施完备性并对其有效性进行验证，识别可能存在的风险源。

（3）风险分析与评价：通过分析风险类型、风险危害程度和可能性，评价风险等级。

1.4.3 兼顾安全与发展平衡

在数据安全管理中，一个常见的误区是"将数据放入保险箱"，越安全越好。诚然，将数据放入"保险箱"，可以实现最大化的安全，风险也最小。但是，在数字经济时代，数据只有充分流动才能最大化发挥出其价值。而数据的正确、有序、高效地流动，本质上隐含了数据安全的要求。所以，需要辩证地看待数据安全治理，在制定数据安全管理的目标时，兼顾发展与安全的平衡。

在明确数据安全管理目标之后，即可在实践中定义和优化组织的数据安全管理架构。

1.5 数字化生态安全

在信息化和数字化时代，数据是国家的基础性、战略性资源，数据安全事关国家政治安全和社会稳定。大数据的双刃剑作用突显，如何管控好大数据对国家安全带来的风险与挑战，如何科学平衡数据安全与数据流通应用之间的关系，如何构建数据安全综合治理体系，确保重要数据和公民个人信息安全，是必须解决的重要问题。

1.5.1 数据安全面临的威胁风险

信息化和数字化时代，面临的数据安全风险是多样的，如下。

（1）数字化建设面临的最大威胁是网络攻击。数字化建设面临的最大威胁是网络攻击，数字化在促进我国经济发展的同时，给国家经济安全、社会运行和治理带来了风险与挑战，因此，要高度重视数据安全工作。

（2）数字化时代的网络安全呈现出风险普遍化、集聚化等特征，风险防控难度加大。数字安全风险遍及所有场景，网络安全边界发生重大变化，网络世界和物理世界相融合，万物均可互联，每个设备都可成为攻击点，任何对网络设施的攻击都可以变成对物理世界的危害。

（3）关键数据资源成为网络攻击的重点。数字化时代，数据成为重要生产要素，数字化发展带来大量数据安全问题。产业数字化、公共服务数字化、社会治理数字化使得政务、商务数据和个人信息爆发式增长、海量汇聚，数据资源量大、多源、跨平台流动和开放共享，成为网络入侵攻击和窃密的重点目标，关键数据资源、商业秘密和个人隐私泄露风险突出。

（4）网络攻击专业化智能化程度提高。数字化时代新形态网络广泛应用，网络安全边界逐渐模糊，网络接入设备多样化，除了手机、电脑、可穿戴设备，还有车联网、智能制造、智能家居等设备，各种网络安全漏洞、后门层出不穷，网络攻击切入点更加多样，攻击的专业化、智能化、自动化水平更高，常规的网络安全管理、监测、防护措施和设备设施面临挑战。

（5）数据安全保障不足。数据安全保护任务繁重，但政府有关部门、重要行业、央企、互联网企业的数据安全专门机构和专业人员明显不足，大多数单位负责数据安全工作的是兼职人员。一些数字化建设项目没有配套的数据安全建设经费，数据安全保护经费难以得到保障。

1.5.2　数据安全存在的问题隐患

当前，存在的数据安全问题隐患主要有以下几点。

（1）数据大集中大流动大应用，客观上造成数据保护困难、网络攻击容易。我国数据安全问题隐患突出，数据遭攻击、窃取、破坏等事件高发。

（2）数据安全意识差，数据重应用轻安全的老问题依然突出，数据安全保护仍然滞后于数字化建设与应用。缺乏创新性措施，主管责任、主体责任、监管责任、第三方服务责任等四方责任落实不到位。

（3）数据安全综合防御体系和治理体系尚未建立。数据安全防护缺乏整体性、综合性措施，整体合力未形成。数字化时代的网络攻击、数据窃取更加精准，隐秘性、破坏性强，在应对智能化、专业化网络攻击、数据窃取等方面，传统的防护手段和措施难以适应数字化时代要求。

1.5.3　数字化生态安全保护

我国加快推进数字经济、数字政府、数字中国建设和数字化转型，本质是打造数字化生态，建设数字社会。数字化生态由基础要素（网络、系统、平台、数据、技术等）支撑，数据流打通相关领域和行业，数据资源得到有效利用，构成数字化生态。数字化生态建设与自然界生态建设类似，是一个复杂的系统工程，具有"脆弱性、风险性、长期性和复杂性"等特性。数字化建设面临的最大威胁和风险是网络攻击，因此，开展数字化生态建设，要与数字化生态安全建设"同步规划、同步建设、同步运行"，确保数字化生态的基础要素安全、数据流通安全、数据应用安全。

有关数字化生态安全建设的详细介绍，请见高等院校网络空间安全专业实战化人才培养系列教材中的《网络安全保护制度与实施》一书。

1.6 新技术与数据安全的关系

随着互联网到物联网再到智联网的演进，泛在智能连接的社会即将到来。无论是工业、农业还是人们的生产生活，都更多地依赖于数字化的安全。在新兴的场景中，数据安全从攻击和防御两个维度都呈现螺旋式上升的趋势，数据安全领域也在不断地创新、深化、扩展。

1.6.1 人工智能与数据安全

人工智能技术的突破，对数据安全的影响显著。人工智能基于对数据的分析和洞察，在应用领域实现智能和自动化的决策。现代的人工智能通常与机器人技术、物联网等深度融合，应用于不断增长的数据类型和庞大的数据量的场景中。数据是人工智能全场景中最有价值的资产。在人工智能的全生命周期中，数据以不同的形态存储、转换、转移和处理。

1. 人工智能和数据安全的交叉维度

人工智能和数据安全这两个领域紧密相关，其交叉点存在于以下维度。

（1）AI 的数据安全：聚焦人工智能全生命周期中涉及的各类数据的防护。例如，部署阶段需要考虑 AI 模型的机密性和完整性防护，训练阶段需要考虑原始数据和训练集的安全防护。

（2）AI 的隐私保护：聚焦数据采集最小化原则的应用，AI 的隐私数据访问控制的实现，以及差分隐私等各类隐私增强技术与 AI 的结合。

（3）AI 用于处理个人数据的安全：聚焦隐私数据的个人权利在人工智能的实现。

2. 人工智能和数据安全的内在关系

（1）人工智能系统需要数据安全。在人工智能系统的完整性、机密性和可用性维度，以及隐私保护和防滥用方面，需要安全功能的支撑。而此类安全功能的缺失，将导致人工智能系统本身的安全风险。

（2）人工智能系统需要符合隐私保护的监管要求。尤其是原始数据和训练数据中包含个人数据的场景。匿名化和差分隐私等隐私增强技术与人工智能技术的结合，仍然是学术界和工业界研究和实践的热点。

（3）使用人工智能处理个人数据，存在安全、隐私与可信赖等诸多方面的风险，因此需要仔细地评估和应对这些风险。例如，GDPR 要求的删除权和修正权，在人工智能场景数据流转中的处理会比较复杂。此外，AI 用于处理个人数据时，还需要考虑公平、道德，以及用于涉及个人的自动决策的可解释性。

3. 人工智能对数据安全的影响

人工智能系统引入了传统的信息技术系统不具备的复杂性。在合规层面，人工智能系统引入了个人数据控制者和处理者的边界复杂性。在组织层面，参与设计和部署人工智能系统的角色和人员要远远多于传统的信息技术系统，如数据科学家、统计学家、算法工程师等。在业务层面，人工智能系统和现有的业务流、数据流和工作流存在着错综复杂的交互。在技术层面，人工智能系统如何安全及可信地处理个人数据，仍处于探索阶段，并没有明确的处理原则与最佳实践方案。在实现层面，人工智能系统还可能依赖于第三方的软件或代码，因此引入了供应链的复杂性。

总体而言，人工智能对于数据安全的影响取决于以下几个因素。

（1）构建和部署 AI 系统的方式。

（2）部署 AI 系统的组织的复杂度。

（3）现有风险管理能力的成熟度。

（4）AI 系统处理个人数据的性质、目的、范围和背景。

制定和实施安全控制措施时，也要综合分析和考虑上述因素。

4. 人工智能赋能数据安全

人工智能的飞速发展，对于网络安全领域和数据安全领域都有极大的促进作用。作为攻击者和防御者都可以使用的"武器库"，现有的网络安全和数据安全的解决方案、系统和工具需要不断地更新，以更好地符合实时、主动的数据保护的需要。目前人工智能在网络和数据安全领域的常见应用场景如下。

（1）数据保护

数据保护涉及保护敏感信息免遭数据丢失和损坏，以及保护数据并确保其可用性和符合监管要求。AI 工具可以帮助组织分类敏感数据、并通过监控数据传输以及防止未经授权的访问或泄露来改善数据保护。AI 还可以实现更好的数据加密、匿名化和假名化，以保护静态和传输中的数据。显然，和人工处理相比，人工智能可以自动适应威胁形势并全天候持续监控，使组织能够领先于新出现的网络威胁。

（2）端点安全

端点安全指保护计算机、服务器和移动设备等端点免受网络安全威胁。人工智能可以通过持续监控端点的可疑行为和异常来检测实时安全威胁，从而改进现有的端点检测和响应（EDR）解决方案。机器学习算法还可以帮助识别和减轻高级端点威胁（例如无文件恶意软件和零日攻击），以防止它们造成危害。

（3）云安全

人工智能可以通过自动识别影子数据、监控数据访问异常以及在威胁发生时向网络安全团队告警，以帮助保护混合云环境中的敏感数据。

（4）风险控制和欺诈识别

随着网络攻击和身份盗窃变得越来越普遍，各类组织需要方法来保护其用户的数据和资产。人工智能通过自动分析交易数据来识别欺诈。此外，机器学习算法可以实时适应新的和不断演变的威胁，不断提高其欺诈检测能力。

（5）网络安全自动化

安全编排、自动化和响应（SOAR）是许多组织用来简化安全操作的解决方案。AI可以与SOAR平台集成，使日常任务和工作流程自动化。这种集成可以加快事件响应速度，并让安全团队有时间专注于更复杂的问题。

（6）身份和访问管理

身份和访问管理（IAM）工具管理用户对数字资源的访问和使用。其目标是阻止黑客入侵，同时确保每个用户都拥有恰好能满足其任务的准确权限。人工智能驱动的IAM解决方案可以通过提供基于角色、职责和行为的细粒度访问控制来改进流程，进一步确保只有授权用户才能访问敏感数据。人工智能还可以通过使用机器学习来分析用户行为模式并实现根据个人用户的风险级别而变化的自适应身份验证措施来增强身份验证流程。

（7）漏洞管理

漏洞管理是持续发现、缓解和解决组织IT基础设施和软件中的安全漏洞的过程。人工智能可以根据潜在影响和漏洞利用可能性，自动对漏洞进行优先排序，从而增强传统漏洞扫描程序的功能。这有助于组织首先解决最关键的安全风险。人工智能还可以自动化补丁管理，以及时减少网络威胁的发生。

1.6.2　云计算与数据安全

在各组织的数字化转型的进程中，云化转型是一个关键的考量因素。云计算，通常称为"云"，指通过互联网等网络提供存储、服务器和软件的托管服务。云转型有助于企业加速业务部署，员工可以随时随地访问资源，改善团队协作并降低管理和运维成本。与此同时，"云"中的数据安全是一个关键的挑战。

云数据安全的主要目标是：确保数据安全和隐私保护，处理多家云服务供应商的数据安全问题，用户、设备和软件的访问控制。

因为云资源访问的便利性，如果没有适当的安全策略，收集的数据就会时刻处于泄露的危险之中。许多人认为，只有大型企业才会成为网络攻击的受害者。实际上，根据数据泄露的研究报告，中小企业同样是恶意行为者的核心目标。云安全领域缺乏投资的组织将面临巨大的问题，包括可能遭受数据泄露以及在管理敏感客户数据时无法保持合规。

1. 云化部署的四种模型

云化部署常采用四种不同的模型，如表1-2所示。

表1-2　云化部署的四种模型

部署模型	描述
公有云	公有云基础设施由第三方服务提供商托管，并由多个租户共享。每个租户都控制托管在云中的自己的账户、数据和应用程序，但基础设施对所有租户都是通用的。这种模式成本低，风险高。一个账户的泄露会使所有其他账户面临风险

（续表）

部署模型	描 述
私有云	私有云也称为单租户部署模式，其中基础设施通过私有云提供，并由一个租户独家使用。在此模型中，云资源可以由组织或第三方供应商管理。 此部署模型的好处是它为各个组织提供了较高的控制级别，增强的安全性并确保合规性，使其成为处理敏感信息的组织最常用的模型。显然，私有云部署和运维成本最高
混合云	混合云将公有云和私有云整合到一个共享环境中。 这种部署模式的最大优势在于其灵活性和性能
多云	多云部署利用多种公有云服务。这些服务通常由不同的计算和存储解决方案组成，但各云服务平台都提供多种选项，以构建多云基础设施

大多数组织使用第三方云服务提供商，如华为云、阿里云、腾讯云等，来托管其数据和应用程序。云数据安全需要这些云服务提供商与其客户共同承担责任。

2. 常见的云服务模型及其保护责任

可靠的云服务提供商具有强大的安全性，可以保护自己免受攻击，但是云服务使用方的安全措施也非常重要。如果使用方的组织内存在安全配置错误、特权访问漏洞或人为错误，攻击者可能会从恶意端点侵入移动到组织的云工作负载中。因此，需要明确安全策略，制定安全措施，提升组织内部的安全意识、安全能力。

对于四种常见的云服务模型，其保护基础设施、业务和数据的责任划分有显著不同，"责任共担模型"描述了常见的责任划分，如表 1-3 所示。

表 1-3 常见的云服务模型及其保护责任

	SaaS	PaaS	IaaS	本地部署
应用程序配置	客户	客户	客户	客户
身份和访问控制	共担	共担	客户	客户
应用程序数据存储	云服务商	共担	客户	客户
应用程序	云服务商	客户	客户	客户
操作系统（OS）	云服务商	云服务商	客户	客户
网络流控制	云服务商	云服务商	共担	客户
主机基础设施	云服务商	云服务商	云服务商	客户
物理安全	云服务商	云服务商	云服务商	客户

（1）软件即服务（SaaS）场景，客户在现有的云服务提供商中可以找到满足需求的服务。此模型的大部分责任由客户委托给云提供商，并从提供商规模化的安全优势中获益。

（2）平台即服务（PaaS）场景，客户与云提供商共享的责任界面存在显著差异。典型的设计是，云提供商负责硬件基础设施和操作系统，客户负责平台上开发的应用程序的安全性，以及端点、用户和网络安全。

在不确定使用哪种云服务模型时，建议优先考虑 PaaS 而不是 IaaS。因为 IaaS 模式需要更多的开发工作量和部署成本。

（3）基础设施即服务（IaaS）场景，云提供商负责提供处理、存储和网络等基础设施，供用户构建应用程序。用户负责基础设施上安装的任何应用程序的安全性（例如操作系统、应用程序、中间件）。实际场景可能有所不同，从完全由客户负责，到云供应商提供工具来帮助管理操作系统（OS），甚至代表客户使用这些工具。

如果选择 IaaS 模型，可以在企业软件架构中，识别和替换适合使用托管服务的组件，如存储、身份和访问管理、数据流控制、日志记录和监控。

3．云数据安全内容

（1）云安全数据目录

保护云数据的第一步是了解组织在云中拥有哪些数据。因此，采用强大的数据目录技术非常重要。数据目录可以发现所有数据以及有关数据的所有信息，无论这些数据位于托管或非托管数据资产、数据缓存、数据管道、大数据环境还是影子数据（未知数据存储）。

除了发现数据，云安全数据目录还应对数据进行分类和编目，以获取确定如何保护数据所需的信息，这意味着揭示从数据类型和记录到敏感度和所有者的所有内容。任何有价值的数据目录解决方案都应该自动、异步地完成所有这些工作，并且不需要用户事先了解或付出额外的努力。挑战在于找到所有数据，即使用户不知道数据存在的地方。要做到这一点，云数据安全解决方案必须是 100% 自主工作的，不需要安装代理或连接器，也不需要了解访问凭据。

（2）数据安全态势管理

通过云安全数据目录，组织已经知道了自己拥有哪些数据以及这些数据在哪里，下一步就是实施政策，规定如何保护数据，并确定既定政策与现有安全态势之间的差距，这些差距可能会使敏感数据面临风险。从暴露和访问到保留期限和加密，所有内容可以由数据安全态势管理（DSPM）平台管控和验证。DSPM 的核心是一个策略引擎，它可以检测和警告数据安全策略违规行为，然后提供指导性补救措施。这使安全团队能够评估安全态势，优先处理对业务构成最大风险的数据，并补救实际上使敏感数据面临风险的问题。

与云安全态势管理工具不同，DSPM 策略关注数据，而不关注数据驻留在哪个基础架构上。这些策略以敏感度为基础，以数据为中心。

（3）云数据访问控制

云环境中的访问非常复杂。寻求全面了解其数据安全风险的组织需要了解哪些实体可以访问哪些数据。数据访问控制功能可以实现数据访问的可视化，并为数据安全从业者提供所需的信息，以便他们探索数据和实体之间的连接方式。

例如，假设 DSPM 发现违规行为，即允许第三方供应商访问，从而过度暴露敏感数据，审计人员此时会问，该供应商还能访问什么，或者还有谁可以访问这些敏感数据——CDAC 可以帮助审计人员直观地了解这两个问题的答案。或者，假设数据检测和响应（DDR）发出有关某台机器中存在恶意活动的警报，那么调查人员可能想知道该机器上具有特定身份的恶意行为者访问了哪些云数据。CDAC 能够直观地了解并简化到可能暴露的具体数据。

（4）数据检测和响应

全面云数据安全策略的最后一个组成部分是了解当前哪些活动表明敏感数据可能受到攻击。数据检测和响应（DDR）监控并警告正在进行的实时活动。与扩展检测和响应（XDR）或端点检测和响应（EDR）等类似工具不同，DDR 了解哪些数据是关键的。然后，它使用机器学习来检测围绕这些关键、最敏感数据的异常活动，从而使警报更加具体，并大大降低误报率、漏报率，减少安全运维的成本。

4．云数据安全的特点

在云数据安全领域，涌现出一些新的概念和解决方案，并且逐步得到关注。云安全联盟（CSA）在"什么是云数据安全"一文中提及云安全数据目录、数据安全态势管理（DSPM）、云数据访问控制（CDAC）、数据检测和响应（DDR）等创新方案。

全球许多企业都在适应远程和混合工作环境，这意味着有更多的接入点容易受到威胁。实施云数据安全有六大优势。

（1）更高的可视性：强大的云数据安全解决方案可帮助组织保持对数据的可视性，包括组织拥有的数据类型、数据所在位置以及任何特定时间的访问者。

（2）更安全的数据：云存储通过为传输中的数据添加多层高级加密，帮助企业实现安全的数据传输、存储和共享。

（3）云数据合规性：解决方案中的安全程序旨在不断满足各种合规性要求。云数据丢失防护（DLP）可以帮助发现、分类和匿名化敏感数据，以避免违规。

（4）更容易地备份和恢复：通过自动执行数据备份并标准化数据备份流程，云数据安全可以监控这些备份并排除潜在阻塞。如果确实出现挑战，灾难恢复可以在几分钟内恢复和还原数据和应用程序。

（5）高级事件检测：许多云数据安全解决方案都提供最新的安全功能和工具，包括人工智能和内置安全分析。这些附加功能有助于扫描可疑活动，尽早提醒安全团队并尽早消除可能的威胁。

（6）降低组织成本：云数据安全有助于降低总体拥有成本以及运营和管理责任。团队可以实施威胁分析和威胁警报的自动化流程。

1.6.3 物联网与数据安全

随着经济的发展和社会的进步，物联网应运而生。根据 Statista 机构的统计和预测，到 2030 年，全球预计将有 500 亿个物联网设备，可以形成一个庞大的设备互联网络，涵盖从智能手机到厨房家电的所有领域和场景。

一般而言，物联网（IoT）指连接物理对象，也就是说"物"的网络。物联网通过传感器、软件和网络连接等技术，将设备同其他设备和系统连接并交换数据。

计算机技术和通信技术的结合构成了计算机网络，即互联网。互联网和移动通信技术的结合构成了移动互联网。而移动互联网、感知技术的叠加构成了物联网。物联网组成技术如图 1-9 所示。

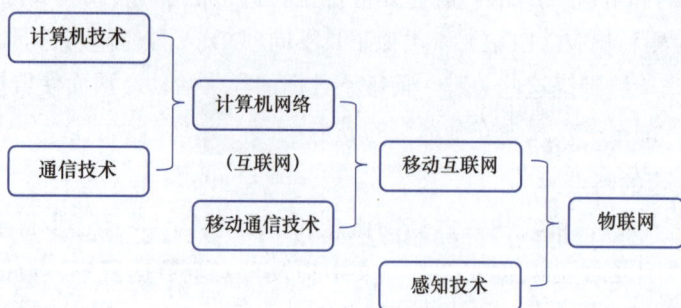

图 1-9　物联网组成技术

1．物联网的功能

物联网的功能可以抽象地概括为捕获数据、传输数据、处理数据和采取行动。

（1）捕获数据：通过传感器，物联网设备从其所处的环境中捕获数据。数据可以是简单的（如温度），也可以是复杂的（如实时视频、音频）。在物联网设备上也可以执行简单的数据预处理或数据分析，如数据采样、数据超出阈值之后生成告警信息等。

（2）传输数据：物联网设备利用可用的网络连接，根据配置，通过公共或私有网络传输捕获的数据或预处理的数据。

（3）处理数据：对来自物联网网络内设备的聚合数据进行分析，提取数据表达的信息，并根据信息分析行动方案。

（4）采取行动：基于对数据、信息的分析和洞察，支持下一步的行动或商业决策。

可以简单地将物联网的网络架构分为感知层、网络层和应用层三个层级，如图 1-10 所示。在感知层，泛在的物联网传感器从所在环境中捕获目标对象的数据。在网络层，物联网设备通过有线网络、无线网络等方式，将数据直接或通过物联网网关传递到云端。在应用层，云服务基于对数据的处理和分析，生成基于数据的结果、趋势、洞察，并在需要时自主或由人工采取下一步行动。

2．物联网安全

物联网安全指物联网硬件、软件及其系统中的数据受到保护，不因偶然的或恶意的原因受到破坏、更改、泄露，物联网系统可以连续、可靠、正常地运行，物联网服务不会中断。物联网安全包括解决或缓解物联网中的安全威胁的技术手段或管理手段。

物联网的整个生态系统中，设备、网络、数据，都存在着安全风险。因此，物联网安全包含数据的安全、网络的安全、设备的安全。其中，网络与设备的安全，其主要目标也是数据的安全。数据的完整性、全面采集、安全传输及有效保护是物联网安全的基础。

IEEE 于 2017 年 2 月发布的"物联网安全最佳实践"文章中指出，物联网的安全分为三个层面的问题：设备的安全问题，网络的安全问题，数据的安全问题。其中最为主要的数据安全问题是物联网安全问题的本质和核心。在万物互联互通的物联网中，信息直接与物理世界相连接，在带来极大便利性的同时也带来了巨大的风险。国家信息安全，生产安全，甚至个人私密信息，都因为其在物联网上运行而增添了被盗取、拦截和更改的风险。基于这些风险，对数据的保护必不可少。

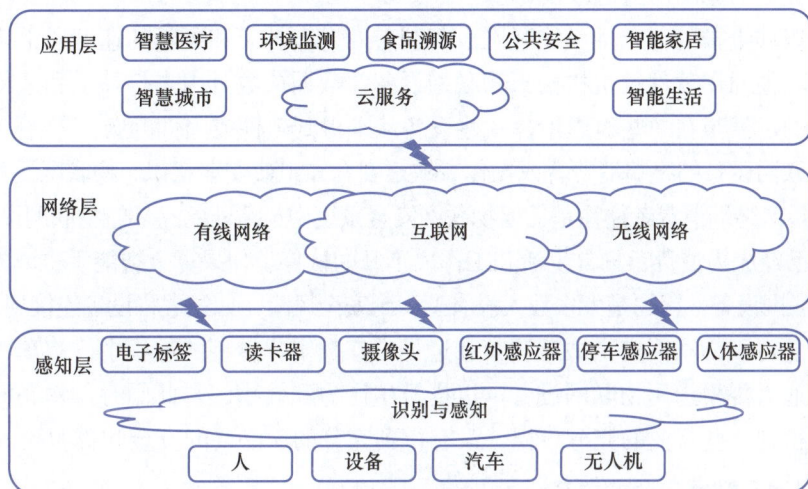

图 1-10　物联网架构示意图

物联网的设备数量、协议异构性和网络复杂性的结合，给物联网安全带来严峻的挑战。仅从物联网设备的层面看，虽然安全性基本可控，但是仍存在不正确的配置和缺乏更新等问题。因为消费者往往缺乏安全意识，消费级物联网设备存在一些挑战。而从物联网网络的维度，或者在工业物联网的场景中，安全问题更为复杂。2021 年 4 月，针对物联网安全的数据统计显示：

（1）不到 20% 的物联网安全风险专业人员了解他们组织所使用的所有或大部分物联网设备；

（2）76% 的物联网风险专家认为他们组织的物联网安全态势使他们容易受到网络攻击；

（3）56% 的组织没有其使用的物联网设备的完整清单，64% 的组织没有其物联网应用的完整清单；

（4）2020 年，在新冠疫情等综合因素导致恶意软件总量下降 39% 的前提下，物联网恶意软件攻击增加了 30%。

3．物联网的安全风险

基于物联网的本质特点，存在如下几个突出的安全风险。

（1）部署的复杂性增加了远程暴露和外部攻击面。物联网设备并不像大部分 IT 设备那样部署在物理上独立的机房中，而是可能放置在办公室开放空间、工厂、家庭等各种设备的拥有者无法控制的位置。因此，设备本身和网络连接都存在特别大的攻击面，给予攻击者远程与设备互动的机会。物联网安全必须考虑大量的入口点，以保护资产。

（2）物联网设备的资源限制，导致其缺乏计算能力来整合安全功能（如传输加密）或安全产品（如防火墙）。有些设备甚至几乎不具备与其他设备连接的能力，例如，仅支持蓝牙技术的物联网设备。2020 年，一位网络安全专家利用一个蓝牙漏洞，在不到 90 秒的时间内入侵了一辆特斯拉 Model X 的系统。其他依靠 FOB（无线）钥匙打开和启动的汽车也可能因类似的原因而遭遇攻击。

（3）升级和维护的复杂性。物联网设备制造商发布补丁和更新的速度通常比生产通用操作系统和其他通用软件的机构慢。物联网设备在数周或数月内未打补丁和运行过时的软件是很常见的。甚至在一些组织中，一些设备从未得到软件或固件升级。

（4）物联网设备的终端消费者或操作者缺乏安全知识或安全意识。物联网设备本身有很多安全措施，但终端消费者往往是任何物联网安全系统中最薄弱的一环。物联网设备体积小、易于携带，已经成为消费者日常生活和工作离不开的伙伴。如果算上智能手机，大多数人都有自己的物联网设备。问题是大多数人没有意识到安全风险，如经常将设备连接到未知网络。

（5）行业对于物联网安全缺乏洞察和远见。在数字化转型的过程中，汽车、物流和医疗健康等行业大规模选用物联网设备，以提升生产力和效率。与此同时，物联网的数据泄露风险尚未得到这些行业的充分重视，没有得到充分的、必要的资金和资源投入。

4．物联网与数据安全的关系

在物联网中，数据的形态发生了较大的改变，数据的速度与往日相比也不可同日而语。此外，物联网设备形态及部署方式的复杂性，为数据安全和隐私保护带来了巨大挑战。

当前，物联网设备存在近端、无线和广域网互联等多种连接场景，以用于传输各种不同的数据。展望未来，物联网将更加独立于人类的干预，通过人工智能在物联网中的深度应用，物和物可能会更多、更主动地沟通。在如此复杂的连接和交互场景，数据的机密性、完整性和隐私保护问题变得更加复杂。

识别和应对物联网数据安全的挑战，还应从最基础的数据识别和分类入手，应考虑的问题包括系统中有哪些物联网设备，如终端设备、网关等，在这些设备上及传输过程中，有哪些数据需要保护？例如，敏感数据包含录音、视频、地理位置和运动健康数据等，需要做机密性和完整性防护。对于物理世界的数据，如传感器采集的环境温度，未必需要机密性防护，但可能需要完整性防护（防篡改）和可用性保护。

1.6.4　零信任架构与数据安全

现代社会的新闻中充斥着大量的对网络攻击和用户数据泄露的报道，而且其中不乏对 IT 业界知名大机构的报道。面对恶意的、复杂的、有组织的和新型的网络攻击，使用单点的安全解决方案，如防火墙、反病毒软件、数据泄露防护（DLP）等来应对并不现实。因此，以组织或网络的视角，构建统一的安全架构非常有必要。

1．分层防御

在网络、产品和解决方案的设计中，最常使用"分层安全"（Layered Security）或"纵深防御"（Defense in Depth）的原则。这些设计采用多种工具、多种技术来阻止或缓解攻击，并提供全面的风险和安全管理。

这种分层的安全架构常常被形象地比喻为分层防御、纵深防御或洋葱式防御，如图 1-11 所示。

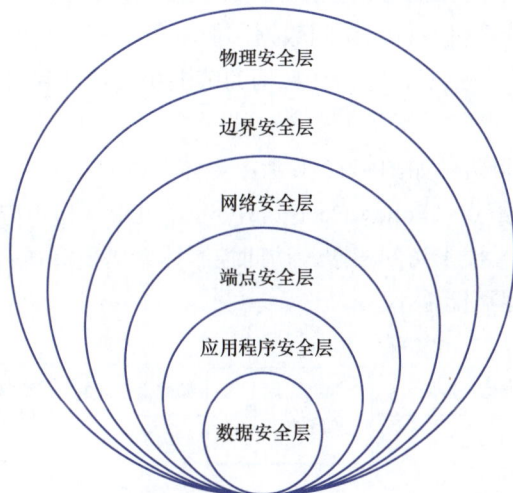

图 1-11　分层防御示意图

传统的网络安全架构通过逐层构筑防御来最终保证数据的安全。在现代的复杂网络环境中，人员可能不可靠，网络边界可能不清晰，应用可能不被信任，系统可能有漏洞或后门，这些都可能损害到最终的保护目标——数据的安全性。

2. 零信任安全架构

零信任安全架构是对纵深防御架构的补充和增强。具体而言，零信任安全架构将网络防御从网络边界转移到资源或数据。

零信任的理念一直存在于网络安全和信息安全业界。2004 年，耶利哥论坛提出了基于网络位置限制隐式信任的思想，并提出了"去边界化"的概念。后来，John Kindervag 在 Forrester 机构工作时，发明了零信任一词。这项工作包括零信任概念和网络架构模型，并改进了在耶利哥论坛上讨论的概念。

零信任架构（Zero Trust Architecture，ZTA）策略指不再基于系统的物理或网络位置（局域网或因特网）授予系统的隐式信任的策略。当需要资源时才授予对数据资源的访问权，并在建立连接之前执行对用户或设备的身份认证。

随着远程办公、跨组织协作、云转型等场景的普及，企业内网这个概念进一步模糊化。因此，基于网络分段和网络隔离的防御有其局限性，ZTA 的重点是保护资源不受非授权的访问。

3. 零信任安全架构与数据安全的关系

零信任架构是一种端到端的网络和数据安全方法，包括身份、凭证、访问管理、操作、终端、宿主环境和互联基础设施。零信任是一种侧重于数据保护的架构方法，初始的重点是将资源访问限制在那些"需要知道"的人身上。传统上，组织的网络专注于边界防御，内网的授权用户可以广泛地访问资源。因此，网络内未经授权的横向移动一直是组织面临的最大挑战之一。

在本质上，零信任架构提供对信息系统和服务的精细化访问决策。也就是说，授权和批准的主体（用户 / 计算机）可以访问数据，但不包括所有其他主体，即攻击者。进一步，"数据"可以推广到"资源"，零信任架构的范围相应扩展到对打印机、计算资源、物联网执行器的访问。

典型的资源访问控制架构如图 1-12 所示。主体（用户或计算机）请求访问资源，由访问控制体系的策略决策点（Policy Decision Point，PDP）和相应的策略执行点（Policy Enforcement Point，PEP）授予访问权限。访问控制体系需要完成身份认证、授权和鉴权，并且隐式信任区域需要尽可能缩小。

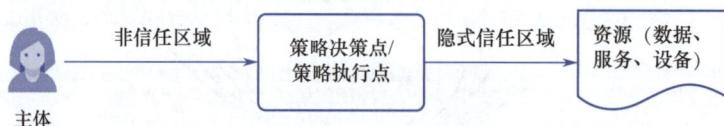

图 1-12　典型的资源访问控制架构

以机场的访问控制案例为例。所有旅客均需出示身份证或护照等"身份凭据"，以及用有效机票作为"认证凭据"，通过机场安检点（类比于 PDP/PEP）进入候机区。乘客可以在候机区内闲逛，所有乘客都有一个共同的信任级别。在这个模型中，隐式信任区域是公共的候机区。但是，登机需要再次身份认证，凭借特定航班的有效机票才能上飞机。而要进入机场工作区，则需要额外的身份认证手段，如门禁卡。根据所请求访问的"资源"不同，需要的访问控制方式也不同。

基于访问控制的设计理念，在 PDP/PEP 之后，将默认信任对资源的访问。为了使 PDP/PEP 尽可能细致，隐式信任区必须尽可能小。零信任架构提供了技术和能力，以允许 PDP/PEP 更接近资源。其思想是对网络中从参与者（或应用程序）到数据的每个业务流都进行身份验证和授权。

1.6.5　量子计算与数据安全

世界正在朝着量子革命前进。量子计算机可提供前所未有的颠覆性的处理能力。在密码学和密钥管理领域，基于量子理论与量子计算的特殊性，既存在理论上的完美保密方案，也面临着前所未有的挑战。

1. 量子计算对数据安全的正面影响

将量子计算用于密码学领域，称为量子密码学。量子密码学聚焦密码学场景的关键问题，特别是量子密钥分发场景的理论和实践问题。不同于传统的对称和非对称密码学技术高度依赖数学，量子密码学更像是物理学。它利用光子（粒子 / 光波）及其内在属性来开发理论上"坚不可摧"的密码系统。通过在光链路上发送光子来传递密钥，依赖在不干扰系统的情况下无法测量系统的量子状态这个量子物理学的典型特征，可以确保理论上不可窃听的高度安全性。

量子密码学主要研究量子密钥分发（Quantum Key Distribution，QKD）。从理论上讲，这是一种无须身份验证的密钥交换的可靠方式。

QKD 建立在公钥交换系统的基础上，利用了单个光子的量子纠缠的奇异特性。目前正在探索的 QKD 系统一般部署在标准的光纤电缆上，但是并不使用它们来发送数据信号，而是用于发送单独的光子。

由于这些单独的光子与保留在发送方系统中的光子纠缠在一起，因此对它们的任何拦截都会导致波函数坍缩（量子物理学中的术语），从而使发送方识别出其通信可能被拦截或被监听。

我国在 QKD 领域的研究和实践方面走在世界的前列，中国科学技术大学潘建伟院士及其团队主导建设了连接北京和上海的专用量子通信光缆。2019 年秋天，美国的量子交易所（Quantum Xchange）宣称建设了连接纽约市的金融机构和新泽西州的数据中心的美国第一个商业量子分发网络。该网络可以通过现有光纤网络交换量子密钥。

截至目前，QKD 的应用仍然相当小众。即使不计算独立光纤网络的可能支出，单独的发射机和接收机的成本也都可能超过 10 万美元。另一方面，QKD 系统也存在比较明显的局限性。QKD 依赖交换纠缠的单个光子，因此无法切实地用作通信系统。相反，它将仅限于交换加密密钥。同时，绝大多数威胁并非是在传输链路上拦截加密密钥并直接解密密文的。

除加密密钥的交换场景外，在设备上执行的加密过程、完整性保护过程或身份验证过程是 QKD 更大的脆弱点。而量子密钥分发系统无法为这些场景提供有效的安全性防护。

在英国政府发布的《量子安全技术》（*Quantum Security Technologies*）白皮书中，不鼓励使用 QKD，称其似乎引入了新的潜在攻击途径，对硬件的依赖性不符合成本效益，QKD 的有限范围使其不适合应对未来的挑战，而后量子密码学则是更好的选择。在更多的业务场景需要量子网络之前，QKD 可能仍然是一个小众的解决方案。

2. 量子计算对数据安全的负面影响

与此对应的是研究量子计算的发展对于现有密码学和密钥管理技术的负面影响，从而确定量子计算时代仍然安全的密码算法和密钥管理技术。这个研究方向一般称为后量子密码学（Post Quantum Cryptography，PQC）或量子安全的密码学（Quantum-safe Cryptography）。

互联网、大部分计算机和通信系统的安全性能都依赖安全和有效的加密算法，特别是通信双方的身份认证、完整性校验、传输加密等算法。例如，迪非－赫尔曼密钥交换算法（Diffie-Hellman Key Exchange）、RSA 数字签名算法，以及使用共享密钥进行加密的 AES 对称加密算法。近年来，椭圆曲线密码学等非对称算法也得到了越来越多的应用。如果在未来几十年中在量子计算方面取得突破，那么上述非对称算法的安全性很可能会面临重大风险。

本质上，RSA 和 Diffie-Hellman 算法的安全性基于计算的困难度。例如，RSA 基于大整数的因式分解问题和离散对数的计算困难问题。大整数的因式分解问题是指，计算机可以很迅速地计算出两个非常大的素数的乘积，但是很难将一个非常大的合数分解为两个质因数。

1994 年，美国数学家 Peter Shor 发明了 Shor 算法，该算法可以利用理想的量子计算机求解大整数因子分解，即具备理论上破解 RSA 和 Diffie-Hellman 算法的能力。Shor 算法可以在近似多项式的时间内（近似 $\log N$，N 是输入的合数的长度）完成质因数分解。如果可以构建足够大规模的量子计算机来运行 Shor 算法，则可以非常有效地分解大整数，进而使得 RSA 和 Diffie-Hellman 的相关算法被彻底攻破。这对互联网安全会造成巨大的影响。

Matteo Mariantoni 曾在 2014 年预测，15 年以内，花费 100 万美元构建的量子计算机可以破解所有现存的密码算法。值得庆幸的是，截至 2020 年 10 月底，尚无法确认实用的量子计算机什么时候能够成为现实。因此，基于公钥的密码算法并不会面临马上被破解的风险。

理想的量子计算机仅能将对称密钥的有效长度减半。基于足够长度的对称密钥的加密算法，如 AES-256，在理论上的量子时代仍然安全，短期内无须考虑替换。

应用于 AES-128 的 Grover 算法需要大约 2^{64} 次迭代计算，而这些迭代无法有效地并行化。由于量子计算机运行非常慢（按照每秒的操作数而言），非常昂贵，并且难以从发生故障的量子计算机转移量子状态，因此，即使量子计算机集群也很难成为对称算法的实际威胁。根据 NIST PQC（后量子密码学）标准化项目中的评估标准，AES-128 和 SHA-256 均具有量子抗性。

3. 量子时代的密码算法演进趋势

目前，学术界和工业界对量子计算机展开了相关的研究，目标是设计和开发后量子时代仍然安全的算法。这一系列量子安全算法的目标是在经典计算机而非量子计算机上运行，以抵抗量子计算机的攻击。部分算法基于除整数分解和离散对数以外的其他数学难题设计，如基于格（Lattice-based）的密码体制。其中，走在这项研究前列的是美国国家标准与技术研究院（NIST）。

美国国家标准与技术研究院于 2016 年启动后量子算法的征集，在多轮标准化流程之后，NIST 选择了四种作为后量子密码学（PQC）算法进行标准化：CRYSTALS–KYBER，以及三种数字签名方案：CRYSTALS–Dilithium、FALCON 和 SPHINCS+（无状态基于哈希的签名）。这些算法以 FIPS 203、204、205 的形式发布，预计将在 2024 或 2025 年正式发布为推荐标准。此后，新的标准化算法可能会被添加到 X.509、IKEv2、TLS 和 JOSE 等安全协议中，并在各个行业中得到应用。

IETF 等标准组织和行业组织也在研究后量子密码算法在通信协议中的应用。例如，IETF 密码论坛研究小组完成了两种有状态的基于散列的签名算法 XMSS 和 HSS/LMS 的标准，并与 NIST 合作进行标准化。扩展的 Merkle 签名方案（eXtended Merkle Signature Scheme，XMSS）和 Leighton-Micali 签名（Leighton-Micali Signature，LMS）是目前可用于生产系统的后量子密码算法，可应用于设备固件更新时的签名校验等场景。

学术界和工业界的最新报告称，未来十年内，能够大规模破解现有密码学的量子计算机极不可能产生。人们也普遍认为，量子计算机不会对对称算法构成大的威胁。IETF、3GPP 等标准化组织和各行业都在密切关注 NIST PQC 算法标准化的结果。

量子计算机很可能会对某些行业产生很大的颠覆性影响，但可能在几十年内不会对非对称密码学构成实际威胁，也很可能永远不会对对称密码学构成实际威胁。

需要在很长一段时间内保护信息的组织应该开始考虑后量子密码学。而对于民用的密码学使用场景，当前采纳的椭圆曲线密码学算法和 RSA 算法在较长的一段时期内仍可以放心使用。

习 题

1. 什么是数据？什么是数据安全？
2. 简述 DIKW 金字塔模型。
3. 简述数据安全模型的三个核心要素。
4. 数据生命周期包含哪些关键的环节？
5. 简述数据的三种状态及其安全防护机制。
6. 数字安全的管理分为哪几个维度？
7. 数据安全风险评估包括哪些内容？
8. 云化部署常采用的四种模型分别是什么？
9. 零信任安全架构的策略是什么？
10. 物联网安全分为哪三个层面的问题？
11. 数据安全管理目标分为哪三个维度？
12. 基本的数据安全风险评估涉及哪三个因素？
13. 人工智能如何赋能数据安全？
14. 分析云计算与数据安全的关系。
15. 分析物联网与数据安全的关系。
16. 分析零信任架构与数据安全的关系。
17. 分析量子计算与数据安全的关系。

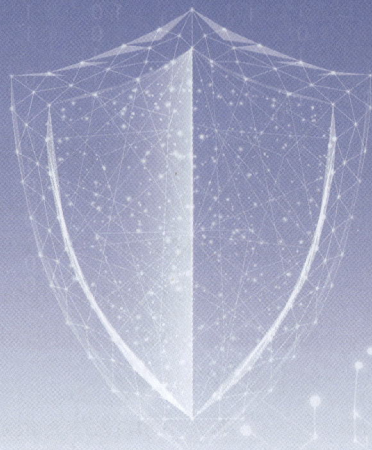

第 2 章
数据安全管理体系

本章介绍数据安全管理体系，包括数据安全管理架构、数据分类分级、数据安全管理制度建立与实施、核心数据和重要数据安全管理要求、一般数据安全管理措施、数据安全治理以及数据安全运营体系等，使读者了解和掌握数据安全管理的重点内容。

2.1 数据安全管理架构

数据治理体系除了需要在技术方面的实施架构，还需要管理方面的组织架构支撑。数据安全管理架构是一种系统性框架，用于组织和协调企业的数据安全策略、流程、工具和技术，以确保数据的保密性、完整性和可用性。

在机构的数据安全管理中，一般在数据治理建设初期成立数据安全管理委员会。机构数据安全管理委员会统一协调管理数据安全工作，并下设数据安全小组推动执行各项数据安全活动。

2.1.1 组织架构

典型的数据安全治理组织架构由决策层、管理层、执行层与监督层构成。决策层负责统筹决策，管理层负责数据安全的管理与建设，执行层负责具体执行数据安全管理要求，监督层则对工作情况进行监督。

1. 决策层
决策层负责数据安全管理的决策职能。

2. 管理层
管理层负责制定、实施数据安全全流程管理制度及相关操作规程；审议数据标准管理相关制度；对跨部门的数据标准管理争议事项进行讨论并决策；管理重大数据标准事项，提交信息科技管理委员会审议。

3. 执行层
执行层在委员会的领导下实施数据合规管理。其中，业务部门负责业务线数据标准的制定、修改、复审、推广落实数据标准等；开发部门负责承担相关平台、数据安全要求、数据质量等实施工作，系统设计和开发工作中遵循数据安全要求；运营部门负责落地具体的推广。

常见的数据安全管理架构如图 2-1 所示。

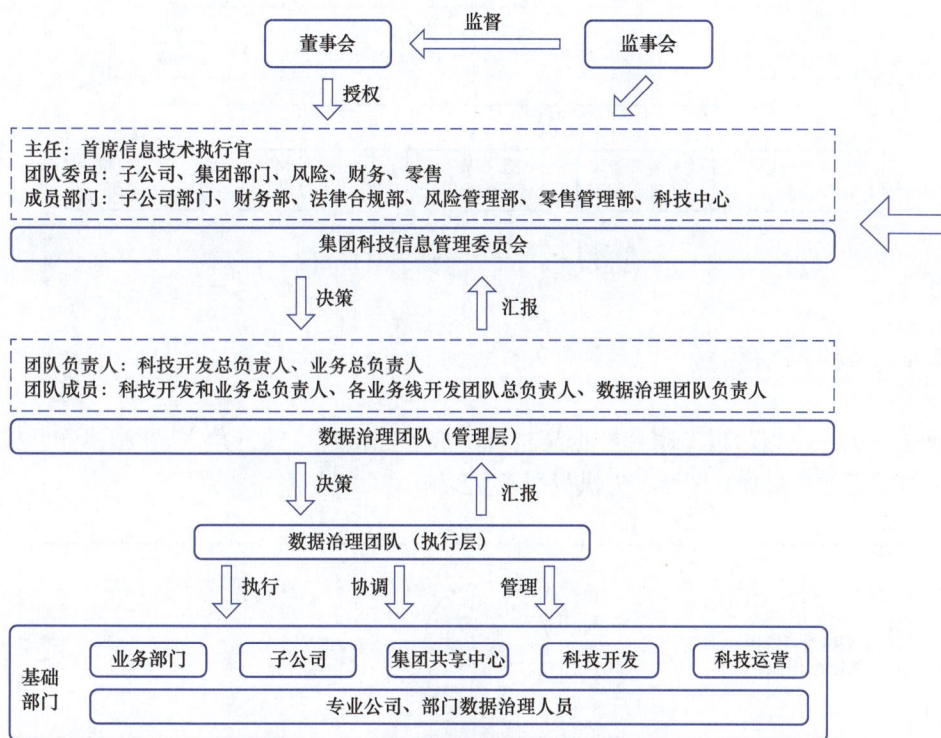

图 2-1　常见的数据安全管理架构

2.1.2　管理层职责

1.项目经理

项目经理确定项目目标、范围和计划，制定项目里程碑，管理跨项目协同。

2.专家评审组

专家评审组评审项目方案，确定方案的合理性。

3.项目管理委员会（PMO）

项目管理委员会确保项目按计划执行，管理项目重大风险，执行跨项目协同、沟通、组织项目的关键评审。

4.数据治理专项组

数据治理专项组执行各项目的落地实施和运营推广，推动执行层实施数据治理技术落地和项目进展。

图 2-2 为管理层常见结构。

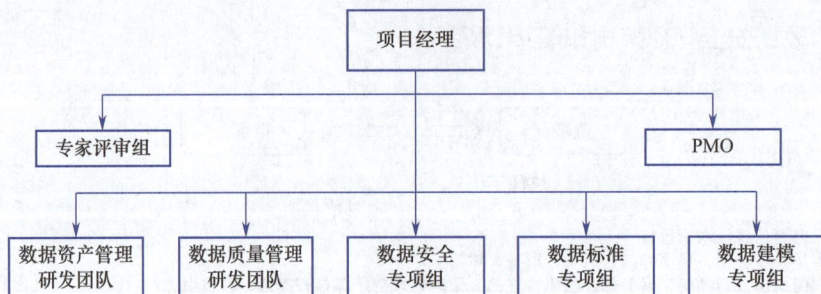

图 2-2　管理层常见结构

2.1.3　执行层职责

业务专员、数据治理专家和数据架构师形成数据治理"铁三角"，紧密协作，推进数据治理与数据架构落地。图 2-3 为执行层常见结构。

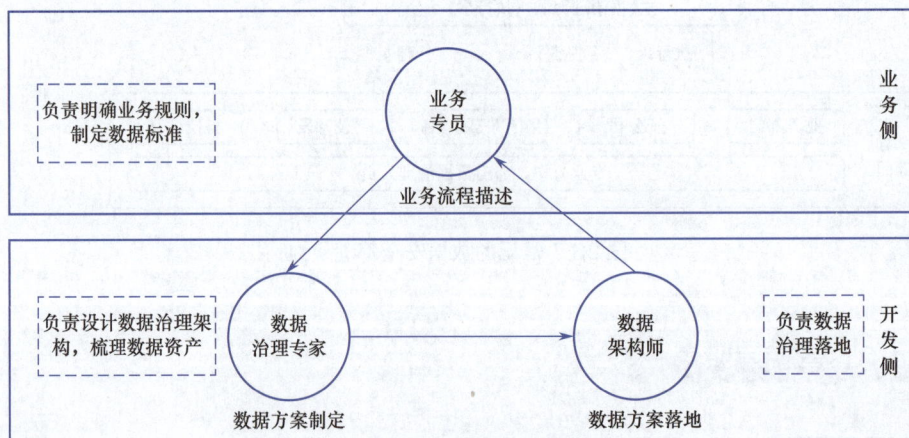

图 2-3　执行层常见结构

1. 业务专员

业务专员作为业务部门数据治理的接口人，在标准、质量、应用等领域组织业务人员开展工作，具体职责包括定义数据规则、保障数据质量、提出数据需求等。

2. 数据治理专家

数据治理专家作为数据治理组成员，负责设计数据架构和运营数据资产；牵头组织业务和 IT 达成数据治理目标。具体职责包括构建数据逻辑模型、监控数据质量、运营数据资产等。

3．数据架构师

数据架构师作为 IT 开发部门的专家，承担数据标准落地、模型落地的重任，协助解决数据质量问题。具体职责包括数据标准落地、逻辑模型落地、物理模型落地等。

2.2 数据分类分级

《数据安全法》规定，国家建立数据分类分级保护制度，根据数据在经济社会发展中的重要程度，以及一旦遭到篡改、破坏、泄露或者非法获取、非法利用，对国家安全、公共利益或者个人、组织合法权益造成的危害程度，对数据实行分类分级保护。

2.2.1 数据分类分级的目的

数据分类分级是数据安全保护中的首要环节和重要基础，类似于网络安全等级保护制度的网络分级，其目的在于依法对数据资源实施精细化管理和控制，在数据保护和数据应用之间寻找平衡点，既加强对重要数据、核心数据的安全保护，也对一般数据加大应用力度，发挥数据最大价值，支持数字经济发展和数字中国建设。数据实现分类分级之后，根据不同级别采取不同的防护措施，实现对数据的充分保护和应用。

2.2.2 数据分类分级的流程

数据处理者应按照国家和行业领域数据分类分级规范要求，参考以下步骤对数据进行分类分级。

1．梳理数据资产

对数据资产和数据应用情况进行全面梳理，明确所属行业领域，确定待分类分级的数据资产的范围和对象。

2．制定分类分级规范

按照国家和行业领域数据分类分级标准规范，结合数据处理者自身数据特点，制定数据分类分级规范，确定具体的数据分类分级方法。

3．对数据进行分类

根据数据分类分级规范和方法，对所有数据进行分类，并对公共数据、个人信息等特殊类别数据进行识别和分类。

4．对数据进行分级

根据数据分类分级规范和方法，对所有数据进行分级，识别确定核心数据、重要数据和一般数据，形成数据分类分级清单、重要数据和核心数据目录。

5. 审核并上报目录

对数据分类分级结果进行审核，并对数据进行分类分级标识，按有关规定和程序报送重要数据和核心数据目录。

6. 动态更新管理

当数据重要程度和可能造成的危害程度发生变化时，应对数据重新进行分类分级，形成新的重要数据和核心数据目录清单，并重新上报。

2.2.3　数据分类原则和步骤

1. 数据分类原则

数据按照先行业领域、再业务属性的原则进行分类。

（1）按照行业领域分类，数据分为能源数据、电信数据、金融数据、工业数据、交通运输数据、自然资源数据、水利数据、农业数据、环境保护数据、卫生健康数据、教育数据、科学数据、公共安全数据等。

（2）按照业务属性分类。一是业务领域，按照业务范围、业务种类或业务功能进行分类；二是责任部门，按照数据管理部门或职责分工进行分类；三是描述对象，按照数据描述的对象进行分类；四是流程环节，按照业务流程、产业链环节进行分类；五是数据主体，按照数据主体或属主进行分类；六是内容主题，按照数据描述的内容主题进行分类；七是数据用途，按照数据处理目的、用途进行分类；八是数据处理，按照数据处理活动或数据加工程度进行分类；九是数据来源，按照数据来源、收集方式进行分类。

2. 数据分类步骤

数据处理者依据其业务活动、数据管理和使用需求，选择适当的业务属性对数据进行分类。数据分类步骤如下。

（1）按照机构的法定职责，确定本机构管理的数据范围。

（2）根据机构的业务范围、运营模式、业务流程等，确定机构的业务类别。

（3）根据机构业务类别，制定数据分类规则，如可采取业务条线—关键业务—业务属性分类方式确定数据分类规则。

（4）按照数据分类规则和业务属性对数据进行分类。

2.2.4　数据分级原则和步骤

1. 数据分级原则

根据数据在经济社会发展中的重要程度，以及一旦遭到泄露、篡改、损毁或者非法获取、非法使用、非法共享，按照对国家安全、经济运行、社会秩序、公共利益、组织权益、个人权益造成的危害程度，将数据从高到低分为核心数据、重要数据、一般数据三个级别。

2．数据分级流程

数据分级的流程包括以下几点。

（1）确定待分级的数据对象

数据对象包括数据项、数据集、跨行业领域数据等。

（2）识别影响数据分级的要素

数据分级的要素包括数据的领域、群体、区域、精度、规模、覆盖度、重要性、风险性等，其中领域、群体、区域、重要性、风险性属于定性描述的分级要素，精度、规模、覆盖度属于定量描述的分级要素。

（3）分析数据可能影响的对象和影响程度

① 影响对象。指数据遭到泄露、篡改、损毁或者非法获取、非法使用、非法共享等安全风险时可能影响的对象，通常包括国家安全、经济运行、社会秩序、公共利益、组织权益、个人权益。

② 影响程度。指按照数据遭到泄露、篡改、损毁或者非法获取、非法使用、非法共享可能造成的危害程度，从高到低分为特别严重危害、严重危害、一般危害。

（4）综合确定数据级别。

根据数据的影响对象和影响程度确定数据的级别，包括核心数据、重要数据、一般数据。数据级别与影响对象、影响程度的对应关系如表 2-1 所示。

表 2-1　数据级别确定规则

影 响 对 象	影 响 程 度		
	特别严重危害	严 重 危 害	一 般 危 害
国家安全	核心数据	核心数据	重要数据
经济运行	核心数据	重要数据	一般数据
社会秩序	核心数据	重要数据	一般数据
公共利益	核心数据	重要数据	一般数据
组织权益、个人权益	一般数据	一般数据	一般数据

（1）核心数据：遭到泄露、篡改、损毁或者非法获取、非法使用、非法共享，直接对国家安全造成特别严重危害或严重危害，或者直接对经济运行造成特别严重危害，或者直接对社会秩序造成特别严重危害，或者直接对公共利益造成特别严重危害的数据；对领域、群体、区域具有较高覆盖度，直接影响政治安全的重要数据；达到较高精度、较大规模、较高重要性或深度，直接影响政治安全的重要数据；有关部门评估确定的核心数据。

（2）重要数据：遭到泄露、篡改、损毁或者非法获取、非法使用、非法共享，直接对国家安全造成一般危害，或者直接对经济运行造成严重危害，或者直接对社会秩序造成严重危害，或者直接对公共利益造成严重危害的数据；直接关系国家安全、经济运行、社会稳定、公共健康和安全的特定领域、特定群体或特定区域的数据；达到一定精度、规模、深度或重要性直接影响国家安全、经济运行、社会稳定、公共健康和安全的数据；有关部门评估确定的重要数据。

（3）一般数据：遭到泄露、篡改、损毁或者非法获取、非法使用、非法共享，对经济运行、社会秩序、公共利益仅造成一般危害的数据，或仅对组织自身权益、个人权益造成危害的数据；未确定为核心数据、重要数据的其他数据。

2.3 数据安全管理制度建立与实施

保护核心数据、重要数据安全是数据安全保护工作的重点。应依据《网络安全法》《数据安全法》等有关法律法规和政策要求，落实如下数据安全保护措施，对重要数据、核心数据进行重点保护。

（1）坚持问题导向，加强顶层设计和谋划，制定数据安全保护规划，依法落实数据安全保护责任。将数据安全保护制度、网络安全等级保护制度和关键信息基础设施安全保护制度有机衔接，协调推进，体系化防御。

（2）建立数据安全相关制度，明确数据安全保护重点任务。开展数据资产和数据应用排查，建立数据分类分级指南和数据认定规则、全流程数据安全保护制度、数据分类分级制度、风险管控制度、数据流转交易管理制度、第三方合作管理制度，事件应急处置机制、通报预警机制、检测评估机制、安全审查机制、出境评估机制、重要数据安全管理制度、数据审查及认证制度等一系列制度和机制。

（3）加强数据安全技术保护体系建设。在落实网络安全等级保护基本要求的基础上，落实访问控制、身份鉴别、集中监测等技术措施；加强数据安全保护能力建设，提升数据分析识别能力、体系化安全管理能力、增强型技术保护能力、监测预警能力、技术对抗能力、检测评估能力、应急处置能力等一系列能力。

（4）采取特殊型加强型保护措施。确定网络之间数据的传输规则，采用相应等级的隔离装置联通网络；采取多方计算、区块链、人工智能、可信计算等技术，保护数据传输安全；建立重要数据容灾备份机制，确保数据资源一旦被攻击破坏，可及时进行恢复和补救。

（5）建立数据安全保障机制和责任追究制度。设置数据安全管理机构，配置专门人员，落实经费、装备等保障措施。建立责任追究制度，建立并实施评价考核及监督问责机制，制定数据安全责任制管理办法，针对本单位发生的数据安全案（事）件性质、严重性和危害性，确定问责范围，明确处罚措施，确保数据安全责任落到实处。

（6）建立数据安全综合防御体系，提升数据安全综合防护能力。立足应对大规模网络攻击威胁，加强数据安全风险预知预判预警预防，开展重要数据安全检测评估，加强供应链安全管控，采取技术应对措施，落实"实战化、体系化、常态化"以及"动态防御、主动防御、纵深防御、精准防护、整体防控、联防联控"的"三化六防"措施，建立"打防管控"一体化的数据安全综合防御体系，提升综合防御能力和水平。

（7）加强监测预警和通报处置，严防重大数据安全事件发生。采取安全监测和通报预警措施，建立数据安全监测预警体系；采取重大事件处置措施，建立数据安全应急处置机制、数据安全事件及威胁报告制度；采取协同联动响应措施，提升联合应对重大数据安全事件和威胁能力。

（8）加强数据安全监管和保护，提升数据安全综合防控能力。开展数据安全检查，针对检查出的问题隐患，应及时组织开展整改，对不落实数据安全保护法律责任和义务的，依法进行行政处罚。加强数据安全威胁情报工作，依法打击危害重要数据安全的违法犯罪活动，确保核心数据、重要数据安全和数据主权安全，维护国家安全、社会公共安全和人民群众合法权益。

2.4　核心数据和重要数据安全管理要求

数据按照影响对象和影响程度分为核心数据、重要数据、一般数据。针对核心数据、重要数据应有更严格的保护，保护原则如图 2-4 所示。

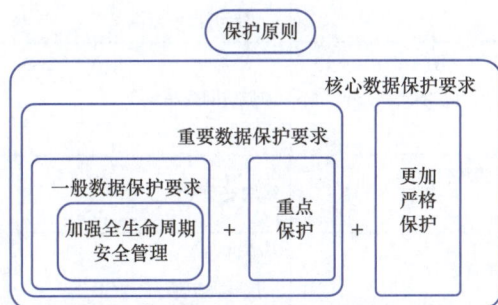

图 2-4　数据保护原则

重要数据和核心数据处理者应按如下要求实施管控，如图 2-5 所示。

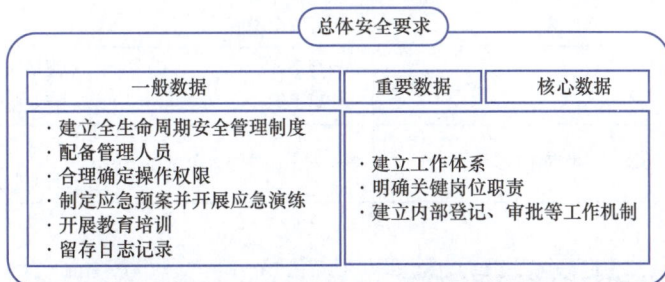

图 2-5　数据安全管理要求

（1）建立覆盖机构相关部门的数据安全工作体系，明确数据安全负责人和管理机构，建立常态化沟通与协作机制。机构法定代表人或者主要负责人是数据安全第一责任人，领导团队中分管数据安全的成员是直接责任人。

（2）明确数据处理关键岗位和岗位职责，并要求关键岗位人员签署数据安全责任书，责任书内容包括但不限于数据安全岗位职责、义务、处罚措施、注意事项等内容。

（3）建立内部登记、审批等工作机制，对重要数据和核心数据的处理活动进行严格管理并留存记录。

对于数据全生命周期的保护，核心数据、重要数据应比一般数据有更严格的保护措施。表 2-2 说明了一般数据、重要数据、核心数据的保护要求的区别。

表 2-2　数据全生命周期安全要求

全生命周期安全要求			
处 理 环 节	一 般 数 据	重 要 数 据	核 心 数 据
收集	• 遵循合法正当原则 • 采取分级安全措施	• 加强收集人员、设备管理 • 记录收集信息 • 间接获取数据，签署协议并明确法律责任	
存储	依法依约存储	• 采取安全存储技术 • 实施容灾备份 • 实施存储介质安全管理 • 定期开展恢复测试	
使用加工	• 保证自动化决策公平透明 • 提供数据处理服务，应当依法依规取得电信业务经营许可	加强访问控制	
传输	• 分类分级制定安全策略 • 采取保护措施	采取安全传输技术	
提供	明确范围、类别、条件、程序	• 签订安全协议 • 核验保护能力	• 评估安全风险 • 行业监管部门审批
公开	预研对国家安全、公共利益制度，存在重大影响的不得公开		
销毁	建立数据销毁制度	• 禁止恢复 • 履行备案变更手续	
出境	境外工信领域执法机构调取数据，须获取工业和信息化部批准	• 境内存储 • 出境安全评估	
转移	明确转移方案	• 履行备案 • 变更手续	• 评估安全风险 • 行业监管部门审批
委托	签订合同协议，明确责任和义务	核验安全保护能力和资质	• 评估安全风险 • 行业监督部门审批

2.5　一般数据安全管理措施

按照数据流转的不同环节，需制定全面的数据安全管理要求，以确保数据的机密性、完整性、可用性，并满足法律法规的各项要求。

对于中小型企业和一般机构，通常不涉及重要数据或核心数据，数据主要归类为一般数据，按照遭到篡改、破坏、泄露或者非法获取、非法利用后对个人、组织合法权益造成危害的程度，一般数据可分成 C1 ～ C4 级别。表 2-3 是电子数据管控措施，表 2-4 是纸质数据管控措施。

表 2-3　电子数据管控措施

安全管控项	完全公开级（C1）	内部使用级（C2）	商业秘密级（C3）	机构机密级（C4）
身份鉴权	无特定要求	至少使用一种身份验证机制	专人专号，且对账号设置有效期，到期收回；至少使用双因子认证机制	专人专号，且对账号设置有效期，到期收回；至少使用双因子认证机制
系统架构	无特定要求	至少为两层架构	三层架构	三层架构
访问控制	无特定要求	仅限内部人员访问（签订正式合作协议及保密协议的第三方可以视为内部用户）	严格的网络层、系统层、应用层访问控制策略；谨遵"知其必需"及"最小权限"原则进行授权；不得使用共享账号	严格的网络层、系统层、应用层访问控制策略；谨遵"知其必需"及"最小权限"原则进行授权；不得使用共享账号
系统提示	无特定要求	无特定要求	应在系统登录成功后的页面显著位置提示用户本系统包含机密信息，应谨慎操作	应在系统登录成功后的页面显著位置提示用户本系统包含机密信息，应谨慎操作
日志审计	无特定要求	应记录非法篡改、删除等操作行为	严格定义日志记录内容及日志保存时间，并由专人定期复核	严格定义日志记录内容及日志保存时间，并由专人定期复核
存储	无特定要求	明确存储介质和位置，可视情况加密	严格限制存储介质和位置，使用机构批准的加密技术进行加密	严格限制存储介质和位置，使用机构批准的加密技术进行加密
备份	无特定要求	每月至少完全备份一次	实时或每月至少完全备份一次	实时或每月至少完全备份一次
传输	无特定要求	采用组织指定的安全信道进行传输；建议进行加密	采用指定的安全信道进行传输；采用指定的加密技术进行保护，如通过邮件发送应对邮件或附件本身进行加密；采用指定的脱敏方式进行脱敏；未经授权禁止下载、打印、使用介质复制	采用指定的安全信道进行传输；采用指定的加密技术进行保护，如通过邮件发送应对邮件或附件本身进行加密；采用指定的脱敏方式进行脱敏；未经授权禁止下载、打印、使用介质复制
销毁	无特定要求	建议专业工具定期删除，介质销毁	专业工具做不可逆删除，彻底销毁存储介质	专业工具做不可逆删除，彻底销毁存储介质

（续表）

安全管控项	完全公开级（C1）	内部使用级（C2）	商业秘密级（C3）	机构机密级（C4）
密码策略	无特定要求	使用默认密码登录后应强制修改；密码不得与用户名相同或近似；密码长度10位或以上；由大小写字母、数字或字符其中三种的组合；强制最长90天更改一次；新密码不得与5次之前的密码相同；每天最多修改一次密码	除内部使用级要求外：系统必须提供登录失败日志；系统或浏览器不得提供"自动登录"或"记住密码"功能	除内部使用级要求外：系统必须提供登录失败日志；系统或浏览器不得提供"自动登录"或"记住密码"功能
关键操作监控	无特定要求	仅对批量操作进行监控	仅对操作节点进行监控	在操作节点进行监控，必要时全程监控

表 2-4 纸质数据管控措施

安全管理控制项	完全公开级（C1）	内部使用级（C2）	商业秘密级（C3）	机构机密级（C4）
访问控制	无特定要求	仅供内部员工查阅	仅特定经授权人员或特定项目组成员可查阅	仅特定经授权人员或特定项目组成员可查阅
存储	无特定要求	非工作时间应保存在有锁的柜子中	应保存在有锁的柜子中或独立的封闭区域内	由专人保管，保存在专有保险柜中或独立的封闭档案室内，且应设门禁进出记录及调取记录
复制	无特定要求	无特定要求	未经特定项目负责人或业务线一级负责人及以上级别批准，禁止复制或复印	未经特定项目负责人或业务线一级负责人及以上级别批准，禁止复制或复印
邮递	无特定要求	快递、挂号	组织指定的高安全性特快专递方式	专人负责，使用组织指定的高安全性特快专递方式
销毁	无特定要求	使用碎纸机销毁	组织指定专人负责使用细粒度碎纸效果设备销毁	组织指定专人负责使用细粒度碎纸效果设备销毁

2.5.1 数据产生的安全管理

1．数据产生时应采取的管控措施

数据产生方式分为两种：一种是线下方式生成的非结构化数据，包括纸质文档或电子数据文档，另一种是在线上系统中生成的结构化数据。数据在产生时应采取如下管控措施。

（1）系统管理员、应用管理员应对结构化数据制定相应的安全实施细则，确保各系统、应用等部署规范的访问控制、鉴权、日志记录、系统接口的安全管控。各系统、应用

44

需要配置不低于以下复杂度的密码策略。

① 密码应由不少于 8 位的大小写字母、数字以及特殊字符（空格除外）组成。

② 密码应在 90 天内至少更换一次，对重要设备和系统可采用一次性口令方式进行认证。

③ 密码重复尝试 5 次以后系统应自动锁定用户账号，并通知用户账号已被锁定的信息。

④ 提供密码重置机制。

（2）产生的非结构化的纸质文档、电子数据（如音频、视频等文档）由数据负责人统一进行定级和标识。对 C3 级别以上（包括 C3 级别）的数据所进行的操作应当进行日志记录。

（3）如果因向用户提供产品及服务而需要收集用户个人信息，应在数据收集前，以线上发布隐私政策或线下制备授权同意函的形式，明确说明个人信息收集的目的、内容、方式、使用规则等，并获得用户的明示授权和同意。

2．数据采购时应采取的管控措施

企业从外部采购数据时，应采取如下管控措施。

（1）根据数据采购审核标准以及采购流程，谨慎选择提供数据及数据服务的供应商，严格审核数据提供方的资质，审核其数据合法来源，并与数据提供方签署数据安全与合规等相关协议，明确数据采购范围、采购方式、数据保密义务等，并明确双方的权利与义务。

（2）采购合作过程中，应实时跟进数据提供方的经营状况与数据合规动向。建立数据采购台账制度，详细记录采购数据名称、采购类型、采购日期、数量、数据提供方名称、使用场景及用途等，并妥善保管相关采购合同 / 协议、服务合同 / 协议以及相应的保密协议、数据安全与合规协议，往来通讯记录、交付与履行情况等资料与信息，保存期限不得少于该合同 / 协议履行完毕后 5 年。

（3）对于涉嫌危及数据安全或涉嫌数据违法违规事件的数据提供方，应及时要求数据提供方反馈相关情况并提供有效解决措施，必要时应暂停或中止从该数据提供方处采购数据；情节严重的，经管理层同意后可解除合作协议、启动司法程序等方式进行救济，并根据相关法律法规规定履行上报监管等义务。

2.5.2　数据存储的安全管理

数据存储分为线上存储和线下存储。

1．线上存储

数据应存放在指定服务器或共享存储空间中，且各类信息系统 / 平台 / 数据库等均应具备身份鉴别与验证、权限管控，严格控制访问权限。

（1）C2 级别以上（包括 C2 级别）的数据必须获得相应的授权后才可以访问。

（2）禁止使用非授权的移动存储设备存储和备份 C3、C4 级别的数据。

（3）原则上，C3、C4 级别的数据应加密后再进行存储，因业务需要必须使用时，应在使用前向组织内的安全部门报备。

（4）为确保可用性，数据的可需制定数据备份及恢复测试策略，并按要求定期执行。

2. 线下存储

应确保数据线下存储的安全，禁止在未经批准的情况下，将线下存储的文档、资料上传、扫描至任何设备或平台，或分享、复印给任何外部第三方。

（1）存储有机构数据的办公设备（包括但不限于办公电脑、移动硬盘等）应妥善保管，员工应采取必要措施防止遗失或被窃，严禁外借使用，重要数据应定期做备份。

（2）原则上，禁止将 C3、C4 级别的数据存放在员工本地电脑里，该等级的数据的获取与使用需在机构所有的系统平台中完成。涉及 C3 级别数据的纸质文档应当保存在有锁的柜子中或独立的封闭区域内。涉及 C4 级别数据的纸质文档应由专人保管，保存在专有保险柜中或独立的封闭档案室内，且应设门禁进出记录及调取记录。

（3）严禁将涉及 C3、C4 级别数据的纸质文件随意放置在工位桌面或公共区域，文件不再使用时，应当立即以安全的销毁方式进行销毁。如发生存储有机构数据的存储介质、设备或纸质文件等遗失、被窃等情况，员工应立即报告直属上级和组织内的安全部门。

2.5.3　数据使用的安全管理

1. 数据使用场景

根据数据使用场景不同，主要分为数据的内部使用和外部使用。

数据的内部使用，指机构员工因业务运营、数据分析、技术研发等原因申请调取本业务线管理的数据或者其他业务线管理的数据并在机构内部使用数据的情况。

数据的外部使用，主要分为以下五种情形。

（1）机构内各分支机构之间基于业务需求的数据分享。

（2）基于相关协议向外部的合作机构、组织提供数据，或者开放接口与该合作机构或组织进行数据交互或数据接口合作等情况。

（3）监管调取，政府机构根据法律法规的行使行政权要求获取机构相关数据。

（4）司法调取，即司法机关在特定法律程序和案件中行使司法权要求获取机构相关数据。

（5）数据对外披露，机构业务需要对外展示数据时，应获得数据安全委员会的批准，并对数据进行去标识化、匿名化等处理，保障数据安全以及数据隐私。机构掌握的个人信息原则上不应公开披露。

经法律授权或具备合理事由确需公开和披露个人信息时，应当遵守以下要求。

（1）事先开展个人信息安全影响评估，并依评估结果采取有效的保护个人信息主体的措施。

（2）向个人信息主体告知公开披露个人信息的目的和类型，并事先征得个人信息主体明示同意。

（3）公开披露个人敏感信息前，除（2）中告知的内容外，还应向个人信息主体告知涉及的个人敏感信息的内容。

（4）准确记录和存储个人信息的公开披露的情况，包括公开披露的日期、规模、目的、公开范围等。

（5）承担因公开披露个人信息对个人信息主体合法权益造成损害的相应责任。

（6）不应公开披露个人生物识别信息。

（7）不应公开披露我国公民的种族、民族、政治观点、宗教信仰等个人敏感数据的分析结果。

2．相关安全要求

针对以上数据使用的场景，需遵守以下安全要求。

（1）脱敏要求

原则上，敏感数据（C3、C4 级别）需要进行脱敏处理才能进行流转，数据脱敏示例如表 2-5 所示。敏感数据进行脱敏处理后降为 C2 级别数据。

表 2-5　数据脱敏示例

敏感信息类型	信息范围	对 外 提 供	外 部 展 示	内 部 展 示
密码/口令及相关	登录密码	禁止提供	禁止展示	禁止展示
	手机校验码			
	sessionId等			
密钥	数据加密密钥	禁止提供	禁止展示	禁止展示
	签名私钥			
	Md5/HMAC消息认证密钥等			
个人信息	姓名	展示第一个字，后面的字隐藏。如：张*	展示第一个字，后面的字隐藏。如：张*	展示第一个字，后面的字隐藏。如：张*。业务点有需求展示完整信息时，做二次交互并对操作进行日志打点
	手机号	显示前 3 位和后 4 位，中间隐藏。如：139****1050	显示前 3 位和后 4 位，中间隐藏。如：139****1050	显示前3位和后4位，中间隐藏。如：139****1050；业务点有需求展示完整信息时，做二次交互并对操作进行日志打点
	固定电话号码	显示前 3 位和后 4 位，中间隐藏。如：010****1050	显示前 3 位，后 4 位，中间隐藏。如：010****1050	显示前3位和后4位，中间隐藏。如：010****1050。业务点有需求展示完整信息时，做二次交互并对操作进行日志打点

敏感信息类型	信息范围	对外提供	外部展示	内部展示
个人信息	地址信息	省/市/县区，部分地址隐藏。如：北京市海淀区****	省/市/县区，部分地址隐藏。如：北京市海淀区****	省/市/县区，部分地址隐藏。如：北京市海淀区****业务点有需求展示完整信息时，做二次交互并对操作进行日志打点
	身份证号	只可显示前6位＋*（实际位数）＋后2位，如：110102*********5X	只可显示前6位＋*（实际位数）＋后2位，如：110102*********5X	默认只可显示前6位＋*（实际位数）＋后2位，如：110102***********5X；业务点有需求展示完整信息时，做二次交互并对操作进行日志打点
	银行账号	只可显示前4位和末4位，中间用*代替，如9558***********2334	只可显示前4位和末4位，中间用*代替，如9558***********2334	只可显示前4位和末4位，中间用*代替，如9558************2334，业务点有需求展示完整信息时，做二次交互并对操作进行日志打点
	护照号码	末4位用*代替，如：G1234****	末4位用*代替，如：G1234****	末4位用*代替，如：G1234******。业务点有需求展示完整信息时，做二次交互并对操作进行日志打点

（2）审批要求

审批流程的主要环节如图 2-6 所示，审批流程图如图 2-7 所示。

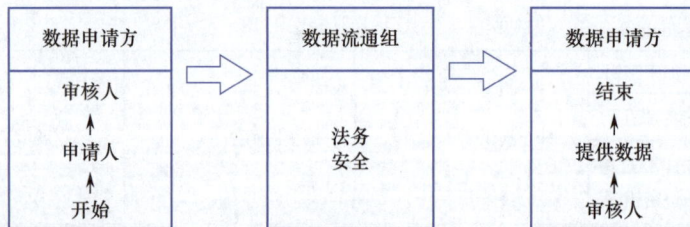

图 2-6　审批流程主要环节

3．数据使用规则

数据使用应严格遵守以下规则。

（1）审批前置：任何情形下，在申请调取、使用、对外提供任何非公开的数据前，必须先履行必要的数据申请审批流程。

（2）最少必要：在申请调取、使用、对外提供任何非公开的数据时，应明确使用目的、用途，且应满足最少必要原则，不得调取超出需求的数据，能使用低密级数据则不用高密级数据，能使用聚合、衍生类数据的不使用原始数据。

（3）最小期限：通过申请获得的数据使用权限，都应设置有效期。C3、C4 级数据最长为 6 个月有效期。有效期到期前 1 个月进行提醒，如需继续使用数据，应在有效期届满前重新申请数据使用权限。

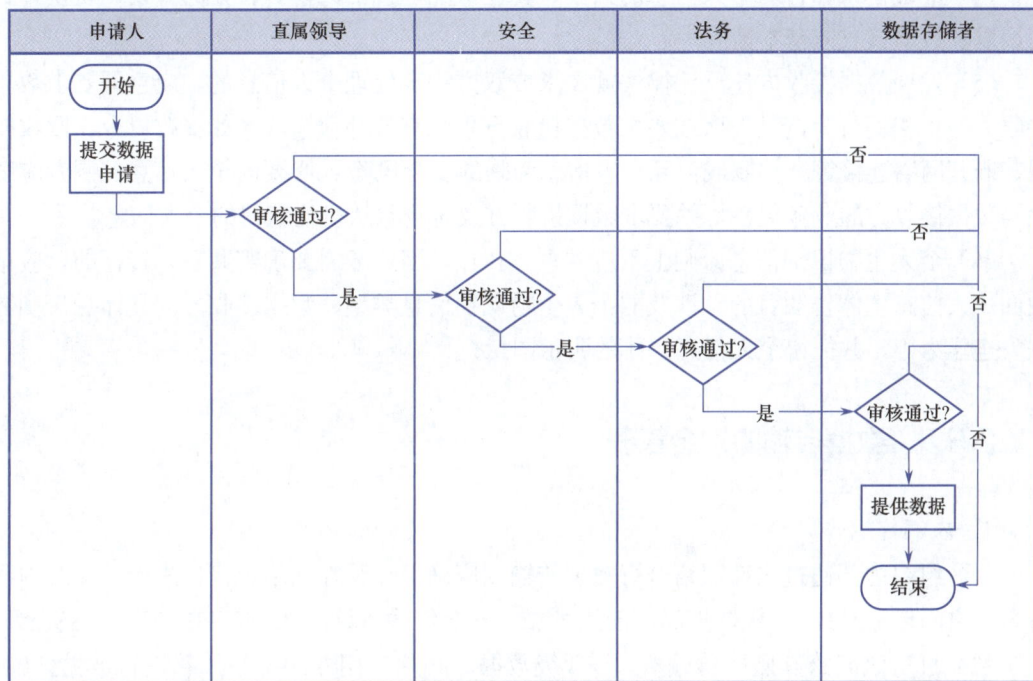

图 2-7　审批流程

（4）数据脱敏：在使用或对外提供 C3、C4 级数据时，应采取必要的脱敏方法，对该等数据的关键字段进行脱敏处理。

（5）用户授权：在使用、对外提供涉及用户的个人信息时，应事先获得用户的明确授权同意。

（6）数据销毁：满足业务需求后不再继续使用的 C3、C4 级数据要及时清理。

2.5.4　数据交换的安全管理

数据交换包括数据共享和转让，在共享、转让数据时应当签订书面协议，约定机构与合作方或受转让方的权利义务。如机构共享、转让的数据为个人信息的，应当采取以下措施。

（1）事先开展个人信息安全影响评估，并依评估结果采取有效的保护个人信息主体的措施；

（2）向个人信息主体告知共享、转让个人信息的目的、数据接收方的类型以及可能产生的后果，并事先征得个人信息主体的授权同意。共享、转让经去标识化处理的个人信息，且确保数据接收方无法重新识别或者关联个人信息主体的除外。

（3）共享、转让个人敏感信息前，除前述第（2）项中告知的内容外，还应向个人信息主体告知涉及的个人敏感信息类型、数据接收方的身份和数据安全能力，并事先征得个人信息主体的明示同意。

（4）准确记录和存储个人信息的共享、转让情况，包括共享、转让的日期、规模、目的，以及数据接收方基本情况等。

（5）发现数据接收方违反法律法规要求或双方约定处理个人信息的，应立即要求数据接收方停止相关行为，且采取或要求数据接收方采取有效补救措施（如更改口令、回收权限、断开网络连接等）控制或消除个人信息面临的安全风险；必要时个人信息控制者应解除与数据接收方的业务关系，并要求数据接收方及时删除从机构获得的个人信息。

（6）个人生物识别信息原则上不应共享、转让。因业务需要确需共享、转让的，应单独向个人信息主体告知目的、涉及的个人生物识别信息类型、数据接收方的具体身份和数据安全能力等，并征得个人信息主体的明示同意。

2.5.5　数据传输的安全管理

1．内部传输

（1）组织内部通过内部网络进行数据传输，应确保在受控网络、接口进行，涉及内网各系统之间传输 C3、C4 级数据时，使用可靠的安全传输协议，如 HTTPS、SFTP、SSL 等。

（2）机房之间跨互联网传输 C3、C4 级数据，必须采用专用网络线路进行数据传输。应用层对访问要有防篡改、签名机制。

（3）因业务需要传输 C3、C4 级数据时，应使用机构邮箱进行传输，且必须进行加密。

（4）机构限制使用移动存储介质（如 U 盘、移动硬盘）进行 C3、C4 级数据传输，如确因业务需要，应确保在机构内部使用经过加密的移动存储介质进行。

（5）禁止员工之间使用任何即时通信工具、私人邮箱、非机构指定网盘传输 C3、C4 级数据。

（6）机构各办公地点如需通过快递方式传递日常业务所需纸质文档，应使用机构签约的指定的快递机构进行邮寄。

2．外部传输

（1）因业务需要，必须通过线上系统平台与外部网络环境进行 C2 级以上（含 C2 级）数据的传输、交互时，应确保网络传输通道采用安全的通信协议及强效加密算法进行保护，如全站 HTTPS 加密、数字签名和认证等。

（2）确需对外传输 C3、C4 级数据，原则上应采取不可逆的脱敏措施对数据进行脱敏；如无法采取不可逆脱敏的，则必须采取恰当的脱敏措施。

（3）使用机构电子邮箱对外传输非公开数据文档时，应考虑对数据文档设置口令再进行传输，加密口令和数据文档分开传输到指定数据接收方。

（4）禁止通过即时通信工具、私人邮箱、非机构指定网盘对外传输 C2 级以上（含 C2

级）数据。

3. 数据跨境传输

机构向境外数据接收方提供数据前，应经过委员会内部审核，各部门共同评估可能带来的安全风险，并经数据合规负责人的批准。对于可能涉及国家网络安全或公民个人信息安全的重要数据，机构应向国家网信部门及行业主管部门申报并获得同意。机构向境外数据接收方提供信息前，应当满足国家法律、法规关于数据跨境传输的规定，未经个人信息主体的明示同意，或法律、法规明确规定，或未经主管部门、个人信息安全监管机构同意，不得将个人信息传输到境外，包括位于境外的个人或境外注册的组织和机构，当个人信息确需传输到境外时，应当至少遵守下列要求。

（1）当个人信息确需传输到境外时，应与境外数据接收方签订书面合同，确保境外数据接收方具备不低于我国法律、法规或标准等所规定的个人信息保护水平，相关书面合同应当提交法务部门审批同意。

（2）不得违规向境外机构提供个人信息或为其获取个人信息提供便利条件。

（3）因个人信息转移到境外造成个人信息主体权益损害时，应为个人信息主体提供有效和便于操作的救助途径。

2.5.6　数据销毁的安全管理

涉及 C2 级数据的电子存储介质报废、闲置时，应由相关人员统一负责处理，处理后应报备并做好记录。涉及 C3、C4 级数据的电子存储介质报废、闲置时，需经组织内部的安全或法务部门的事前审批，由安全部门或相关人员统一负责处理。处理方式包括但不限于多次擦除、低级格式化、数据覆写等方式，可同时组合采取多重手段，必要时采取硬件销毁的方式。

在数据销毁时，如有备份数据，还应对备份数据进行销毁。涉及 C3、C4 级数据的纸质文档在销毁时，必须使用碎纸机销毁。条件不允许时，应采取恰当方式销毁纸质文件并确保相关内容不会被再次识别。

对于存储于机构使用的云产品中的数据，当机构与云服务提供商终止服务协议时，应确保云服务提供商按照相关服务协议的约定，彻底销毁机构相关数据。

机构与数据接收方的合作协议未生效、失效，被撤销、期限届满或解除、终止的，应要求数据接收方限期永久性删除、销毁或归还全部有关数据，必要时，应要求数据接收方以书面方式向机构保证其已经按照机构要求对数据履行了归还、删除、销毁等义务。

2.5.7　数据安全审计

为保障组织内数据系统运行的稳定性、连续性和完整性，为安全溯源和安全事件分析提供支持，系统中应针对用户管理、系统授权、系统认证、数据获取／访问／修改行为有完整的安全性日志记录，记录内容至少包含如下必要信息：用户 ID、时间、访问来源、操作对象、操作行为，操作结果等信息。

日志文件及远程备份的日志文件至少保存半年。用户操作日志应清晰可读，关键行为应能从系统中方便导出。关键行为包含账号创建、账号授权行为，账号首次登录时间，账号末次登录时间，用户针对数据的访问、下载行为。

对闲置及敏感的数据权限进行分析、清理，避免权限由于人员变动等原因造成冗余。

在数据的使用阶段，甚至是在产生、存储等各阶段，数据审计可以通过全面评估、识别和降低组织的安全风险，发挥关键作用。

1．数据采集阶段

针对数据采集阶段，在数据审计活动中有如下的关注点。

（1）数据分类或数据分级的方式（如人力资源数据、产品数据或客户数据，以及根据机密性级别标记数据）。

（2）如何确保数据隐私、获得个人数据主体同意并根据适用法规匿名化数据。

（3）验证数据的准确性和完整性。

2．数据存储阶段

针对数据存储阶段，在数据审计活动中有如下的关注点。

（1）对存储数据的访问控制，包括第三方访问。

（2）密码学、密码算法和密钥管理的最佳实践。

（3）数据备份、故障监控、异地存储以及备份文件的可恢复性。

（4）使用防火墙、VPN 和其他网络防御设施。

（5）对存储区域和设备的物理安全控制。

3．数据存储阶段

针对数据存储阶段，在数据审计活动中有如下的关注点。

（1）数据清理与数据规范化。

（2）数据的更改流程。

（3）验证业务报告中的数据和分析结果是否准确。

（4）识别、记录和测试用于预测分析的人工智能、算法和模型。

总体而言，审计活动聚焦于提升和保护组织的数据价值。通过审计活动，可以确保各个组织以适当的方式，采集、存储和使用各类数据资产，以支撑数据驱动的业务决策。

2.6 数据安全治理

在数据安全治理中，数据安全是目标，治理是手段。按照《数据安全法》第三条的定义，数据安全指"通过采取必要措施，确保数据处于有效保护和合法利用的状态，以及具备保障持续安全状态的能力"。因此，数据安全强调统筹和平衡发展数据的开发利用和安全保护。一方面，没有有效的开发利用，数据的价值得不到体现，数字经济的发展得不到有效支撑；另一方面，没有有效的数据保护，数据的泄露、篡改可能导致重大的安全风险，甚至影响组织的业务目标的成功。

狭义而言，数据安全治理指管理和保护组织中的敏感信息的过程。它涉及建立政策、程序和标准，以确保数据的机密性、完整性和可用性。

2.6.1 数据治理和数据安全治理

1. 数据治理

数据治理是对数据资产管理行使权力和控制的活动集合。首先看数据治理是在做什么，思考几个问题：组织目前有哪些资产？这些资产从哪里来？用到了哪些地方？是否所有资产的使用均符合规范和制度？在组织的数据建设进程中，如何保障组织的数据资产得到正确有效地管理？

一般来说，数据会从外部或者内部产生，经过大数据手段处理后，流转到不同的业务端，为企业的上层应用提供数据赋能。数据治理整个过程如图 2-8 所示。

（1）数据采集，先做一些类似数据同步的工作将数据放入到大数据系统中。

（2）数据管理，数据进来后需要管理和存储，即参考建模理论和实际场景建设数仓。

（3）数据计算，经过主题规划、维度确定、标签计算输出等步骤处理。

（4）数据应用，数据输出到报表、应用端使用。

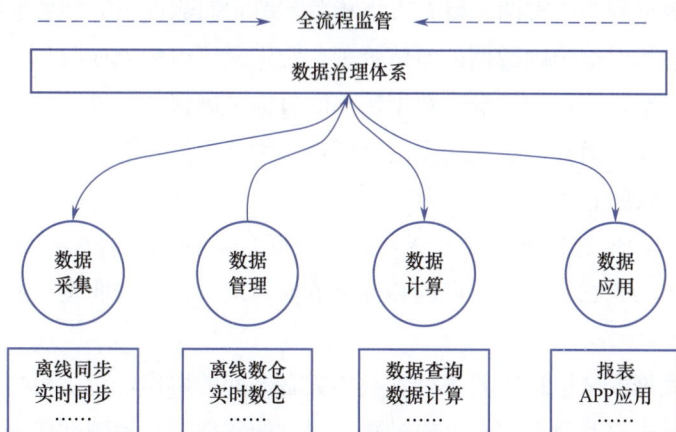

图 2-8　数据安全治理过程

数据治理会进行全流程监管，要确认进出系统的数据质量怎么样？是否可转化数据资产？数据血缘是否可追溯、数据安全是否能保障等问题。

2. 数据安全治理

数据治理中经常遇到的问题如下。

（1）数据监管力度不够，出现脏数据。

（2）数据体系逐渐规模变大，管理混乱。

（3）数据的血缘丢失，无法回溯旧、老的数据。

做好数据治理规划可以节省后续的改造成本，避免过程冗余重构或者推倒重来等情况的发生。数据建设如图 2-9 所示。数据治理可以有效保障数据建设过程在一个合理高效的监管体系下进行，最终提供高质量、安全、流程可追溯的业务数据。

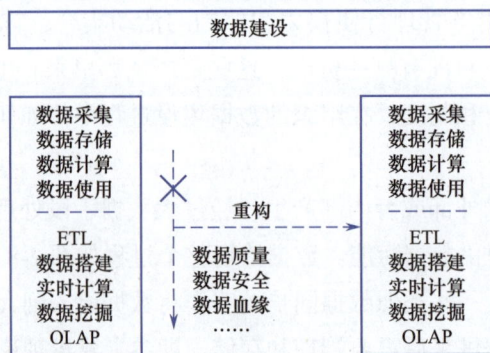

图 2-9　数据建设过程

3. 数据治理与数据安全治理关系

数据治理和数据安全治理两个概念直接相关，但它们侧重于管理数据的不同方面。

（1）数据治理指对组织内数据的整体管理。它定义了组织如何收集、存储、分析和共享数据的一系列策略、流程和标准。数据治理的目标是确保数据准确、可靠，并有效地用于支持业务目标。狭义而言，数据安全治理可以认为是数据治理的一个子集，专注于保护敏感数据免受安全威胁。

（2）数据安全治理的目标是防止未经授权的访问、使用、披露、修改或破坏敏感数据，无论是有意还是无意。它涉及识别和分类数据、定义角色和职责、实施安全控制以及监控和报告合规性。

（3）有效的数据安全治理需要各种利益相关者之间的协作，包括机构负责人、专业人员、法律和法规专家以及业务用户。通过建立强大的数据安全治理框架，组织可以降低数据泄露的风险，保护其声誉和资产，并遵守法律和法规要求。

2.6.2　数据治理体系

典型的数据治理体系如图 2-10 所示，包括数据质量管理、元数据管理、主数据管理、数据资产管理、数据安全及数据标准等内容。

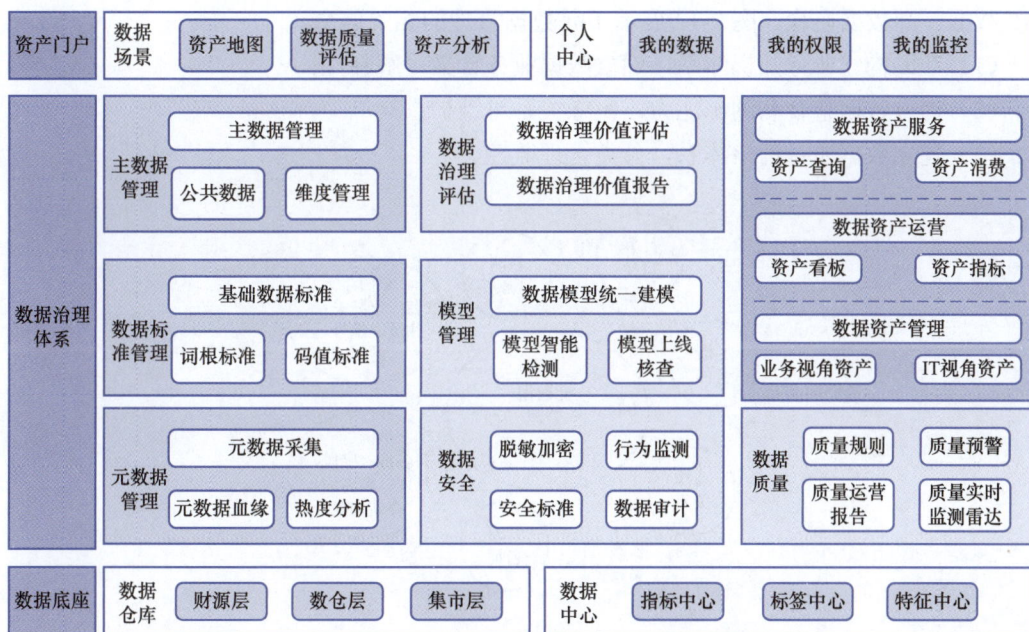

图 2-10　数据治理体系

1. 数据质量管理

一般采用完整性、准确性、一致性和及时性来衡量数据质量的好坏，如图 2-11 所示。

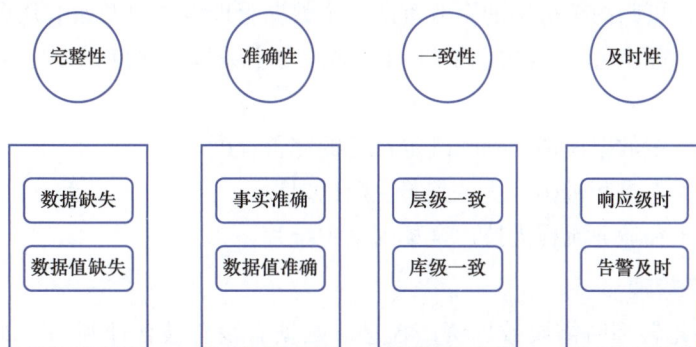

图 2-11　数据质量衡量标准

（1）完整性：数据的记录和信息是否完整，是否存在缺失情况。

（2）准确性：数据汇总记录的信息和数据是否准确，是否存在异常或者错误。

（3）一致性：多个业务数仓间的公共数据，必须在各个数据仓库中保持一致。

（4）及时性：数据能及时产出和预警。

2．元数据管理

元数据是关于数据的组织、数据域及其关系的信息，包含技术元数据和业务元数据。可以帮助数据分析人员清楚了解机构拥有什么数据，存储在哪里，如何抽取、清理、维护这类数据，即数据血缘。图 2-12 展示了元数据管理的相关信息。

（1）帮助构建业务知识体系，确立数据业务含义可解释性；

（2）提升数据整合和溯源能力，血缘关系可维护；

（3）建立数据质量稽核体系，分类管理监控。

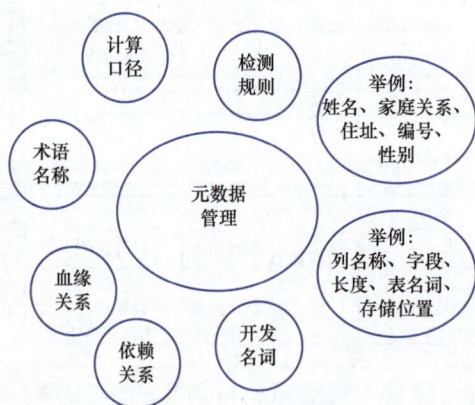

图 2-12　元数据管理

3．主数据管理

主数据指机构内一致并共享的业务主体，即各专业机构和业务系统间共享的数据。

常见的主数据比如机构的员工、客户数据、机构信息、供应商信息等。这些数据具有权威性和全局性，可归约至机构的企业资产。主数据管理需要遵循如下几点原则。

（1）管理和监管各组织机构、子机构、部门对主数据的访问，制定访问规范和管理原则。

（2）定期进行主数据评估，判断既定目标的完善程度。

（3）组织相关人员和机构，统一完善主数据建设。

（4）提供技术和业务流程支持，全集团集中统筹。

4．数据资产管理

机构在数字化转型时需要数据资产梳理。数据有没有被合理利用？如何产生最大价值？这是数据资产管理关心的核心工作。

构建企业数据资产，首先需从业务角度和技术角度进行资产梳理，然后进行合并，输出统一的数据资产分析，并向外提供统一的数据资产服务。图 2-13 展示了数据资产管理的不同阶段。

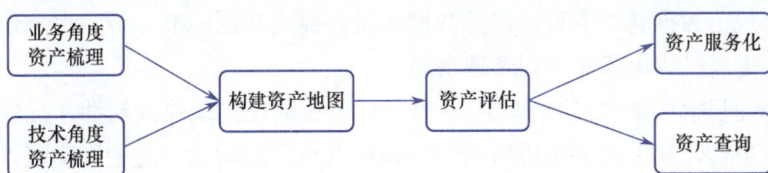

图 2-13　数据资产管理的不同阶段

5. 数据安全

数据安全是机构数据建设必不可少的一环，数据存储方式多种多样，对外提供不同程度的查询和计算服务。需要开展数据安全体系化管理，如对数据进行核查、敏感字段加密、访问权限控制等，确保数据能够被安全使用。

6. 数据标准

需要在组织内定义一套关于数据的规范，明确数据的含义。数据标准是保障数据的内外部使用和交换的一致性和准确性的规范性约束，通过统一规范，消除二义性。组织必须实施一系列控制措施和流程，来保护敏感数据。

（1）数据分类。是根据数据的敏感性和重要性对数据进行分类的过程，也是数据安全治理的基础。例如，某些数据可能被归类为公共数据，而其他数据可能被归类为机密或高度敏感数据。数据分类可以帮助组织了解哪些数据最有价值，哪些数据需要最强大的保护。

（2）数据加密。是对数据进行编码的过程，以便只有授权用户才能使用解密密钥访问数据。许多组织使用加密来保护传输中的敏感数据和静态数据。例如，数据在通过网络传输时可能被加密，或者当数据存储在硬盘驱动器或云中时可能被加密。加密是有助于保护数据免受未经授权访问的控制措施。

（3）访问控制。是限制谁可以访问某些系统、应用程序或数据的安全措施。例如，组织可以使用基于角色的访问控制来确保只有具有特定工作职能的员工才能访问某些数据或系统。访问控制有助于确保只有授权用户才能访问敏感数据。良好的访问控制，依赖于多重身份验证（MFA）。MFA 是一种安全控制，它要求用户提供多种形式的身份验证才能访问系统或应用程序。例如，用户可能需要输入密码并提供指纹或移动应用程序生成的一次性代码。MFA 确保只有授权用户才能访问敏感数据，以帮助保护敏感数据。

2.6.3　数据安全治理步骤

数据安全治理体系是为了规范业务数据、数据标准、数据质量和数据安全中的各类管理任务活动而建立的组织、流程与工具。

1. 建立组织架构

数据安全治理离不开组织的建设，通过一个常态化的数据治理组织，建立数据集中管理长效机制，规范数据管控流程，提升数据质量，促进数据标准一致，保障数据共享与使用安全，从而提高机构运营效率和管理水平。

数据治理委员会的架构已在本书 2.1 节介绍。在数据治理建设初期，机构会先成立数据治理管理委员会，从上至下由决策层、管理层、执行层构成。决策层决策、管理层制定方案、执行层实施，层级管理、统一协调。

2. 拆分工作模块

首先对数据安全治理的工作进行模块化拆分，一般分为治理对象、治理规划、治理任务三个大的模块，再对每个大模块进一步拆分成子模块，一个典型的数据治理对象、模块、任务模块分布如图 2-14 所示。

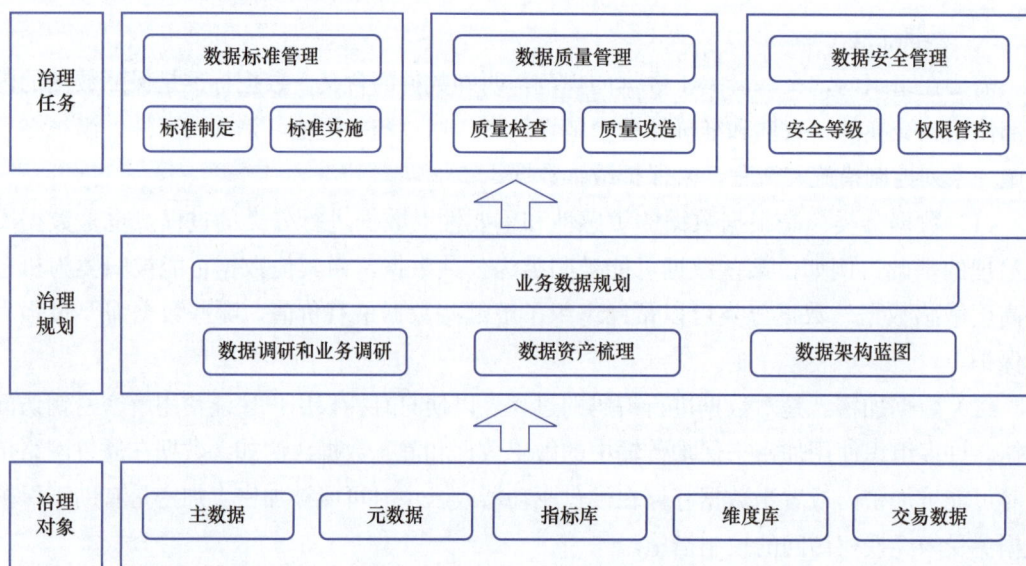

图 2-14　数据安全治理模块分布

3. 构建治理平台

在确定了模块化拆分和组织管理架构，需要进行数据治理体系的落地实施。在机构中一般会开发一个完整的数据治理平台，涵盖所有数据治理功能，对外提供平台服务。

（1）平台功能

数据安全治理平台功能如图 2-15 所示。数据安全治理平台旨在保障数据平台的数据是安全、可靠的、标准的、有价值的。

① 数据资产管理：提供面向用户的场景化搜索，提供全景数据资产地图，方便快速查找资产和资产分析。

② 数据标准管理：统一定制数据标准，提高包括字段、码值、数据字典管理，保障业务数据和中台数据的统一标准。

③ 数据质量监控：提供事前、事中、事后的数据质量体系，支持数据质量监控规则

配置、告警管理等功能。

④ 数据安全：提供数据安全脱敏、安全分级和监控。

⑤ 数据建模中心：统一建模，提供业务系统建模和模型管理。

数据资产中心	数据质量中心	数据标准中心
提供数据资产查询功能和360度全景地图，实现多维度资产分析	提供数据质量核查、规则制定、数据质量报告查询	提供统一的数据标准，包括字段、码值和业务口径等标准

元数据中心	数据安全中心	数据建模中心
提供数据表、字段元数据查询；支持血缘查看和元数据检索	提供数据安全等级、脱敏处理、安全加密和权限管控	提供统一建模模版，实现模型查询和管理

图 2-15 数据安全治理平台功能

（2）元数据中心功能

元数据中心功能如图 2-16 所示。元数据中心即元数据管理系统，作为数据治理平台的前端展示门户，帮助实现对数据资产的快速检索能力，提高数据使用有效性和效率。

通过建立完整且一致的元数据管理策略，提供集中、统一、规范的元数据信息访问、查询和调用功能。

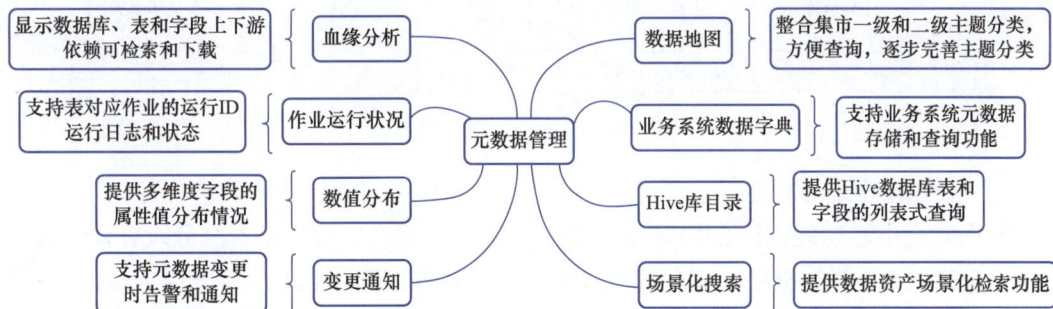

图 2-16 元数据中心功能

（3）数据质量中心功能

数据质量中心功能如图 2-17 所示，包括以下几点。

① 数据质量监控：支持所有用户进行数据质量监控规则配置。

② 规则阻断：配置数据质量监控阻断规则，数据质量出现差异可实时阻断下游作业运行，屏蔽错误结果链路扩散。

③ 告警：数据质量出现预设偏差，及时发出预警通知及时修复。

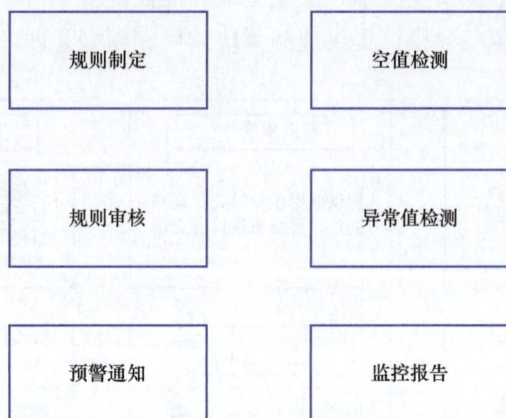

图 2-17　数据质量中心功能

（4）数据标准中心功能

数据标准中心功能如图 2-18 所示。支持定制统一的数据标准平台，包括字段标准管理，码值标准管理以及字典管理，业务源数据和中台数据统一标准等。

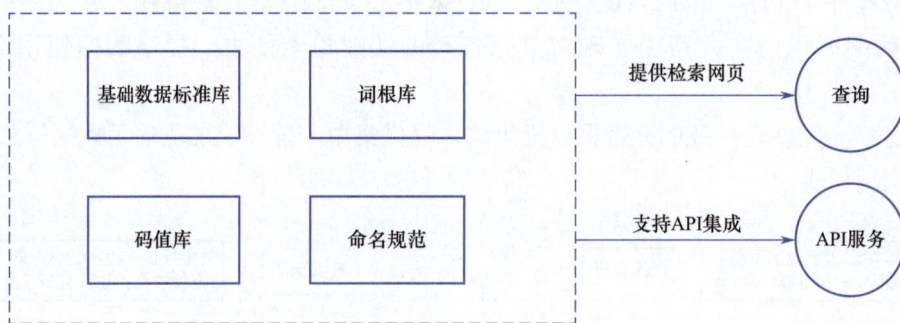

图 2-18　数据标准中心功能

（5）数据安全中心功能

数据安全中心功能如图 2-19 所示。基于机构数据资产实现数据安全分级管理，自动识别安全信息；提供数据访问安全行为监测，及时识别访问风险。

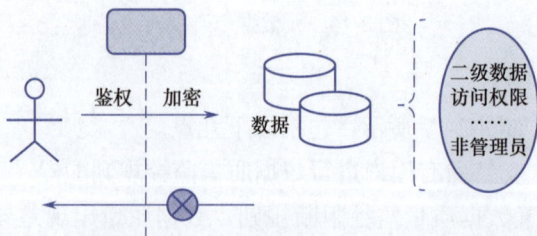

图 2-19　数据安全中心功能

4．开展效果评估

数据治理平台开发完成并运行，需要对整体数据治理体系的效果进行验证和评估，如数据是否可以消除"脏、乱、差"的现象，数据资产是否最大价值化，所有数据的血缘是否完整可追溯。

（1）数据资产评估

数据安全体治理系建设了数据资产管理体系，要求实现资产全覆盖，并支持全局搜索和精准定位目标资产。数据资产评估举例如图 2-20 所示，主要评估内容包括以下几点。

① 实现全局搜索，面向用户提供场景化检索服务。

② 支持标签、数据地图、表名和字段名等多种检索维度。

③ 支持进行数据地图，源业务数据字典的结果筛选。

④ 比如支持 PV/UV 用户搜索和资产展示，明确服务目标。

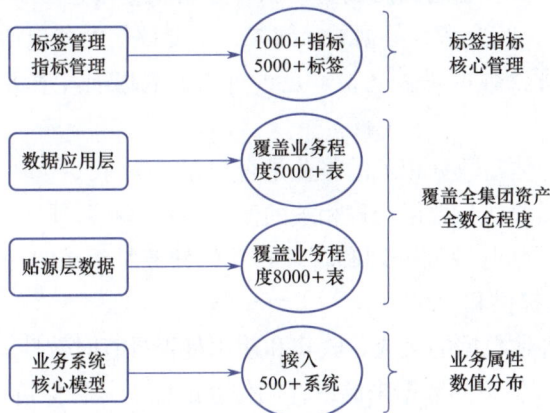

图 2-20　数据资产评估举例

（2）数据标准评估

数据安全治理体系建设了数据标准体系，要求实现：新旧数据标准沉淀，打通数据建模工具、数据标准库和词根标准库，实现数据标准库较高覆盖率，智能识别数据标准和引用等。数据标准分类如图 2-21 所示。

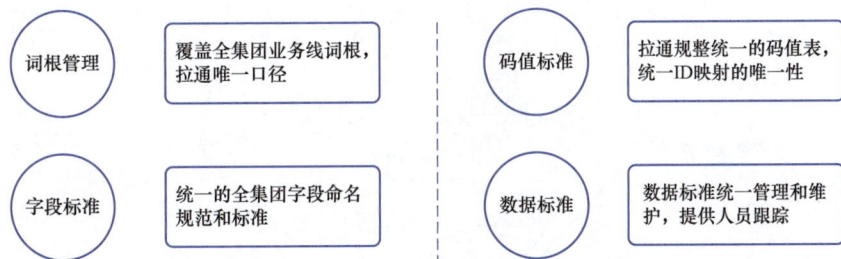

图 2-21　数据标准分类

（3）数据安全评估

数据安全治理体系按照事前制度建设、事中技术管控、事后监控审计的原则，建立全流程数据安全管控体系。要求支持数据安全定级，构建灵活的数据安全共享流程。构建数据安全管控体系措施如图 2-22 所示。

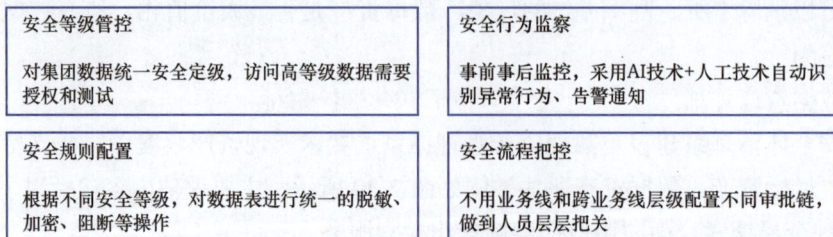

安全等级管控	安全行为监察
对集团数据统一安全定级，访问高等级数据需要授权和测试	事前事后监控，采用AI技术+人工技术自动识别异常行为、告警通知
安全规则配置	**安全流程把控**
根据不同安全等级，对数据表进行统一的脱敏、加密、阻断等操作	不用业务线和跨业务线层级配置不同审批链，做到人员层层把关

图 2-22　构建数据安全管控体系措施

（4）数据质量评估

数据安全治理体系要求建立数据质量体系，数据质量雷达图如图 2-23 所示，定期进行数据和任务质量打分，综合考察数据质量效果。主要评估内容包括以下几点。

1、数据完整性：评估数据是否完整，是否有缺失数据项，或者是否所有必要数据都已经被记录并存储。

2、作业完整性：评估与数据相关的作业是否被完整执行。

3、作业性能评分：评估与数据处理相关的作业的效率和效能。

4、作业及时性：评估与数据处理和管理相关的任务是否按时完成，以确保数据可以在预期的时间范围内被提供和使用。

5、数据及时性：评估数据的生成、收集和使用是否具有时效性。

6、数据一致性：评估不同数据来源或存储位置的数据是否保持一致性。

7、数据准确性：评估数据是否准确、是否能真实反映实际情况。

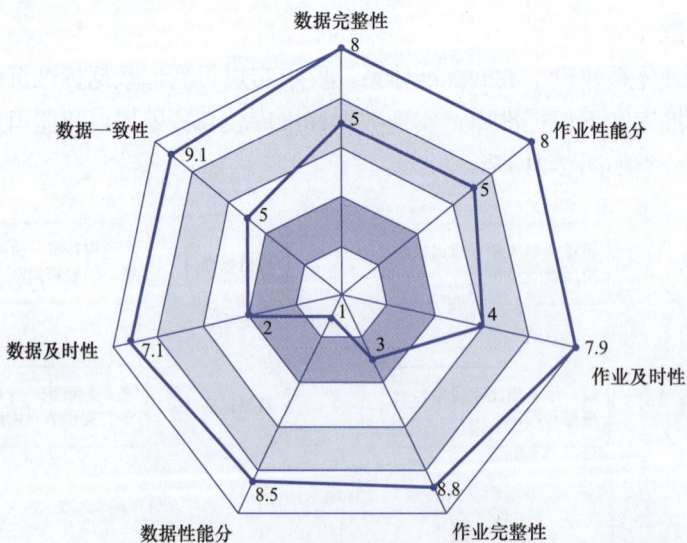

图 2-23　数据质量雷达图

2.6.4　数据安全治理的成效

数据安全治理嵌入在整体数据治理中，并通过多种方式帮助组织管理和降低风险，总体来讲，数据安全治理的成效主要体现在几个方面。

（1）识别敏感数据并分类：数据安全治理要求组织根据敏感度和关键性来识别和分类其敏感数据。这有助于组织了解哪些数据需要哪些类型的保护，以便将安全工作集中在最关键的领域。

（2）评估和降低风险：数据安全治理要求组织进行风险评估，以识别其数据的潜在威胁和漏洞。通过了解他们面临的风险，组织可以实施控制和程序来降低这些风险并减少安全事件的可能性和影响。

（3）建立安全策略和程序：数据安全治理要求组织制定策略和程序来管理数据的处理和保护方式。这些策略应涵盖数据访问、使用、存储和处置，并应符合行业标准和法规要求。通过建立明确的政策和程序，组织可以减少人为错误或故意滥用数据的可能性。

（4）实施技术和管理控制：数据安全治理要求组织实施技术和管理控制，以保护其数据免遭未经授权的访问、使用、披露、修改或破坏。技术控制可能包括防火墙、加密、入侵检测和防御系统以及数据丢失防护（DLP）系统，而管理控制可能包括访问控制、安全培训和事件响应计划。通过有效地实施这些控制措施，组织可以减少安全事件的可能性和影响。

（5）监控和审计：数据安全治理要求组织持续监控其数据和系统，以检测和响应安全事件。这包括定期进行安全评估和审计，以及实施用于监控网络流量、系统日志和用户活动的工具。通过有效监控其系统和数据，组织可以快速检测和响应安全事件，从而减少这些事件对其运营和声誉的影响。

数据安全治理有助于组织通过识别敏感数据并对其进行分类、评估和缓解风险、建立安全策略和程序、实施技术和管理控制以及监控和审计其系统和数据来管理和降低风险。通过有效实施这些措施，组织可以保护其敏感数据免受安全威胁，并遵守法律和法规要求。

2.6.5　数据安全治理的趋势

数据安全治理是在不断发展的，结合最新技术应用、新的威胁以及法律法规和监管要求，数据安全治理有如下趋势。

（1）数据隐私：国际国内隐私保护法律的执法日趋严格，人们也越来越重视保护个人信息。数据安全治理需要适应这些法规，并确保组织符合最新的隐私要求。

（2）人工智能：随着人工智能在业务运营中变得越来越普遍，数据安全治理需要整合这些技术，以实时检测和响应安全威胁。

（3）云安全：随着越来越多的组织将其数据和应用程序迁移到云中，数据安全治理将需要重点关注云安全措施，如数据加密、身份和访问管理以及监控。

（4）供应链安全：供应链的日益复杂和对第三方供应商的依赖意味着数据安全治理将需要解决供应链的数据安全风险，并确保供应链中的所有各方都实施适当的安全措施。

（5）零信任安全：零信任安全是一种安全模型，它假设所有用户和设备都可能受到威胁，并且需要持续验证身份和访问权限。数据安全治理将需要采用这种模式，以确保只有授权用户才能访问敏感数据。

数据安全治理的未来将需要适应新技术、威胁和法规。通过紧跟这些趋势，组织可以确保其数据安全治理实践保持有效和合规，从而降低安全事件的风险并保护其声誉和运营。

2.7　数据安全运营体系

数据安全运营是保障数据业务在安全环境下稳定运行的基础。数据安全作为整体的安全运营体系的一部分，需要和整体的安全运营工作相结合，同时也有自己的独特性。数据局安全运营，通过建立整体的工作机制，有效串联多个关联的工作项，形成可持续、可监管、高效的工作流程。

数据安全运营体系建设，其总体理念为：持续有效的数据安全防护，对齐业务目标与安全目标，兼顾运营效率、稳定可靠。在建设数据安全运营体系时，还应聚焦于"两个可视""两个可控"，确保数据资产、数据风险、防护措施的及时性、有效性。数据安全运营体系要求如图 2-24 所示。

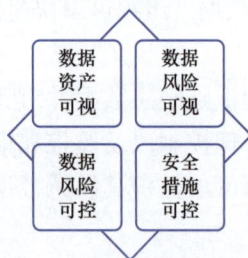

图 2-24　数据安全运营体系要求

数据安全运营，应聚焦于组织整体的目标达成和效率提升，通过对指标的持续监控、分析和优化，实现数据安全目标。

2.7.1　数据安全运营指标

数据安全运营指标用于评估数据安全运营能力和成熟度。根据不同数据安全运营目标和场景，可选择合适的指标体系，以指导数据安全运营规划、执行、监控和改进。

1．数据安全运营指标体系

数据安全运营指标体系包含风险维度、能力维度与价值维度三方面。

（1）风险维度：主要关注数据安全运营过程中面临的各种风险，包括数据泄露、数据篡改、数据丢失、数据滥用等，以及风险的潜在负面影响，如业务连续性，隐私法律法规遵从性。风险维度指标包括风险识别率、风险评估准确性、风险治理效果、风险收敛率等。

（2）能力维度：主要关注数据安全运营相关的各种能力，包括管理能力、技术能力、人员能力等。还需关注这些能力对数据安全运营的支撑和提升作用。能力维度指标包括技术覆盖率、技术准确率、技术召回率、技术鲁棒性、管理规范性、管理效率、人员素质、人员满意度等。

（3）价值维度：主要关注数据安全运营对业务价值的贡献，包括保障业务正常运行、提升业务信任度、增强业务竞争力等。这些价值需要量化、直观展示并动态更新。价值维度指标包括业务可用性、业务满意度、业务增长率、业务收入等。

2．常见几种类型指标

聚焦于狭义的"数据安全"，从结果目标上，常见如下几种类型的指标。

（1）广覆盖，涵盖各类覆盖率的指标。指标定义上，需要识别所有的数据类型、所有相关的业务、内部的各实体或者虚拟组织以及工作流。此外，数据安全检测与防护技术的覆盖率、漏洞管理的覆盖率也是常见的指标。对于数据安全管理和运营成熟度比较高的组织，基于场景的数据生命周期管控手段的覆盖率、数据安全防护策略的覆盖率、不同数据类型的差异化管控措施的覆盖率、数据安全成熟度评估项的覆盖率等，是更高要求的指标。

（2）准确率。例如，数据资产、实体资产管理的准确率（"错管""多管"），数据安全防护策略的准确率、漏洞扫描和自动化检测的准确率等。对于数据安全管理和运营成熟度比较高的组织，可以增加资产的静态管理和动态管理的准确率、数据安全各技术措施（加密、访问控制、脱敏、日志审计）的准确率等指标。

（3）召回率。例如，数据资产、实体资产管理的召回率（"应管尽管"），数据安全防护策略的召回率、漏洞扫描和自动化检测的召回率等。对于数据安全管理和运营成熟度比较高的组织，可以依照上述的准确率增强指标，定义相应的召回率增强指标。

（4）复发率。同样或者同类的问题，持续复发或者频繁复发，则意味着组织、业务、流程、措施、工具、雇员能力与意识等方面出现了比较严重的问题，有比较大的优化或者改进的空间。因此，对于数据安全领域的致命或者严重的问题，其复发率需要定义、监控、关注、改进。

（5）时效性。数据安全是与潜在的风险或者敌人赛跑。因此，识别、保护、检测、响应、恢复等各个生命周期阶段的时效性，直接影响数据的安全性。

2.7.2 数据安全运营的重要措施

为了落实数据安全运营体系，需要实施如下重要措施。

1. 数据安全运营的指标设计

数据安全运营的指标，是数据安全运营体系建设的"指挥棒"，也是管理层、业务团队共识目标的关键环节。基于典型的数据安全运营指标体系和成熟度评估基线，结合机构自身的业务场景和组织建设，有助于制定个性化的数据安全运营指标。准确、及时更新的数据安全运营指标，有助于提供决策依据，指导数据安全运营活动的落地。

2. 数据资产的动态发现和持续的分类分级

数据安全治理的第一步是了解数据资产本身，梳理数据分布及关联性。构建数据资产清单的前提是开展数据分类分级服务，要持续完善和细化重要数据识别和数据分类分级规则，并及时更新分类分级清单。同时，分类分级输出的结果也要落实到运营决策平台，成为数据安全治理的元数据，形成统一的数据安全控制策略。数据分类分级也应持续开展，动态测绘，保障数据分类分级结果的有效性。

3. 数据全流通环节的安全防护

数据经常性跨部门、跨业务流动，甚至是跨机构和行业流动。比如机构间的数据交易，涉及机构数据资产的转移，以及机构内的运维过程，涉及研发环境的数据访问。每个场景有着不同的复杂性、安全风险，需要区别对待，具体分析，详细设计数据安全防护方案。

4. 运维敏感操作的安全管控

很多机构将业务运维和 IT 运维类工作转交合作伙伴执行，而这些操作往往涉及对敏感数据的查询和编辑，产生潜在的数据泄露风险。需要利用数据访问权限管控、数据去标识化、特权账号权限管理等技术手段，建立此场景下的敏感数据安全防护机制。

5. 数据全生命周期的安全防护

数据全生命周期包括数据采集、传输、存储、处理、归档、销毁等多个环节，每个环节都面临着不同的安全风险。利用接入控制、数据访问控制、权限管理、敏感数据脱敏处理、数据水印溯源、监控审计等数据安全技术，可以强化数据安全防护能力建设，实现贯穿数据全生命周期的安全防护。

6. 数据安全的态势感知

数据资产庞大，数据流动方向复杂多变，直接或间接导致数据泄露事件频繁发生。内外部攻击威胁，技术、管理层面的漏洞和缺陷难以绝对避免，因此贯穿"事前、事中和事后"的数据安全态势感知和应急响应极为重要。

7. 持续审计，巩固数据安全运营效果

数据所面临的威胁和风险是持续变化的，数据安全防护的目标、业务也随着时间不断

演变，数据安全防护体系自然不能一成不变。

在数据安全运营过程中，要依据国家和行业的法律法规、组织制定的数据安全目标，通过数据安全能力审计、风险评估、渗透测试、合规稽核等措施，持续对数据安全防护效果进行审计、改进、优化，以保障数据安全防护效果。

2.7.3　数据安全运维机制

国家标准《网络安全技术 网络安全运维实施指南》提出，网络安全运维是"组织为抵御网络空间安全威胁，控制网络安全风险，确保业务持续、稳定运行，保证业务承载数据的保密性、完整性和可用性，统筹技术、流程、人员和管理等要素，持续开展识别、防御、监测、响应、协同等工作的一种网络安全服务方式"。

该标准也提出了网络安全运维参考框架，如图 2-25 所示。将网络安全运维活动分为长循环、短循环两种方式。短循环以持续改进的方式，解决安全响应与处置的业务过程中出现的问题。长循环从长期的观点和规划角度来考虑持续改进网络安全事件的发现、响应与处置的效能。针对网络安全运维效果的评估既是长循环的驱动力，也是短循环的驱动力。

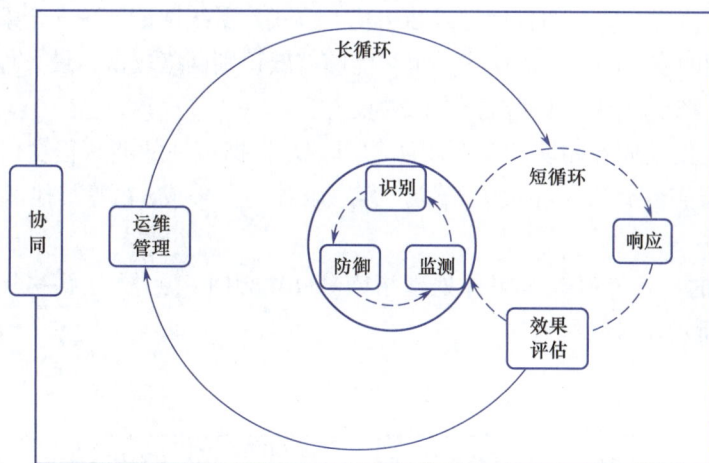

图 2-25　网络安全运维参考框架

借鉴网络安全运维参考框架，数据安全运营工作机制，基于数据安全运营指标体系，从预测、防御、检测、调查 / 取证四个维度入手（见图 2-26），持续监控和分析，形成"目标可及、状态可视、持续优化"的运营体系，在保障数据安全的同时，提升业务效率。

（1）预测，包括主动分析风险暴露面、预测攻击路径和定期更新系统安全基线等手段。

（2）防御，包括系统隔离与加固、实施数据保护措施等手段。

（3）检测，包括数据安全事件检测、风险识别与定性、隔离事件等手段。

（4）调查，包括事后的调查与取证，分析与改进等。

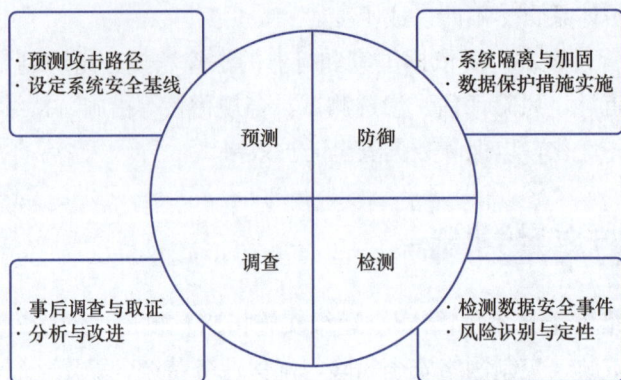

图 2-26　安全运营入手四维度

2.7.4　数据安全应急响应

数据安全事件发生的时候，应急响应的时效性非常重要。勒索软件可能会对数据的完整性造成灾难性的损害，受到攻击者控制的账户可能被用于权限提升，以访问更敏感的数据资产。

应急响应（事件响应）的目标是以结构化的方式，系统性地处理安全事件、漏洞和威胁。事前，明确的事件响应计划使各类组织能够有效识别网络攻击、最大程度减少攻击损害，同时查找并修复原因，从而防止未来的攻击。

应急响应不仅是业务团队和安全团队的职责。根据事件的严重程度，法务、公共关系部门、管理层需要介入。在很多场景，客户服务、财务或 IT 等其他部门需要立即采取行动。

NIST 发布的《计算机安全事件处理指南》（SP 8010-61）提出了一个事件响应的框架，如图 2-27 所示，可以作为参考。

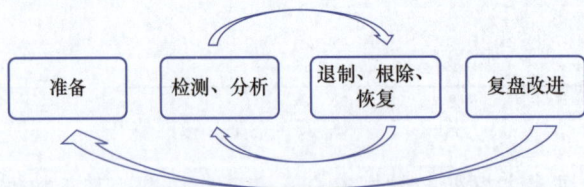

图 2-27　数据安全应急事件响应框架

1．准备阶段

准备阶段的工作是"防患于未然"，可以从以下方面入手。

（1）沟通计划：从建立联系人列表、沟通计划和事件升级流程开始。重要的第三方也应该纳入沟通计划，并收集有关他们的紧急联系人和事件升级路径的信息。

（2）设施：建立应急响应的组织、人员、工作环境储备。

（3）技术：确保应急响应团队有权限和能力分析硬件（如笔记本电脑、服务器、备份设备）和软件（如数据包嗅探器、协议分析器、取证软件、问题跟踪以及用于恢复的 IT 设备与软件）。

（4）文档：记录数据安全事件相关的资源，包括端口列表、技术（如正在使用的操作系统和应用程序）、网络图、预期网络连接和网络活动的基线等。

（5）预防：在主机、网络中部署安全软件。进行内部和第三方风险评估并建立安全意识培训计划。

2．检测分析

及时准确的数据安全事件检测，有助于第一时间有效响应。因此，组织需要投入资源用于事件检测，监控和分析各类日志和运行数据，以识别潜在的数据安全事件。常见手段包括验证事件是否已发生、根据事件影响对事件进行分类和优先级以及创建事件跟踪。在检测分析阶段，需要关注以下方面。

（1）攻击向量：考虑攻击者可以采取的所有路径（如 Web 应用程序被攻击、网络钓鱼、假冒、使用不当、设备丢失 / 被盗等）。

（2）事件迹象：寻找未来潜在事件的前兆和已发生事件的迹象。信息可以来自网络安全软件的入侵告警、DLP 系统的泄露警告，甚至是来自互联网或者安全合作伙伴的威胁情报。

（3）事件分析：尝试通过调查上一步中描述的前兆和指标的准确性来确定事件是否确实发生。

（4）事件文档：实施问题跟踪系统记录每个事件的所有相关信息。

（5）事件优先级：根据事件的业务影响、安全影响和可恢复性，对事件进行优先级排序。

3．遏制、根除和恢复

一旦事件得到确认，就必须减轻其影响。该阶段包含如下关键的运营活动。

（1）遏制：安全团队试图"止血"并最大程度降低事件影响。遏制策略根据事件类型有所不同，可能涉及暂停存在风险的用户账户、阻止网络流量、隔离系统、将攻击者重定向到沙盒以及其他操作。决定行动方案需要权衡几个标准，包括潜在损害、证据保存、服务可用性、可用资源等等。

（2）证据收集：证据收集对于解决事件很有必要，且对于为后续的法律诉讼提供信息也至关重要。证据收集和记录保存时，需要征询法务团队的意见和建议，以确保证据的合法性和有效性。

（3）识别攻击者：在该阶段重点关注遏制、根除和恢复，但一定程度的攻击溯源，即识别攻击的发起方，也是合理的。其中包括验证攻击主机的 IP 地址、查询相关信息、事件数据库以及监控攻击者通信渠道。

（4）根除和恢复：根除是删除恶意软件、禁用受损账户和减少被利用漏洞的过程，而恢复是将系统恢复到正常运行的过程。

4．事件后活动

事件后审计是持续改进的重要过程，包括分析发生的情况、响应的有效性以及流程优化以避免将来发生类似事件。该阶段包含如下关键的运营活动。

（1）总结经验教训：召开情况汇报会议，回顾事件、处理方式以及如何改进事件处理。生成的报告可用于内部沟通和培训，以及更新记录的流程。

（2）利用事件数据：事件数量、处理事件所花费的时间以及客观和主观事件评估等数据可用于多种目的，包括识别系统安全弱点和证明额外投资的合理性。

习 题

1．在数据治理过程中，有哪些关键角色？每个角色有哪些关注重点？各角色如何合作？

2．什么是核心数据、重要数据、一般数据？

3．如何开展数据分类分级？

4．如何建立与实施数据安全管理制度？

5．数据安全管理体系包含哪些内容？

6．简述数据产生的安全管理要求。

7．简述数据存储的安全管理要求。

8．简述数据使用的安全管理要求。

9．公开和披露个人信息时应当遵守哪些规定？

10．简述常见的个人数据类型以及其脱敏措施。

11．简述数据交换的安全管理要求。

12．简述数据传输的安全管理要求。

13．简述数据销毁的安全管理要求。

14．什么是数据安全治理？

15．数据安全治理的目的是什么？

16．数据安全治理的措施是什么？

17．什么是数据安全运营体系？

18．数据安全运营体系的建设目标包括哪些？

19．简述数据安全运营的重要措施。

20．简述新技术新应用对数据安全治理的影响。

21．简述数据安全运营机制。

22．如何开展数据安全应急响应？

第 3 章

数据全生命周期安全保护

本章介绍数据全生命周期安全保护措施，这是数据安全保护的重点，包括数据全生命周期定义、数据采集安全、数据传输安全、数据存储安全、数据处理安全、数据交换安全和数据销毁安全，给读者提供一个数据全生命周期安全保护的完整方案。

3.1　数据全生命周期

数据的安全防护应该围绕数据的全生命周期展开，以数据的采集、传输、存储、处理、交换、销毁各个环节为切入点，设置相应的管控措施和管理流程，以便于在不同的业务场景中组合、复用，实现数据安全管理的目标。

随着机构产生的数据量呈指数级增长，有效、安全地管理数据变得越来越重要。实施良好的数据安全生命周期安全防护，可以帮助机构降低敏感数据未经授权访问的风险，也有助于防御恶意软件和病毒木马等导致的数据损坏。

按照国家标准《信息安全技术　数据安全能力成熟度模型》（GB/T 37988）的定义，数据生命周期分为以下 6 个阶段。

（1）数据采集：组织内部系统中新产生的数据，以及从外部系统收集数据的阶段。

（2）数据传输：数据从一个实体传输到另一个实体的阶段。

（3）数据存储：数据以任何数字格式进行存储的阶段。

（4）数据处理：组织内部对数据进行计算、分析、可视化等操作的阶段。

（5）数据交换：组织与组织或个人进行数据交换的阶段。

（6）数据销毁：对数据及数据存储媒介通过相应的操作手段，使数据彻底删除且无法通过任何手段恢复的过程。

特定的数据所经历的生命周期由实际的业务所决定，可为完整的 6 个阶段或是其中的几个阶段。

3.2　数据采集安全

数据采集安全指保证组织内的新数据的产生，或者从组织外部收集数据过程的合法性、合规性和安全性。

在数据采集阶段，数据最小化原则是前提，数据资产分类分级、数据采集安全、数据源鉴别及记录、数据质量管理等基本实践及其组合，是保证数据采集安全的基础。

3.2.1　数据最小化原则

数据保护是一种责任。如果用户数据存在于组织所管理的系统中，即使采用再完善的保护措施，也可能被盗。当数据被攻击者窃取时，敏感数据泄露可能导致一系列严重问题，如罚款、诉讼，直至完全终止业务运营。从违反相关法律法规导致的经济处罚到品牌形象受损，收集数据所带来的损失可能是巨大的，因此确保数据的入口（从哪里进入组织）至关重要。这意味着，组织应确保正确配置网关入口和 Web 服务器，并根据所收集的数据类型，选择适用的保护方案。

1．数据保护方案

为了更安全地保护收集的数据，可以实施一些常见的数据保护方案，包括令牌化、加密和匿名化等。需要根据不同的数据类型和场景，灵活地选择数据保护方案。需要对已收集的敏感数据或个人数据进行妥善管理。收集数据后，需要始终明确数据的存储方式、访问权限，并设计和实施相应的保护机制。

有效管理已收集的数据，不仅可以使数据处于更好的保护状态，而且还为达到相关法规的合规性要求做好了准备。

为了控制所有数据收集的位置、地点和方式，应该采取下列措施。

（1）建立策略、流程和安全实践，以确保最小化对敏感数据的访问。

（2）审核数据存储以控制访问和更改。

（3）考虑供应商与合作伙伴对系统和数据库的访问。

（4）确保数据存储库未公开。

2．数据安全监管义务

机构始终需要考虑数据安全监管义务，也就是说，确保已收集的数据符合隐私政策和任何相关的合规性义务。

收集特定类型数据（如持卡人数据）将有很大风险，并且对组织的流程、技术和人员管理有非常高的要求。如果组织不能这样做，那么明智的做法是避免收集。

同样重要的是，不要在测试和开发环境中使用生产系统中的数据，因为在设计和开发环境中不会使用与生产环境相同的安全控制措施。

此外，需要确保对已收集的敏感数据的访问有必要的安全配置和适当的访问控制保护措施，如基于角色的访问控制（RBAC）、多因素身份认证等。

未使用的数据需要得到特别的关注。如果组织识别到确实需要依据法规来安全删除某些数据，也就意味着保留了受监管要求的数据。此时，也需要分析是否采集了其他类似数据，从而带来风险。解决这一难题最重要的技巧之一是：避免出现"先收集上来再说，哪天会有用的"的想法和实践。也就是说，严管数据进入组织的入口。

敏感数据进入组织的入口很关键，出口也同样重要。在数据的安全删除阶段，如果存储的数据不再有业务价值，或者由合规要求驱动，需要安全地销毁数据。在此阶段通常会进一步评估和更新数据备份和数据留存策略。

总之，如果不将敏感数据保留在商业组织的系统中，合规范围就会减小——这使得端到端的合规性变得更快、更轻松。

3.2.2　数据资产分类分级

数据资产分类分级，指机构基于数据安全法律法规、国家标准以及业务需求确定的机构内部的数据资产分类分级方法，对生成或收集的数据进行分类分级标识。

数据资产分类分级的安全管控方式，能够解决数据违规收集、数据开放与隐私保护之间的矛盾，改变粗放式"一刀切"管理方式。通过对数据资产进行分类分级，实现数据资源的精细化管理和保护，确保数据应用和数据保护的有效平衡。

数据资产的分类分级管理包括两个层面：首先需要先制定组织机构层面的数据分类分级原则和要求，如按照数据的应用情况进行分类，在数据分类的基础上根据数据损坏、丢失、泄露等对组织造成的形象损害或利益损失程度进行数据分级；其次在组织机构总体分类分级的原则下，可针对具体关键业务场景制定数据分类分级的实施细则，这里的数据分类分级应包含业务属性。

数据分类分级的目的是对数据采取更合理的安全管理和保护，对需要分类分级的数据进一步制订具体的保护细则，包括对不同级别的数据进行标记区分、明确不同数据的访问人员和访问方式、采取的安全保护措施（如加密、脱敏等）。

注意，数据资产分类分级并非一成不变，随着业务的变化、数据的变化和风险的变化，需要动态调整。

3.2.3　数据采集安全内容

1．数据采集

在数字化时代，数据收集和加工，有助于加速业务的增长，但是收集、存储和传输敏感数据和非敏感数据的行为也将带来很多风险。一方面，要尽量采用多种安全的数据收集策略；另一方面，应最小化用户数据的收集。

对绝大多数商业组织而言，收集和存储用户的个人信息可以带来巨大的持续价值。不管是收集电子邮件列表，还是使用存储的信用卡数据快速结账，组织和组织的用户都可以从数据收集中受益。

数据收集是一把双刃剑，除带来业务价值外，还带来严重的安全风险。只应该收集绝对需要的东西——仅在尊重用户数据隐私的同时，收集对企业有利或对用户有利的信息。不应该收集无法预先判断目的的个人数据，也不应该收集与《个人信息保护法》等法规相冲突的个人数据。

在开展业务时，应考虑最大限度地利用现有数据源来解决业务问题，而不是新增数据收集来源。只有在短期内将有显著收益，且合规风险可控的情况下，才考虑新增数据收集的来源。

2. 数据采集安全措施

数据采集安全措施涵盖数据采集安全管理制度、数据采集风险评估以及法律法规遵从三个维度。

（1）数据采集安全管理制度是保障数据采集安全的基础。需要明确数据采集的目的、范围、方式、方法和格式等，以确保数据采集的合规性、正当性和一致性。此外，还需要规定数据采集过程中的安全措施，如数据加密、权限管控和日志审计等。同时，应明确数据采集人员的职责和操作规范，以避免因人为因素导致的数据安全问题。

（2）针对不同的业务或项目场景，进行数据采集风险评估是必要的。这个评估应由专业的安全团队或者审计团队完成。团队成员需要深入了解业务需求和技术实现细节，从而准确识别出可能存在的数据安全风险。在评估过程中，应综合考虑数据的敏感性、外部威胁和内部管理等因素，并给出相应的风险等级和改进建议。这样可以帮助企业更好地了解自身的数据安全状况，并采取措施来降低风险。

（3）在制定数据采集安全管理制度时，必须严格遵守《网络安全法》《数据安全法》《个人信息保护法》等相关法律法规和行业规范。这些法律法规和规范对数据采集的安全要求非常明确和严格，违反规定将面临严重的法律后果。同时，还应关注政策动态，以便及时调整自身的管理制度和操作规范。

3.2.4 数据源鉴别及记录

数据源鉴别及记录指对产生数据的数据源进行身份鉴别和记录，防止数据仿冒和数据伪造。需从制度流程、组织建设、技术工具、人员能力四个层面，落地数据源鉴别和记录的要求。

（1）在制度流程层面，需要定义数据源鉴别及记录的目的，制定数据采集来源的管理办法，设立负责数据源鉴别及记录的岗位，规定数据源鉴别及记录的操作流程，并配套相应的安全策略。数据源鉴别及记录的制度未必一定要单独发布，数据源鉴别可以与数据采集安全管理的制度整合，数据源记录可以与数据存储安全管理的制度整合。

（2）在组织建设层面，各类组织在条件允许的情况下应设立专门的数据源鉴别团队或人员，负责对数据源进行鉴别、记录和追溯，检测数据是否被仿冒、伪造，同时为组织机构提供统一的数据源管理策略和方案。如果条件有限，则建议将此岗位的工作交由业务团队指定人员负责，以便提供更为贴近真实业务场景的数据源鉴别服务。

（3）在技术工具层面，数据源鉴别及记录的技术工具需要具备两个方面的能力。一方面是在此过程中保证数据安全的能力，另一方面是数据溯源的能力。安全能力指在对数据进行溯源操作时，保证其在传输、执行和存储等过程中的安全性。狭义的数据溯源，如基于标注和反向查询的数据溯源技术。广义的数据源鉴别还包括一系列其他技术。例如，采集来源管理可通过数据源可信验证技术来实现，包括可信认证（PKI 数字证书体系，针对数据传输进行的认证），以及身份认证技术（指纹等生物识别技术，针对关键业务数据修改操作进行的认证）等。

（4）在人员能力层面，数据的鉴别及记录岗位的工作人员需要熟悉国家网络安全法律法规以及组织机构所属行业的政策和监管要求，在数据源鉴别的过程中严格遵守《数据安全法》，同时还需具备良好的数据安全风险意识和数据安全应急响应能力。另外，还需要相关人员熟悉组织机构的业务场景和数据特性，理解数据源鉴别标准并能够与实际的业务场景结合执行。

3.2.5　数据质量管理

数据质量管理，指建立组织的数据质量管理体系，保证数据采集过程中收集／产生的数据的准确性、一致性和完整性。通过数据质量管理活动，可以保障数据的质量，从而使得数据具有更高的价值。

组织机构需要专门设立负责数据质量管理的岗位，建立数据质量管理体系，负责制定统一的数据质量管理规范，推动数据质量管理制度的有效实施，明确对数据质量进行监督和管理的相关责任人或责任部门。

3.3　数据传输安全

数据传输安全指在数据传输阶段，通过采取必要措施，确保数据处于有效保护和合法利用的状态，以及具备持续保障安全状态的能力。保障数据传输安全，在国家、企业和个人层面均非常重要。

3.3.1　数据传输安全要求

《中华人民共和国民法典》（简称《民法典》）《数据安全法》《个人信息保护法》对数据传输安全均有要求。《民法典》第一百一十一条强调，自然人的个人信息受法律保护。任何组织或者个人需要获取他人个人信息的，应当依法取得并确保信息安全，不得非法收集、使用、加工、传输他人个人信息，不得非法买卖、提供或者公开他人个人信息。《数据安全法》第三条明确，数据处理，包括数据的收集、存储、使用、加工、传输、提供、公开等。《个人信息保护法》第四条强调，个人信息的处理包括个人信息的收集、存储、使用、加工、传输、提供、公开、删除等。

（1）在国家层面，数据的无序跨境，可能带来公共服务、社会治理、经济运行、国防安全等方面的重大挑战。保障数据传输安全，是保护数据安全，维护国家安全，保障数字经济健康发展，推动构筑国家竞争新优势的重要部分。

（2）在企业层面，数据在传输过程中面临着传输主体多样、处理活动复杂、攻击手段升级、内部泄露频发等安全风险挑战，从而带来对企业日常办公、生产经营、技术创新、战略发展等活动的重大负面影响。保障数据传输安全对于保护企业数据安全，维护企业经济利益、竞争力以及持续经营能力有重要意义。

（3）在个人层面，数字社会中的个人日常活动，会产生大量个人数据。保障个人数据传输安全，确保个人数据在传输过程中不被篡改、破坏、泄露、窃取和非法利用，关系到个人的隐私权、决定权、知情权、人格权等多种权利，甚至关系到个人财产和人身安全。通过采取必要措施保护个人数据传输安全，能更加全面地保护个人信息安全，维护数字社会中个人的人格尊严和自由，保障个人合法权利、利益与人身安全不受侵害。

3.3.2　数据传输安全措施

数据传输安全的常见措施包含端点安全、通道安全、传输加密和访问控制。

1. 端点安全

端点安全指对数据传输过程中，涉及的各个服务器与设备，如数据库服务器、应用服务器、Web 服务器、PC 等终端，通过系统加固、网络防护、访问代理等方式，增强安全性，保障传输安全。

例如，数据库加密网关，是数据库前置代理加密技术的一种，一般是独立的组件产品，部署在数据库服务器及应用服务器之间；解析数据库协议，在数据保存到数据库之前对敏感数据进行加密，并将密文存储于数据库中，从而起到保护数据安全的效果。

一些新型的访问代理等安全服务也已经出现，如 CASB 代理网关，是利用云访问安全机制的委托式安全代理技术，不需要改造目标应用，通过适配目标应用，对客户端请求进行解析，并分析出包含的敏感数据，结合用户身份，通过安全策略对访问请求进行脱敏等控制来进行数据传输的安全管控。

2. 通道安全

通道安全指在数据传输层，使用安全的互联网协议，保障通道的安全性。基于 SSL 协议的传输加密技术主要应用于传输层的安全，采用密码算法和数字证书认证技术，确保登录用户的身份安全可信，以及数据传输的机密性、完整性，满足固定台式终端、移动办公用户、移动智能终端等不同场景、不同平台的可信接入需求。

HTTPS 在 HTTP 的基础上加入了 SSL 协议，SSL 依靠证书来验证服务器的身份，并为浏览器和服务器之间的通信加密。可信安全 SSL 站点证书用于标识网站真实身份，它能够实现网站身份验证，确保用户访问网站的真实性，确保用户所浏览的信息是真实的网站信息，能有效防范假冒网站和钓鱼网站。

基于 IPSEC 协议的传输加密技术主要应用于网络层 IP 包传输的安全，包括传输模式和隧道模式，也就是网络层的安全传输。采用密码算法对用户报文进行加密，采用 ESP 协议对用户报文进行重新封装，确保用户信息传输安全，满足不同分支机构之间以及分支机构与总部之间的加密组网需求。

3. 传输加密

传输加密是确保数据传输安全最有效的技术之一。数据传输加密包括网络通道加密和信源加密。

网络通道加密包括基于 SSL 和 IPSEC 协议的 VPN 技术，依托协议中的加密和认证技术，实现对网络数据包的机密性和完整性保护。信源加密会在数据流动之前先应用加密技术对数据进行加密，在接收端对加密的数据进行解密。每一次两点之间的数据传输过程，都会有加密及解密的过程，一个数据到达目的地之前，可能会经过很多传输链路以及多次加解密过程。

在线加密技术可以有效确保在网络传输过程的数据流处于非明文状态，纵使被黑客拦截，也可以有效保障数据安全性，防止非授权用户的搭线窃听和入网，以及数据传输过程中被窃取和篡改。

数据传输的过程中，应当注意数据机密性、完整性、可用性。

（1）数据传输过程的数据机密性，即传输的数据不能明文，这是数据传输安全最基本的要求。常见的数据加解密算法有以下几种：对称算法（国产算法 SM1、SM4，国际算法 3DES、AES）、非对称算法（国产算法 SM2，国际算法 RSA）以及哈希算法（国产算法 SM3，国际算法 SHA512）。对称算法的加解密优点是加解密速度快，适合于大量数据的加密；非对称算法的加解密效率低，通常用于各类密钥的加密保护。

（2）数据传输过程的数据完整性，可以通过校验技术或密码技术来检测包括鉴别数据、业务数据、审计数据、配置数据、重要个人信息、网络数据等数据，确保数据正常传输、不掉包、传输过程未被篡改以及非授权访问。数据传输过程一般会通过协议来实现数据报文的完整性校验，如 SSH 协议支持通过 MAC 校验完整性。

（3）数据传输过程的数据可用性，主要为了保障对数据的持续访问以及当数据遭受意外攻击或破坏时，可以迅速恢复并能投入使用。具体包括为了避免网络设备以及通信线路出现故障时引起数据通信中断，针对关键链路采用冗余技术设计等手段增强数据访问的可靠性；为保障应用场景下的业务连续性，实现冗余系统的平稳及时切换，快速恢复运行，尽可能减少数据传输的中断时间，如通过磁盘阵列、数据备份、异地容灾等手段，规避硬件故障、软件故障、环境风险、人为故障、自然灾害等风险，确保合法用户可以顺利使用信息和资源。

4．访问控制

访问控制可以防止非授权人员访问、修改、篡改以及破坏系统资源，防止数据遭到恶意破坏。常见的数据传输访问控制措施包含身份认证、权限限制、端口访问控制。

（1）身份认证访问控制指通过身份认证技术限制用户对数据或资源的访问。常见的身份认证方式包括口令认证技术、双因素身份认证技术、数字证书的身份认证技术、基于生物特征的身份认证技术、Kerberos 身份认证机制、协同签名技术、标识认证技术等。广义的身份认证还包括物理手段的身份认证机制，如设备机房、保密区域，配置电子门禁系统等技术手段进行访问控制。

（2）权限限制访问控制指基于最小特权原则、最小泄露原则、多级安全策略来限制用户对数据或资源的访问。常见的权限限制访问控制方式包括访问控制表、访问控制矩阵、访问控制能力列表、访问控制安全标签列表等，例如，通过对比用户的安全级别和客体资源的安全级别（绝密、秘密、机密、限制以及无级别）来判断用户是否有权限可以进行访问；对用户进行角色划分，并授予管理用户所需的最小权限，实现管理用户的权限分离。

（3）端口访问控制指服务器开放的系统管理端口，需要实施相应的访问控制机制。例如，默认 21 端口分配给 FTP 服务，25 端口分配给 SMTP 服务。对连接到相应端口以使用服务的用户，需要身份认证及访问控制策略。此外，服务器应根据提供服务的需求，有限开放对应端口，限制不必要的端口开放，从而有效限制数据传输泄露的风险。

3.3.3　网络可用性管理

网络可用性管理，指通过网络基础设施及网络层数据防泄露设备的备份建设，实现网络的高可用性，从而保证数据传输过程的稳定性。

数据的传输过程依赖于网络的可用性。一旦发生网络故障或瘫痪，数据传输就会受到影响甚至中断，因此，建设高可用性网络是保证数据传输过程的稳定性的前提。

（1）在组织建设层面，可设立负责网络可用性管理的人员或团队。对于小型组织，可以指定 IT、运维团队中的网络工程师承接此部分职能。

（2）在制度流程层面，需要结合本组织机构的实际情况和业务类型，定义合适的网络可用性管理指标，平均无故障时间（MTBF）、平均修复时间（MTTR）等。

① 在网络规划设计阶段，需要细致分析业务模式，确定网络拓扑，对影响网络可用性的关键节点和链路做充分的冗余设计，并根据网络拓扑，在各个层次和节点部署合适的高可用性技术。

② 在组件或设备选型阶段，关注可靠性指标的达成情况，持续进行网络维护和优化。在运行维护阶段，在软硬件版本升级或新设备新业务上线时，要事先详细规划，制定应急预案。

③ 运行维护阶段还需协同安全团队，高度关注网络安全问题。

（3）在技术工具层面，需要对关键网络传输链路、网络设备节点实行冗余建设，实施硬件冗余、软件冗余、路由冗余等措施。硬件冗余包括电源冗余、模块冗余、链路冗余、设备冗余等。各类负载均衡设备（DNS、IP）也可以归为此类。软件冗余一般采用链路捆绑技术，把多条独立的网络链路捆绑成一条单独的逻辑链路，即使其中一条链路失效，流量也可以在剩下的链路上继续传输，从而实现冗余的目的。路由冗余包括 VRRP 和动态路由协议实现等。

3.4　数据存储安全

数据采集之后，进入数据存储阶段。即使这不是数据的最终目的地，也要确保数据在此阶段的安全。数据存储安全指保护数据在存储过程中不被非法访问、破坏或泄露的一系列技术和管理措施。它确保数据在存储过程中的机密性、完整性和可用性。数据存储安全的主要措施如下。

（1）静态加密：数据应存储在加密设备或云存储服务中。

（2）存储在批准的位置：任何存储信息的设备或服务都必须根据数据的最高安全级别进行配置。各个组织的信息安全政策一般会描述针对不同的数据安全级别允许存储的设备类型，或设备所需的控制措施。

（3）进行备份：应将数据备份到安全的位置，可以是加密的闪存盘，也可以是经批准的云存储位置。

（4）删除任何不必要的数据副本：接收数据时，通常会生成工作副本，以便将其导入另一个系统，确保在使用后删除这些副本。

（5）删除不必要的个人标识符：去标识化是从工作数据中集中删除个人标识符的过程。对于无法完全删除的信息，可以使用密钥文件或其他策略，在发生安全事故时将暴露风险降至最低。

数据存储安全主要包括存储媒介安全等物理安全，逻辑存储安全及数据备份和恢复等。

3.4.1　存储媒介安全

存储媒介指存储数据的介质，是一种物理载体，不管是本地数据还是网络上的数据，最终都存储物理载体上，包括终端设备及网络存储。常见的存储媒介有固态硬盘、机械硬盘、光盘、U 盘、磁带等。一些场景中，内存也属于存储媒介。存储媒介作为一种物理载体，存在损坏、故障、有限寿命，以及安全性等问题，需要利用相应的技术工具来管理存储媒介，从而避免出现数据丢失、损坏、泄露等问题。

存储媒介安全，指针对组织内需要对数据存储媒介进行访问和使用的场景，提供有效的技术和管理手段，防止对媒介的不当使用而可能引发的数据泄露风险。

（1）在组织建设层面，推荐设立负责存储媒介安全管理的人员或团队。对于小型组织，可以根据实际情况，由业务团队指定专人或安全团队或运维团队承接此部分职能。

（2）在制度流程层面，首先应明确存储媒介访问和使用的安全管理规范，建立存储媒介使用的审批和记录流程。其次，从采购（获取）到预处理（格式化、清理）到使用到销毁的全生命周期，都应建立相应的流程和操作要求。再次，从制度执行上，要有抽检、审计、复盘等机制，确保流程顺利执行。

（3）在技术工具层面，存储媒介管理、存储媒介监控、存储媒介扫描、存储媒介清除等维度，都有商用的工具或者解决方案，可以按照实际需求选用。例如，在存储媒介监控技术中，针对光盘，需要监控和审计的行为，重点是刻录而不是读取。管控手段可能包括加密刻录、管控刻录机硬件、制定管盘刻录申请流程、日志审计等。

3.4.2 逻辑存储安全

逻辑存储指存储数据的容器，可能为服务器、工作站、个人电脑等。新型的逻辑存储还应该包含云存储。逻辑存储安全，指基于组织内部的业务特性和数据存储安全要求，建立针对数据逻辑存储、存储容器等的有效安全控制。组织机构应通过认证鉴权、访问控制、日志管理、通信矩阵、防病毒等安全配置，保障数据存储的安全。

（1）在组织建设层面，需基于组织机构的业务特点，明确整体的数据逻辑存储系统安全管理要求，并推进相关要求的实施。还需要明确各数据逻辑存储系统的安全管理员，负责执行数据逻辑存储系统、存储设备的安全管理和运维工作。

（2）在制度流程层面，首先应通过数据逻辑存储管理安全规范和配置规则，明确各类数据存储系统的账号权限管理、访问控制、日志管理、加密管理、版本升级等方面的要求。不管是内部还是外部的数据存储系统，都需要进行有效的安全配置。此外，还应明确数据逻辑存储隔离授权与操作要求，确保具备多用户数据存储安全隔离能力。

（3）在技术工具层面，安全基线配置与核查是前提。首先应提供针对各类数据逻辑存储系统的安全基线。安全基线指为了保证企业网络环境中相关设备与系统达到基本的防护能力而制定的一系列安全配置基准。其次，针对安全基线配置，需要用工具实现自动化核查能力，扫描安全配置，并确认是否符合基线要求。

（4）在安全基线配置与核查的基础上，需要提高数据逻辑存储系统的日志审计能力。对存储系统的操作日志和系统日志进行审计，识别访问账号，鉴别访问权限，检测数据使用的规范性和合理性。通过实时监测，可以尽快发现相关问题。针对个人信息、重要数据等敏感数据，还应提供加密存储能力。

（5）在人员能力层面，负责该项工作的人员应熟悉数据存储系统架构，并能够分析出数据存储面临的安全风险，从而能够保证对各类存储系统的有效安全防护。

3.4.3　数据备份和恢复

数据备份和恢复，指通过执行定期的数据备份和恢复，实现对存储数据的冗余管理，保护数据的可用性。

1. 数据备份

数据备份指对存储数据定期进行冗余备份，即为了防止计算机系统因为操作失误或硬件故障或网络攻击而导致的数据丢失，将全部或部分数据从计算机挂接的硬盘或磁盘阵列复制到其他存储介质的过程。

数据备份包括定期备份和临时备份两种方式。定期备份指按照规定的时间间隔，对数据进行备份。临时备份则指在特殊情况下（如软件升级、设备更换、勒索病毒感染等情况），临时对数据进行备份。

根据不同的数据类型和系统状态，数据备份可分为完全备份和增量备份两种方式。完全备份指对所有的数据进行整体备份。增量备份指仅备份上一次备份后新增加和修改过的数据。

2. 数据恢复

数据恢复指当数据存储设备遭到物理损坏，或者由于人员误操作、操作系统故障等导致数据不可见，无法读取或丢失等问题时，通过已有的数据备份将数据复原的过程。数据恢复是为了保证数据的完整性和可用性。在组织建设层面，应明确负责组织统一的数据备份和恢复管理工作的岗位和人员，负责建立相应的制度流程并部署相关的安全措施。

（1）在制度流程层面，应基于组织机构自身的业务要求，设定合适的服务可靠性、可用性等安全目标，并基于目标分解，明确定义数据备份和恢复的范围、频率、工具、过程、日志记录、数据保存时长等。对数据备份的定期检查也很重要，便于在需要时能够迅速恢复数据。

数据归档的要求和数据备份恢复紧密关联。应识别组织适用的合规要求，按监管部门的要求对相关数据予以记录、保存。如果没有监管部门的明确要求，则应根据业务需求，建立数据归档的规范和操作流程。数据归档应同时满足相应的合规和业务要求，如压缩、加密、安全管控、访问控制等。

数据备份恢复，还应该关注时效性要求。特别是涉及个人数据和重要数据的场景，有相应的合规要求，需要明确数据存储时效性管理规程。

（2）在技术工具层面，需要关注数据备份恢复的执行措施、安全措施和查验措施。执行措施包括能够根据数据归档的规范和操作流程，自动化实现数据的备份，并在需要时能够自动化恢复。执行措施可以减少人工介入，提升运维效率的同时也可以更好保障数据的完整性。

安全措施指对备份和归档数据的访问控制、压缩或加密管理、完整性和可用性管理，确保数据的安全性、存储空间的有效利用以及存储和访问的安全性。

查验措施指能够查验备份和归档数据完整性和可用性。此外，对于过期存储数据及其备份数据，应该能够彻底删除或匿名化，并提供相关证据。对于误删除的备份数据和归档数据，提供一定的恢复能力。

（4）在人员能力层面，负责该项工作的人员既需要了解数据备份媒体的性能，也需要了解相关数据的业务特性，还需要知晓数据存储时效性相关的合规性要求，并据此制定和实施数据备份恢复的规范。

3.5 数据处理安全

数据处理，包括对原始数据进行抽取、转换、加载，指组织在内部对数据进行计算、分析、可视化等操作的阶段。

在数据使用阶段，数据得到真实利用，并发挥其价值。

（1）选择或创建一个有足够安全控制的平台：敏感信息和个人信息无论在哪里使用都必须受到保护。需要确认使用的工具、平台或服务已通过适当的数据安全级别认证。如果是研发组织自己的系统，需要遵循相关政策和架构标准。

（2）仅将数据用于指定目的：为特定目的收集的数据只能用于该目的。如果出现新的目的，请与提供信息的个人或组织确认。

在此阶段保护数据的安全，相比于保护静态数据（数据存储），要困难得多。根据"数据处理"的内涵，数据必须可供需要它的人访问，否则不满足数据可用性的要求。有权访问数据的人员和设备数量越多，数据落入潜在攻击者手中的风险就越大。

保护使用中的数据的最佳方法是根据用户角色限制访问。简单的方法是将系统的访问权限限制为仅需要访问权限的用户，如财务系统仅给出纳、会计等角色开放访问权限。更好的方法是更细致地限制对数据本身的访问。这可以通过仅允许访问特定数据集和字段来实现，或通过数据混淆来实现。使用元数据（而不是原始数据）也有助于防止敏感信息泄露。

显而易见，根据用户角色限制用户访问，依赖于对用户进行某种形式的身份认证，确保用户的身份属实，没有被盗或者被滥用的风险。多因子身份认证（MFA）是一种可以显著降低身份滥用风险的安全措施。

对于数据的使用，能够及时跟踪、监控和报告也十分重要。这些动作可以检测可疑活动、诊断潜在威胁并主动提高安全性。例如，由于一定次数的登录尝试失败而导致账户被禁用可能是系统受到攻击的警告信号。

3.5.1 数据脱敏

数据的充分保护和有效利用，一定程度上是对立统一的。例如，个人信息受到《个人信息保护法》的严格保护，其全生命周期的处理活动都有严格的数据安全和隐私保护的要求。而在数字化时代，数据作为一种重要的生产资料，充分分析与挖掘数据的内在价值成了现代企业创新成长的必经之路。

数据脱敏是一种实现敏感隐私数据的可靠保护的技术。通过将敏感数据进行数据的变形，为用户提供虚假数据而非真实数据，这样就可以在开发、测试和其他非生产环境以及外包环境中安全地使用脱敏后的真实数据集，既保护了组织的敏感信息不泄露，又达到了挖掘数据价值的目标。

1．制度流程层面

在制度流程层面，应建立统一的数据脱敏制度规范和流程，明确数据脱敏的业务场景，以及在不同业务应用场景下数据脱敏的规则和方法。用户申请对敏感数据的访问处理时，应根据使用者的岗位职责、业务范围等评估其使用真实数据的必要性，并根据其业务职责来选择不同的数据脱敏规则及方法。

以下数据在使用时应进行脱敏处理。

（1）个人信息：以电子或者其他方式记录的与已识别或者可识别的自然人有关的各种信息，不包括匿名化处理后的信息。具体可参考《个人信息保护法》与《信息安全技术 个人信息安全规范》（GB/T 35273）。

（2）组织敏感信息：涉及组织的商业秘密、经营状况、核心技术的重要信息，包括但不限于客户信息、供应商信息、产品开发信息、关键人事信息、财务信息等。

（3）国家重要数据：国家重要数据指组织在境内收集、产生、控制的不涉及国家秘密，但与国家安全、经济发展、社会稳定，以及企业和公共利益密切相关的数据，包括这些数据的原始数据和衍生数据，具体可参考《数据安全技术 数据分类分级规则》（GB/T 43697）。

2．技术工具层面

在技术工具层面，对脱敏流程中的关键环节，应提供工具支持。一个完整的数据脱敏流程包括敏感数据识别，确定脱敏方法，制定脱敏策略，执行脱敏操作，审计及溯源等步骤。此外，由管理或者审计部门负责执行与监督数据脱敏的整个流程。

（1）在敏感数据识别环节，采用商业工具或者自研工具，通过数据内容直接匹配，或者通过正则表达式的方式进行匹配，自动化执行数据识别工作，并降低该过程对生产系统的影响。

（2）在确定脱敏方法环节，有静态数据脱敏和动态数据脱敏两种方案。静态数据脱敏方法指原始数据进行一次脱敏操作后，脱敏后的结果数据可以多次使用，该方法适用于使用场景比较单一的场合。动态数据脱敏方法指在显示敏感数据时，针对不同的用户需求，对显示数据进行不同的屏蔽处理的数据脱敏方式。例如，在需要向用户展示敏感数据的环节，可以通过部分数据遮蔽等方式脱敏，如将手机号展示为 139****1234。而对于研发测试环节，则需要通过同义替换的方式实现脱敏。

（3）应配置统一的数据脱敏工具，实施脱敏策略，且该工具需要具备静态脱敏和动态脱敏功能，能够基于场景的不同需求自定义脱敏规则。执行脱敏操作时，需要关注脱敏任务的自动化管理、任务运行监控，关注任务的安全性，以及对业务的影响。

（4）数据脱敏的各个阶段都需要加入安全审计机制，以及严格且详细地记录数据处理过程中的相关信息，形成完整的数据处理记录，以备后续问题的排查分析和安全事件的取证溯源。

（5）还应设置专人定期对脱敏相关的日志记录进行安全审计，发布审计报告，并跟进审计中发现的异常。

3.5.2 数据分析安全

数据分析是数据产生价值的关键，是为了提取有用信息和形成结论而对收集来的数据加以详细研究和概括总结的过程。数据分析的目的是把隐没在一大批看来杂乱无章的数据中的信息集中、萃取和提炼出来，以找出所研究对象的内在规律。在实际应用中，数据分析可帮助人们做出预测性的判断，以便采取适当行动。

在大数据环境下，企业对多来源多类型数据集进行关联分析和深度挖掘，可以复原匿名化数据，进而能够识别特定个人，获取有价值的个人信息或敏感数据。数据分析安全过程域用于规范数据分析的行为，通过在数据分析过程采取适当的安全控制措施，防止数据挖掘、分析过程中有价值的信息和个人隐私泄露。

（1）在制度流程层面，应制定数据分析过程中数据资源操作规范和实施指南，明确各种分析算法可获取的数据来源和授权使用范围，并明确相关的数据保护要求。制度上还应建立对数据分析结果进行风险评估的机制，确保衍生数据不超过原始数据的授权范围和安全使用要求，避免分析结果输出中包含可恢复的个人信息、重要数据等数据和结构标识，从而防止个人信息、重要数据等敏感信息的泄露。

（2）在技术工具层面，个人信息去标识化的处理工具以及数据分析日志记录工具比较重要。个人信息去标识化，指通过对个人信息的技术处理，使攻击者在不借助额外信息的情况下，无法识别特定的个人。日志记录工具的用途是，对个人身份信息、重要或敏感数据的处理操作可以溯源和审计。

此外，为了实现数据分析安全，组织还应具备统一的身份及访问管理平台，实现对数据访问人员的统一账号管理、统一认证、统一授权、统一审计，确保组织数据权限管理制度的有效执行。身份及访问管理平台应具备双因素认证，以及细粒度的授权能力。

（3）在人员能力层面，负责数据分析安全的人员应能够基于合规性要求、相关标准对数据安全分析中所可能引发的数据聚合的安全风险进行有效评估，并能够针对分析场景提出有效的解决方案。

3.5.3　数据正当使用

数据正当使用指基于国家相关法律法规对数据分析和利用的要求，建立数据使用过程的责任机制、评估机制，保护国家秘密、商业秘密和个人隐私，防止数据资源被用于不正当目的。

（1）在组织建设层面，组织应设立相关岗位或人员，负责对数据正当使用管理、评估和风险控制。

（2）在制度流程层面，应明确数据使用的评估制度，所有个人信息和重要数据的使用应先进行安全影响评估，满足国家合规要求后，允许使用。数据的使用应避免精确定位到特定个人，避免评价信用、资产和健康等敏感数据，不得超出收集数据时所声明的目的和范围。

（3）在技术工具层面，应依据合规要求建立相应强度或粒度的访问控制机制，限定用户可访问数据范围，还应完整记录数据使用过程的操作日志，以备对潜在违约使用者的责任识别和追责。

（4）在人员能力层面，负责该项工作的人员应能够按最小够用等原则管理权限，并具备对数据正当使用的相关风险的分析和跟进能力。

3.5.4　数据处理环境安全

数据处理环境安全为组织内部的数据处理环境建立安全保护机制，提供统一的数据计算、开发平台，确保数据处理的过程中有完整的安全控制管理和技术支持。在云计算、大数据平台得到越来越多应用的前提下，系统和全面地识别数据处理环境的安全风险，在相关的系统设计开发阶段进行合理的设计，以及在运维阶段进行有效的配置来规避相关风险，尤为重要。

敏感信息和个人信息无论其处理环境为何，都必须受到保护。需要确认使用的工具、平台或服务已通过适当的数据安全认证。如果是研发自己的系统，需要遵循相关法律法规、政策要求和国家标准 / 行业标准。

1. 制度流程层面

在制度流程层面，应明确数据处理环境的安全管理要求，在系统设计、开发和运维阶段应制定相应的安全控制措施，实现对安全风险的管理。

对分布式数据处理环境，应明确安全要求，对外部服务组件注册与使用审核、分布式处理节点间可信连接认证、节点和用户安全属性周期性确认、数据文件标识和用户身份鉴权、数据副本节点更新检测及防止数据泄露等方面进行安全要求和控制。

此外，在制度层面，应明确适合数据处理环境的数据加解密处理要求和密钥管理要求。

2．技术工具层面

在技术工具层面，重点是数据处理系统的权限管理工具、多租户隔离控制工具以及日志管理工具。权限管理工具的目的是确保在数据处理时，数据已经获得了合适的授权。多租户隔离控制工具保证对不同的租户在该系统中的数据、系统功能、会话、调度和运营环境等资源实现隔离控制。日志管理工具，记录用户在数据处理系统上的加工操作，提供数据在系统上加工计算的关联关系。

在技术工具层面，还有一些比较高的要求。对密文数据进行搜索、排序、计算等透明处理的技术能力，可以显著降低使用明文数据的保密性风险。数据泄露控制机制，可防止数据处理过程中的调试信息、日志记录等不受控制输出导致受保护个人信息、重要数据等敏感数据的泄露。

3．人员能力层面

在人员能力层面，负责该项工作的人员应了解在数据环境下的数据处理系统的主要安全风险，并能够在相关的系统设计、开发阶段通过合理的设计以及运维阶段的有效配置规避相关风险。

3.5.5　数据导入导出安全

数据导入导出安全，指在数据导入导出过程中对数据的安全性进行管理，防止数据导入导出过程中可能对数据自身的可用性和完整性构成危害，并降低可能存在的数据泄露风险。

1．制度流程层面

（1）应依据数据分类分级要求建立符合业务规则的数据导入导出安全策略，如授权策略、流程控制策略、不一致处理策略等；

（2）应明确数据导出安全评估和授权审批流程，评估数据导出的安全风险，并对大量数据或敏感数据导出进行授权审批；

（3）如采用存储媒介导出数据，应建立针对导出存储媒介的标识规范，明确存储媒介的命名规则、标识属性等重要信息，定期验证导出数据的完整性和可用性；

（4）应制定导入导出审计策略和日志管理规程，并保存导入导出过程中的出错数据处理记录。

2．技术工具层面

在技术工具层面需关注日志审计工具、访问控制工具和安全删除工具。日志审计工具记录并定期审计组织内部的数据导入导出行为，确保未超出数据授权使用范围。访问控制工具对数据导入导出终端设备、用户或服务组件执行有效的访问控制，实现对其身份的真实性和合法性的保证。安全删除工具用于在导入导出完成后，对数据导入导出通道缓存的数据进行删除，以保证导入导出过程中涉及的数据不会被恢复。

在技术工具层面，还有一些比较高的要求。例如，采取多因素鉴别技术对数据导入导出操作人员进行身份鉴别，为数据导入导出通道提供冗余备份能力，对数据导入导出接口进行流量过载监控等。

3.6　数据交换安全

数据交换是数据出入组织的典型场景。对于个人数据，应确保符合《个人信息保护法》等法律法规要求。对于敏感数据，不恰当的数据交换是数据泄露风险的关键来源。

3.6.1　数据共享安全

数据共享安全，指通过业务系统、产品对外部组织提供数据，以及通过合作的方式与合作伙伴交换数据时执行共享数据的安全风险控制，以降低数据共享场景下的安全风险。

大多数数据都会涉及不止一个使用方。在这个生命周期阶段，数据共享的目的是允许相关方访问数据，并保证数据的安全与合规。

1．数据共享限制范围

划定数据共享限制范围，有以下几种措施。

（1）要求通过身份验证才能访问：不应使用群组账户或公共链接来共享信息访问权。访问权限应授予拥有自己账户和身份验证的指定个人。

（2）限制有业务需要的人员访问：存储敏感数据或个人信息的系统在设计上应仅限于有业务或项目需要访问数据的指定个人共享，将访问权限限制在他们需要的范围内（如不要让每个人都成为正式管理员）。

（3）在适当的时候取消访问权限：当某人的访问需求结束时，暂停或删除其账户。

2．制度流程层面

在制度流程层面，应明确核心业务数据共享安全评估机制，可从共享目的的合理性、共享数据的范围和合规性、共享方式的安全性、共享后管理责任和约束措施等方面进行评估。详细要求如下。

（1）应明确数据共享的原则和安全规范，明确数据共享的内容范围和数据共享的管控措施，以及数据共享涉及的机构或部门相关用户职责和权限。

（2）应明确数据提供者与共享数据使用者的数据安全责任和安全防护能力。

（3）应明确数据共享审计规程和审计日志管理要求，明确审计记录要求，为数据共享安全事件的处置、应急响应和事后调查提供帮助。

（4）使用外部的软件开发包 / 组件 / 源码前应进行安全评估，获取的数据应符合组织的数据安全要求。

（5）定期评估数据共享机制、相关组件和共享通道的安全性。

（6）应在共享数据时，对数据接收方的数据安全防护能力进行评估。

3. 技术工具层面

在技术工具层面，针对个人信息，应采取措施确保个人信息在委托处理、共享、转让等对外提供场景的安全合规，如数据脱敏、数据加密、安全通道、共享交换区域等。应对共享数据及数据共享过程进行监控审计，共享的数据应符合共享业务需求且没有超出数据共享使用授权范围。

3.6.2　数据发布安全

数据发布安全指在对外部组织进行数据发布的过程中，通过对发布数据的格式、适用范围、发布者与使用者权利和义务进行的必要控制，实现数据发布过程中数据的安全可控与合规。

1. 制度流程层面

在制度流程层面，详细要求如下。

（1）应明确数据公开发布的审核制度，严格审核数据发布合规要求。

（2）应明确数据公开内容、适用范围及规范，发布者与使用者的权利和义务。

（3）应定期审查公开发布的数据中是否含有非公开信息，并采取相关措施满足数据发布的合规性。

（4）应采取必要措施建立数据公开事件应急处理流程。

2. 技术工具层面

在技术工具层面，应建立数据发布系统，实现公开数据登记、用户注册等发布数据和发布组件的验证机制。

3.6.3　数据接口安全

数据接口安全，指通过建立组织的对外数据接口的安全管理机制，防范组织数据在接口调用过程中的安全风险。

1. 制度流程层面

在制度流程层面，详细要求如下。

（1）应明确数据接口安全控制策略，明确规定使用数据接口的安全限制和安全控制措施，如身份鉴别、访问控制、授权策略、签名、时间戳、安全协议等。

（2）应明确数据接口安全要求，包括接口名称、接口参数等。

（3）应与数据接口调用方签署合作协议，明确数据的使用目的、供应方式、保密约定、数据安全责任等。

2．技术工具层面

在技术工具层面，详细要求如下。

（1）应具备对接口不安全输入参数进行限制或过滤的能力，为接口提供异常处理能力。

（2）应具备数据接口访问的审计能力，并能为数据安全审计提供可配置的数据服务接口。

（3）应对跨安全域间的数据接口调用采用安全通道、加密传输、时间戳等安全措施。

3.7　数据销毁安全

数据销毁，有时也称安全删除，指使数据无法恢复的方法，是对数据的彻底销毁，以确保它们不再可读、可用、可访问。数据销毁应根据组织的数据保留策略执行。数据保留策略定义组织如何创建、使用、保留和删除数据，既要遵守法律法规要求，也要满足业务需求。

3.7.1　数据销毁的重要性

组织中的数据存储，存在巨大的直接成本和间接成本。例如，对于敏感数据和个人数据，成本包括数据存储的成本、数据保护的成本（如网络安全措施和网络安全设备等）、IT 基础设施管理的成本、合规和法律遵从的成本等。与此同时，未使用的数据保留在系统中时会不必要地暴露在潜在风险中，一旦泄露，可能因不遵守数据处理法律法规而面临法律处罚和罚款，带来更大损失。我国的《个人信息保护法》（第四十七条）、欧盟的 GDPR、美国的《加利福尼亚消费者保护法案》（California Privacy Protection Agency，CCPA）都有对于数据安全删除的要求。

因此，不再使用的数据，对组织没有价值的数据，因合规要求必须删除的数据（如数据主体撤回对组织使用和处理其数据的同意），需要采用安全删除技术，正确、合理的处置。在制定数据销毁策略时，必须考虑以下三个要素。

（1）场景：数据是定期销毁，还是有大量积压数据需要一次性销毁。不同的场景需要不同的解决方案。

（2）成本：旧设备如何重复利用，或者安全处理，以符合数据保护的要求、环境保护的要求。

（3）认证：如果因为法律或者监管的要求而销毁数据，必须有措施可以证明销毁的流程和结果符合监管要求。

3.7.2　数据销毁处置

数据销毁处置，指通过建立针对数据的删除、净化机制，实现对数据的有效销毁，防止因对存储媒介中的数据进行恢复而导致的数据泄露风险。

1. 制度流程层面

在制度流程层面，详细要求如下。

（1）应依照数据分类分级建立数据销毁策略和管理制度，明确数据销毁的场景、销毁对象、销毁方式和销毁要求。

（2）应建立规范的数据销毁流程和审批机制，设置数据销毁相关监督角色，监督操作过程，并对审批和销毁过程进行记录控制。

（3）应按国家相关法律和标准销毁个人信息、重要数据等敏感数据。

2. 技术工具层面

在技术工具层面，其一是针对网络存储数据，建立硬销毁和软销毁的数据销毁方法和技术，如基于安全策略、基于分布式杂凑算法等网络数据分布式存储的销毁策略与机制；其二是配置必要的数据销毁技术手段与管控措施，确保以不可逆方式销毁敏感数据及其副本内容。

3.7.3　存储媒介销毁处置

存储媒介销毁处置，指通过建立对存储媒介安全销毁的规程和技术手段，防止因存储媒介丢失、被窃或未授权的访问而导致存储媒介中的数据泄露的安全风险。

1. 制度流程层面

在制度流程层面，详细要求如下。

（1）应明确存储媒介销毁处理策略、管理制度和机制，明确销毁对象和流程。

（2）应依据存储媒介存储内容的重要性，明确磁媒介、光媒介和半导体媒介等不同类存储媒介的销毁方法。

（3）应明确对存储媒介销毁的监控机制，确保对销毁存储媒介的登记、审批、交接等存储媒介销毁过程进行监控。

（4）应明确存储媒介销毁效果评估机制，定期对存储媒介销毁效果进行抽样认定。

2. 技术工具层面

在技术工具层面，详细要求如下。

（1）应提供统一的存储媒介销毁工具，包括但不限于物理销毁、消磁设备等工具，能够实现对各类媒介的有效销毁。

（2）应针对闪存盘、硬盘、磁带、光盘等存储媒介的数据，建立硬销毁和软销毁的数据销毁方法和技术。

习　题

1. 数据全生命周期分为哪些阶段？
2. 简述数据采集安全管理。

3．在个人数据采集中需要考虑哪些数据安全关键环节和要求？

4．数据传输时的风险有哪些？数据传输安全措施包含哪些？

5．简述数据存储安全措施。

6．什么是存储媒体安全？主要措施有哪些？

7．什么是逻辑存储安全？主要措施有哪些？

8．简述数据备份和恢复措施。

9．简述数据处理安全措施。

10．什么是数据脱敏？什么数据在使用时应进行脱敏处理？

11．什么是数据分析安全？

12．如何正当使用数据？

13．数据导入导出的安全措施有哪些？

14．什么是数据共享安全？主要措施有哪些？

15．在数据共享中，如何确保身份验证机制的安全性和便捷性？

16．数据销毁形式有哪些？比较其安全性。

17．数据销毁时，如何验证物理销毁的效果是否达到预期？

第 4 章
数据安全关键技术

本章介绍数据安全的关键技术，包括数据安全保护模型、数据安全技术架构、数据安全基础技术、数据安全生命周期技术应用、数据安全业务场景，帮助读者系统性了解数据安全中的关键技术方案。

4.1 数据安全保护模型

数据保护以数据全生命周期安全保护为基础，综合采用数据安全领域的文件加密、访问控制等关键技术，面向数据治理的要求，提供一体化的管理与集成服务。数据保护模型如图 4-1 所示。

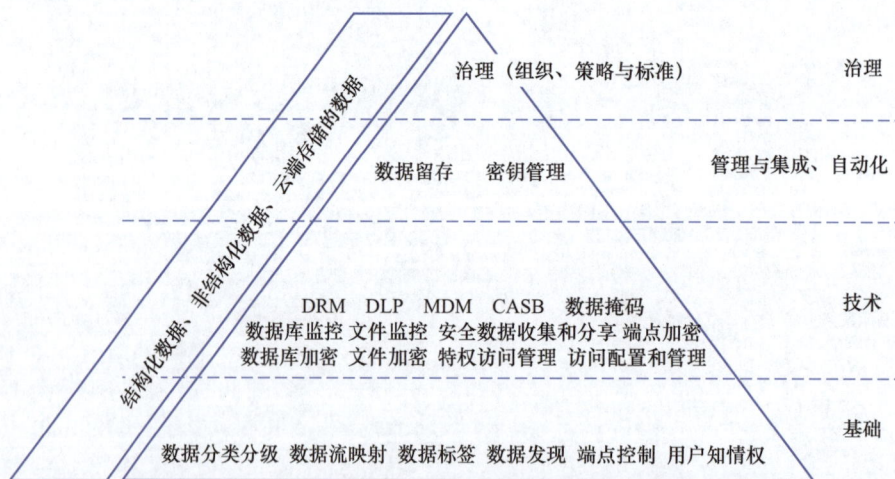

图 4-1 数据保护模型

数据抽象为结构化数据、非结构化数据和云端存储的数据三大类，其保护措施不完全一致。

1. 数据保护模型的定义

数据保护模型定义为治理、管理与集成、技术、基础 4 层，下面自上而下逐一描述。

（1）第一层（最顶层）是组织统一的数据治理框架。数据治理框架包含组织的定义、策略的统一和标准的构建。

（2）第二层是与数据保护的管理与集成、自动化相关的策略，其中重点包含数据留存和密钥管理两部分。

（3）第三层是技术层，包含支撑数据保护管理策略的关键技术。

（4）第四层是数据保护基础，包含数据分类分级、数据流映射、数据标签、数据发现，以及端点控制和用户知情权的保障等。

2．数据安全管理体系

对于组织而言，良好的数据安全管理体系、业务和实践可以在多个方面带来益处。

（1）保护有价值的敏感数据：数据安全实践有助于保护敏感数据，并始终保持其机密性、完整性和可用性。

（2）确保符合行业标准：数据安全实践可帮助制定预防措施，保护数据免受未经授权的访问，使企业能够遵守将数据保护放在首位的行业标准。

（3）维护可靠的声誉：数据安全预防措施使企业能够保证客户数据的安全，并使其在市场上保持值得信赖的声誉。

（4）避免昂贵的罚款和诉讼：遵循数据安全实践可使企业避免数据泄露，并使企业免于高额罚款和诉讼。

（5）防止业务损失：网络攻击（恶意软件注入、勒索软件等）会对企业造成巨大影响，导致意外停机。数据安全措施有助于避免网络攻击，防止业务损失。

3．数据安全的关键措施

为了达成上述目标，数据安全的关键措施包含以下几点。

（1）数据加密：通过将正常数据转换为混乱的、无法理解的数据来保护数据，使其他人无法在不解密的情况下使用这些数据。

（2）数据销毁：可确保数据不可恢复。可在需要时，覆盖或删除任何存储介质上的数据。

（3）数据恢复：指 IT 基础设施和服务器在发生安全事故后反弹以恢复存储数据的能力，包括在发生任何类型的安全事故、硬件问题或其他故障时，维护数据备份以进行恢复和数据中心保护。

（4）数据去标识化：以人工标识符取代数据集中的标识数据，降低持有个人身份信息的风险。

（5）数据脱敏：以可用于测试的功能数据取代敏感数据，从而隐藏敏感数据，并防止数据泄露给可能使用这些数据的恶意用户或内部人员。

（6）数据丢失防护：可监控异常的内部威胁，帮助确保敏感业务信息的安全控制和合规性。

4.2　数据安全技术架构

数据是组织的关键资源。伴随着业务云化、资产数字化的趋势，数据的重要性和价值将更为凸显。数据丢失、泄露或被盗，对业务的影响可能是毁灭性的。

常见的数据泄露事件通常与安全控制措施不足、授予内部用户过多的特权及对网络和外围安全的过度依赖有关。通常，组织仍依赖传统的基于网络的安全控制，并且未能真正采用深度安全方法来保护其环境。随着进一步采用诸如云计算等方案，并且支持各种形式的远程访问和移动设备的需求，传统的仅基于网络的保护 IT 基础架构的方法可能会失败。当今的安全威胁是多方面的，而且往往是持久存在的，而传统的网络外围安全控制措施无法有效地控制它们。

需要实施以数据为中心的更有效的分层安全控制架构，需要采取整体方法来保护包含敏感应用程序和数据的系统，使其免受外部和内部威胁。

建立和设计数据安全架构需要参考业内的最佳实践与管理方法。建立良好的组织级的数据安全管理架构，既需要参照标准，也需要解读和细化标准，以满足不同类型的组织的要求。

4.2.1　数据安全技术架构的定义和组成

安全架构是一个宽泛的概念。事实上，关于架构本身，也有描述其不同维度特征的定义方式。

ISO/IEC 42010—2022 国际标准对"架构"的定义是"一个实体在其环境中的基本概念或属性，以及实现和演进该实体及其相关生命周期过程的治理原则。"就目的而言，"组织、团队和个人越来越多地应用架构设计方法，以管理构架中的各类实体的复杂度。"

ANSI/IEEE 1471—2000 标准对（软件密集型系统的）架构的定义为"系统的基本组织，体现在其组件中，它们之间的相互关系及与环境的关系，以及控制其设计和进化的原理。"

参考 NIST SP 800—160 的定义，安全架构指"系统架构中一组物理和逻辑上与安全性相关的表示，用于传达有关如何将系统划分到安全域中的信息，并基于数据和信息受到充分保护的目的，利用安全相关元素，在安全域内和安全域之间执行安全策略。注意：安全架构反映了安全域、安全域内安全相关元素的位置、安全相关元素之间的互联和信任关系及安全相关元素之间的行为和交互。与系统架构类似，安全架构可以以不同的抽象级别和不同的范围来表示"。

数据安全架构依赖于整体的安全架构。为了定义和描述安全架构，不妨采用项目管理的方法论，按照项目的立项、设计、实施和交付的不同阶段，采用相应的开发和交付方式。将架构设计当作一个要交付的项目，有"准备、设计、实施、交付"这 4 个阶段。架构开发框架示意图如图 4-2 所示。

安全架构框架全景视图如图 4-3 所示。在架构开发的不同阶段，可以参考不同的安全架构框架，以系统开展安全架构的分析与设计。

图 4-2 架构开发框架示意图

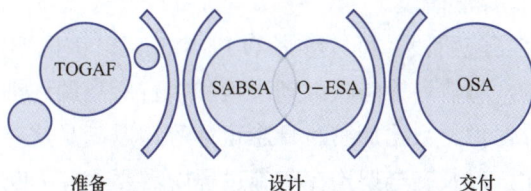

图 4-3 安全架构框架全景视图

1. 准备阶段

想用安全架构解决什么问题？安全架构的目标是什么？使用者是谁？以什么方式使用？怎么样才算成功？这些问题对于安全架构的成功至关重要。

在立项阶段，参考开放组（The Open Group）定义的开放组体系结构框架（The Open Group Architecture Framework，TOGAF），特别是在 TOGAF 的初始阶段描述时，可以尝试回答上述问题。依据基于 TOGAF 的输出，可以更好地与管理层对接业务目标并将安全架构映射到业务架构，从而准确确定这个安全架构项目的价值。

以数据安全为核心的安全架构，在立项阶段也需要参考合适且适用的业务框架、安全框架、监管框架和审计框架。业务框架指组织的产品或解决方案需要符合的框架。例如，如果涉及云计算的服务，则需要涵盖软件即服务（Software as a Service，SaaS）、平台即服务（Platform as a Service，PaaS）、基础设施即服务（Infrastructure as a Service，IaaS）的云计算分层框架。安全框架指适用于组织的安全管理规范，如 ISO 27002《信息安全控制实践准则》。监管框架众多，如 PCI DSS、SOX 法案等。在各类审计框架中，比较系统的是"COBIT 5：信息及相关技术控制目标"。COBIT 5 框架给出了 IT 审计与治理的通用流程。在完成框架的选择之后，需要依据各参考架构，来确定安全架构的设计和实施方法。

2. 设计阶段

在该阶段中，可以综合运用舍伍德应用业务安全架构（Sherwood Applied Business Security Architecture，SABSA）模型和开放企业安全架构（O-ESA）模型，将安全架构与业务架构更好地融合。SABSA 模型给出了一个企业安全架构的总体框架。它有一个整体性的方法，从业务目标一直映射到源代码。作为一个伞式模型，它可以在初级阶段用于决定哪些组件是必要的或不需要的。必要的组件按照其分层，绘制在架构层级模型。SABSA 模型中的这种架构层级模型，有着简单和直观的优势。通过这种方式，可以创建安全架构的顶层架构图。

架构的驱动力应该来源于业务，安全架构也是如此。SABSA 模型还提供了对安全架构中各层实际填充组件的支持，尤其是在顶层，也就是业务驱动与逻辑安全服务相联系的业务驱动层。"安全是为了帮助实现业务目标"常常被当作空洞的口号，但是 SABSA 模型能够具体体现出安全与业务目标相关，因此安全的规划更容易得到业务负责人的支持。

3．实施阶段

在实施阶段，可以参考 O-ESA 框架。该框架由组织的安全策略驱动，定义与优化安全架构，将业务策略映射到决策和执行所需的详细技术标准，并实施各项安全服务，如网络边界保护、数据加密、日志审计等，以满足这些技术标准。该框架还提出安全策略需要自动化，以及安全架构在实施过程中需要适应不断发展的各项新技术。

4．交付阶段

在此阶段中，借鉴开放安全架构（Open Security Architecture，OSA）模型，可以更直观地向业务负责人或利益相关者呈现安全架构的内容。在安全架构完成之后，为了确保组织内的所有角色都能够充分使用该架构，充分的沟通是关键。OSA 模型提供了可视化的丰富经验和案例可供参考，以协助利益相关者充分理解安全架构的内容。

4.2.2　安全架构准备与需求分析

传统上，安全架构由一些预防、检测和纠正的控制措施组成。这些控制措施的实施旨在保护组织的 IT 基础结构和应用。当然，也有在安全架构中添加包括安全策略和安全过程的管理控制措施的最佳实践。许多具有传统思维定式的安全专业人员将安全架构视为安全策略、控制措施、工具和监控的集合。世界已经改变，安全与以往已经不同，如今的风险和威胁已经不像以前那么简单。诸如物联网之类的新兴技术和新兴业务极大地改变了组织的运作方式、重点和目标。对于所有安全专业人员而言，了解业务目标并通过实施适当的控制措施来支持这些业务目标非常重要。这些控制措施需要与业务风险相关联，并可以使利益相关者容易理解。SABSA、COBIT 和 TOGAF 等企业框架可以帮助实现安全需求与业务需求保持一致的目标。

1．SABSA 模型（舍伍德应用业务安全架构模型）

SABSA 模型是基于组织的业务驱动的安全框架，它提供基于风险和机会的判断和识别。SABSA 模型保障安全和业务一致性，不提供任何特定的安全控制措施，而是依靠其他安全控制措施的框架，如 ISO 27001 标准或 COBIT 框架。SABSA 模型有 6 层（5个水平层和 1 个垂直层），每层都有不同的目的和视图，涵盖了运营能力的整个生命周期。从最高层开始到最底层，分别是上下文体系结构、概念体系结构、逻辑体系结构、物理体系结构、组件体系结构。第六层，即安全服务管理体系结构，覆盖在其他五层之上，并进一步进行垂直分析，以生成 5×6 单元的 SABSA 服务管理矩阵。SABSA 模型分层如图 4-4 所示。

2. ISACA 的 COBIT5 框架

ISACA（Information Systems Audit and Control Association，国际信息系统审计协会）的 COBIT5 框架是"一个全面的框架，可帮助企业实现其对企业 IT 治理和管理的目标"。该框架包括工具集和流程，可弥合技术问题、业务风险和流程要求之间的鸿沟。COBIT 5 框架产品体系如图 4-5 所示。COBIT 5 框架的目标是"通过在实现收益与优化风险水平和资源使用之间保持平衡来使 IT 创造最佳价值"。COBIT 5 框架使 IT 与业务保持一致，同时提供围绕它的治理。

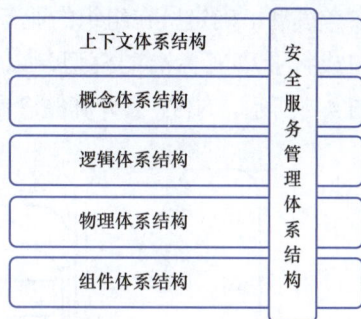

图 4-4　SABSA 模型分层

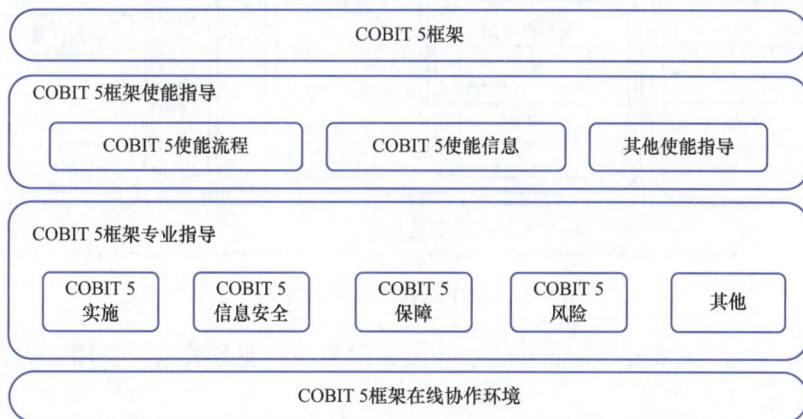

图 4-5　COBIT 5 框架产品体系

COBIT 5 框架使能器涵盖独立或共同影响某实体有效性的因子。COBIT 5 框架基于以下五项原则，如图 4-6 所示。

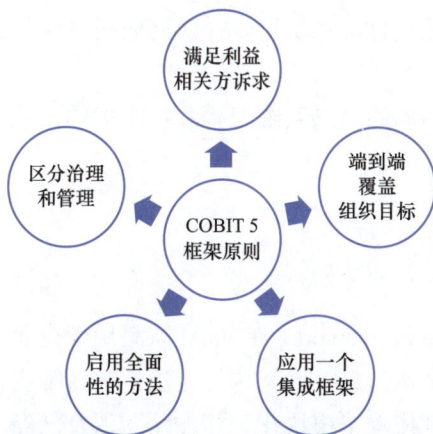

（1）满足利益相关方诉求。
（2）端到端覆盖组织目标。
（3）应用一个集成框架。
（4）启用全面性的方法。
（5）区分治理和管理。

将这些原则应用于任何体系结构，都可确保业务支持一致性，并优化流程。

3. NIST 云计算概念参考模型

根据愿景、目标，选择合适的业务方向。例如，提供云服务的组织，在设计自己的产品、解决方案时，可以参考 NIST SP 500—292 标准中提出的概念

图 4-6　COBIT 5 框架五项原则

参考模型，确定所在组织的业务架构。业务架构设计需要考虑已经形成国际标准、国家标准或行业事实标准的模型，以使供应商、客户、利益相关方取得同样的共识基础。如图 4-7 所示，NIST 云计算概念参考模型中包含以下 5 个重要的参与方。

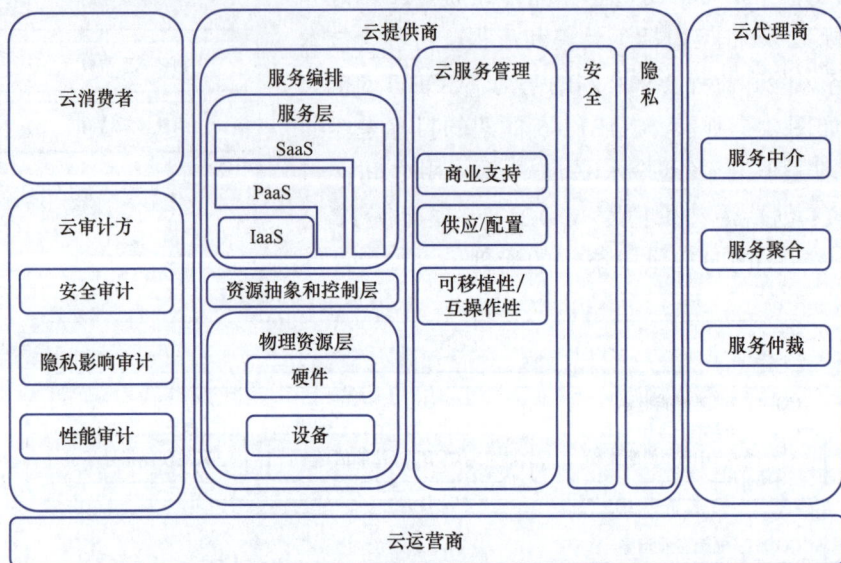

图 4-7　NIST 云计算概念参考模型

（1）云消费者（Cloud Consumer）：与云提供商保持业务关系并使用云提供商的服务的个人或组织。

（2）云提供商（Cloud Provider）：负责向相关方提供云服务的个人、组织或实体。

（3）云运营商（Cloud Carrier）：提供从云提供商到云消费者的云服务连接和传输的中介。

（4）云审计方（Cloud Auditor）：可以对云服务、信息系统操作、云实施的性能和安全性进行独立评估的一方。

（5）云代理商（Cloud Broker）：管理云服务的使用、性能和交付，并协调云提供商与云消费者之间关系的实体。

不同的参与方拥有不同的业务架构，自然也对应不同的信息系统架构和技术架构，从而影响安全架构的需求和设计。

4.2.3　安全架构设计与交付

开放组体系结构框架（The Open Group Architecture Framework，TOGAF）是用于企业架构的框架，它提供了一种设计、规划、实施和管理企业信息技术架构的方法。它通常有 4 个级别建模：业务、应用程序、数据和技术，它高度依赖于模块化、标准化，以及已经存在的、经过验证的技术和产品。

1. TOGAF 的作用

TOGAF 是一组可用于开发各种不同架构的工具，涵盖如下功能。

（1）用一组构件描述一种定义信息系统的方法；

（2）展示构件如何组装在一起；

（3）一组工具；

（4）提供常用词汇；

（5）推荐标准的列表；

（6）可用于实施构件的兼容产品列表。

TOGAF 开发周期非常适合开始创建安全性架构的组织。TOGAF 开发循环结构如图 4-8 所示。TOGAF 与其他框架类似，最顶层是业务视图，然后是技术视图和信息视图。

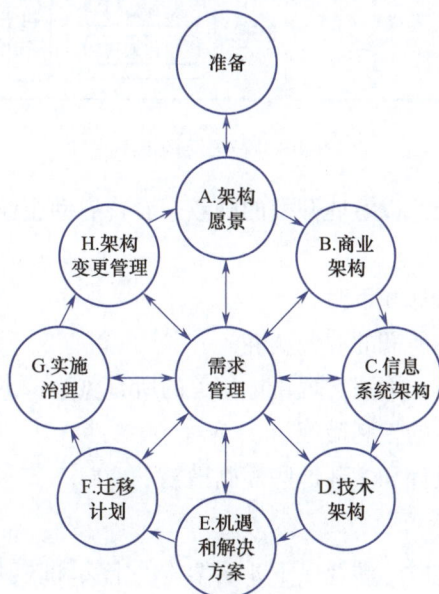

图 4-8　TOGAF 开发循环结构

在完成下述几类工作任务时，TOGAF 可以作为有益的参考：定义架构、目标和愿景；完成差距分析；监控整个流程。

通过结合使用 SABSA 框架和 COBIT 原则、使能器和流程，可以为 COBIT 5 框架产品体系中的每个类别都定义自上而下的架构。例如，在开发计算机网络架构时，可以使用这些原理和过程，定义从业务上下文层直到组件架构层的自顶向下方法。

通过结合使用 SABSA、COBIT 和 TOGAF，可以定义一种满足业务需求和利益相关方要求的安全架构。定义架构和目标后，可以使用 TOGAF 框架创建项目和步骤，并监视安全架构的实现，使其达到应有的状态。

2. 安全架构设计

在设计安全架构时，最常见的疑问是应该遵循自上而下的分解、分配，还是自下而上的抽象、汇总、提炼。基于对上述框架的了解，答案很简单。安全架构的设计应该是一个自上而下的过程。安全架构视图如图 4-9 所示。

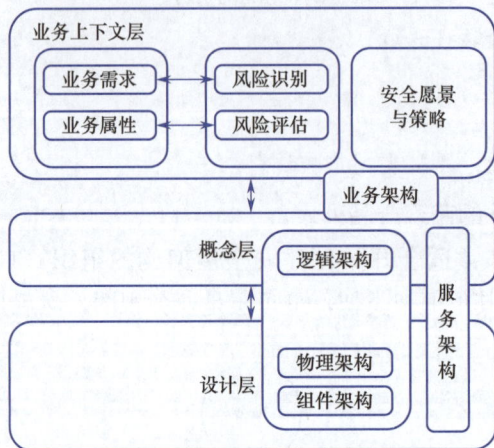

图 4-9　安全架构视图

首先考虑业务上下文层。以敏捷开发的观点来看，启动企业安全架构开发程序的初始步骤如下。

（1）确定业务愿景、目标和策略。

（2）确定实现这些目标所需的业务属性。

（3）确定与可能导致企业无法实现目标相关的所有风险。

（4）确定管理风险所需的控制措施。

（5）定义一个程序来设计和实现这些控制措施。

3．架构的定义和映射

在设计和实现控制措施时，涉及以下 4 层架构的定义和映射。

（1）定义业务风险相关的概念架构。业务风险相关的概念架构主要包括治理策略和领域架构、运营风险管理架构、信息架构、证书管理架构、访问控制架构、事件响应架构、应用安全架构、Web 服务架构、通信安全架构等。

（2）定义物理架构并映射概念架构。物理架构并映射概念架构主要包括平台安全、硬件安全、网络安全、操作系统安全、目录安全、文件安全及数据库安全。概念架构也涵盖相关安全实践和安全流程。

（3）定义组件架构并映射物理架构。安全标准涉及一系列标准，如 ISO 国际标准、TC260 发布的网络安全国家标准、美国国家标准与技术研究院（NIST）的行业标准；安全产品和工具，如防病毒（Anti-Virus，AV）、虚拟专用网络（Virtual Private Network，VPN）、防火墙、无线安全和漏洞扫描器；Web 服务安全，如 HTTP/HTTPS、应用程序接口（Application Programming Interface，API）安全和 Web 应用防火墙（Web Application Firewall，WAF）。

（4）定义运营架构。运营架构主要包括实施指南、责任部门、配置／补丁管理、监控、日志、渗透测试、访问管理、变更管理、取证等。

4．设计架构组件

在确定并评估所有风险之后，即可开始设计架构组件，如策略、网络、应用程序和服务器。下面以一个具体的示例来阐述。假设有一家小型银行卡结算服务提供商，想要在未来的 5 年内，向 200 万用户提供服务（业务愿景和目标）。

（1）其涉及的业务属性

① 监管：所服务国家和地区的金融监管需求，以及通用的行业标准。

② 隐私：用户的隐私必须得到保护。

③ 准确性：用户和企业的信息必须准确，以防被欺诈。

④ 可用性：服务必须 7×24 小时在线且可用。

（2）业务风险

① 不满足监管要求（关联"监管"业务属性）。

② 没有角色的职责分离（关联"隐私"业务属性）。

③ 应用程序存在漏洞（关联"隐私"和"准确性"业务属性）。

④ 没有灾难恢复计划（关联"可用性"业务属性）。

（3）可能的控制措施

① 实现 PCI DSS 要求的安全控制措施。

② 基于 COBIT DSS05 流程构建相关领域的职责定义。

③ 基于 COBIT DSS05 流程构建漏洞管理流程和应用防火墙。

④ 基于 COBIT DSS05 流程构建公钥基础设施（PKI）和加密控制措施。

⑤ 基于 COBIT DSS04 流程构建灾难恢复计划。

通过上述控制措施，所有的安全控制措施都和业务属性直接关联，其意义明确，也更容易与利益相关方达成一致，并组织实施。

企业安全架构的生命周期也需要得到适当管理，重要的是不断更新业务属性和风险，并定义和实施对应的控制措施。如前文指出，可以使用 TOGAF 框架来管理安全架构的生命周期。通过创建架构视图和目标，完成差距分析、定义项目及实施和监控项目，直到完成并重新开始，最终形成闭环。

4.2.4　安全架构的呈现

在完成安全架构的设计后，应该采用直观的呈现方式，阐述安全架构。其中，OSA（开放安全架构）定义的一系列架构呈现方式可以作为参考。

1．安全架构层级和角色

OSA 组织在不同的抽象层提供可理解、可重用的部件，在最高层级提供了总体景观、参与角色定义、术语定义和分类方式，在下一层级提供了安全模式（Security Pattern），在最低层级提供了威胁建模和控制措施集合。

安全架构是应用于不同级别的设计的集合。在抽象的级别上，OSA 划分为服务层安全模式、应用层安全模式、基础设施层安全模式、（集中化）安全服务、治理等级别。这些模式的集合构成了 OSA 安全架构总体景观，如图 4-10 所示。

在参与角色的定义上，OSA 参考 ITIL（信息技术基础设施库），定义了组织的多种角色，如 IT 安全管理者（或 CISO、CSO）、IT 运维管理者、信息资产拥有者等，他们有不同的工作职责，并且以不同的方式参与安全架构。

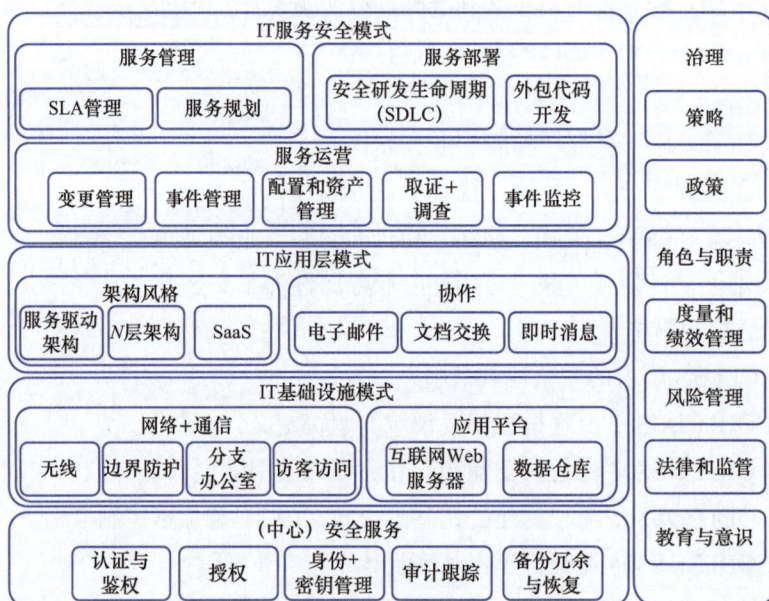

图 4-10　OSA 安全架构总体景观

2. 呈现方法

OSA 选择了高度可视化的方法，并将安全设计模式方法与模块化架构相结合，创建了一个安全架构的参考库。参考库包含安全控制措施、风险和模式的列表。参考库中诸如"服务器""桌面""移动设备""DMZ"等组件是在几乎所有企业架构中都能找到的典型组件。在安全架构设计中重用这些组件，可以提升效率，并使安全架构师更关注特定业务和架构部分的表达。

OSA 提供了非常多的基于应用场景的安全架构模式，比较著名的有云计算场景模式、公有 Web 服务器模式等。下面以一个比较直观的隐私移动设备模式为例进行讲解，如图 4-11 所示。

许多司法管辖区的隐私法律法规要求，组织必须披露包括敏感或机密数据在内的移动设备的任何损失。属于法律或法规规定的隐私数据包括客户记录（如姓名和地址、财务记录、医疗信息）或任何其他个人身份信息（PII）。

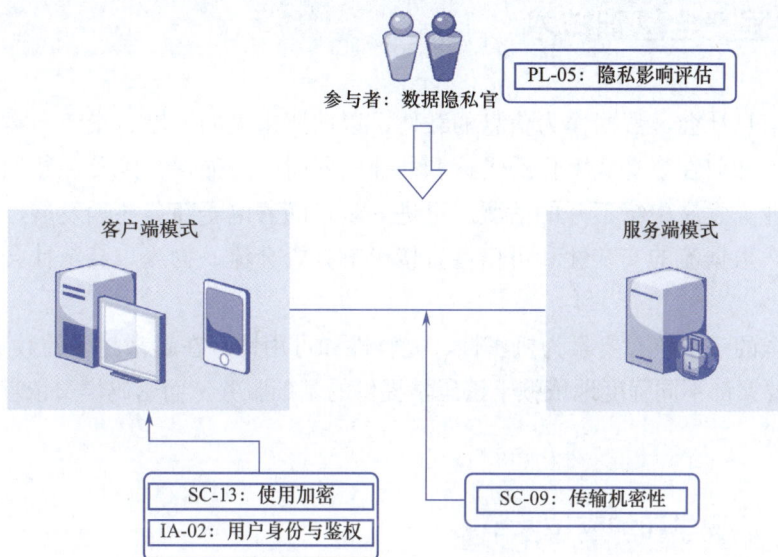

图 4-11　隐私移动设备模式

保护这些信息的实用安全控制措施是在移动设备上使用加密技术（SC-13），并结合强大的身份验证（IA-02），以确保信息在丢失或被盗时无法恢复。当然，敏感数据的传输所需要的机密性防护也需要予以考虑。组织的数据保护官需要定期做"隐私影响分析"并给出报告。

3. 安全架构图

通过安全架构图，可以直观地了解业务模型、参与方和关键的安全控制措施。

OSA 提供从云计算到无线热点，再到工业控制系统的多种模式。一种常见的应用方式是将其作为类似场景的参考或检查列表。此外，OSA 还提供丰富的可视化支持，如模式的模板、丰富的图标库。安全架构师可以基于这些可视化支持绘制组织特定的安全架构，并将安全控制措施放置在合适的层级和位置。利用这种方式绘制的安全架构足够可视化和直观，可以与非本领域的利益相关方对齐风险和预算、安全策略，并争取实施这些安全控制措施的资源。

OSA 的安全控制措施集合和已有的安全标准（如 ISO 和 COBIT）逐一映射。因此，在需要向内部和外部审计者举证时，可以使用相同的语言。

相比于其他标准，如 NIST 800—53 及 ISO 27001，虽然也是描述技术、组织和流程控制的最佳实践，但都没有利用可视化来呈现设计模式的强大功能。OSA 组织尝试通过将最佳实践标准与可视化（设计）模式相结合来提高其最佳实践标准的表达能力。OSA 相当于企业总体安全架构解决方案的乐高积木构建部件，提供了一组标准组件及其交互关系，这些组件封装了常见的安全控制措施，以应对常见的安全问题。

4.3 数据安全基础技术

在现代信息社会，数据作为信息的载体，以前所未见的速度、量级、类别，在各类网络中传输。如何在享受数字化的迅速和便捷的同时，还能保护隐私和数据安全，是数字化转型和业务发展中绕不开的话题。更进一步，随着电子商务蓬勃发展，虚拟空间变得更为重要，数据流的安全性和可信性直接影响到资金流、物流，甚至社会运行的各个方面。

数据安全的三个核心要素为机密性、完整性和可用性。在越来越多的数字化场景中，这三个核心要素都不同程度地依赖于密码学提供的基础服务，而密码学又依赖于密钥管理的工程化实践。

4.3.1 密码学和加密技术概述

1. 密码学

参考 NIST SP 800—130 标准的定义，密码学指使用数学技术提供安全服务，其数据安全目标包括机密性、完整性、实体身份认证和数据源身份认证及防重放等。密码学技术在数据安全中的作用见表 4-1。在延伸意义上，密码学指与将纯文本转换为密文并将加密的密文恢复为纯文本的原理、方式和方法有关的技术或科学。

表 4-1 密码学技术在数据安全中的作用

数据安全目标	应对的典型威胁	相关的密码学技术
机密性 （Confidentiality）	窃听、非法窃取资料、敏感信息泄露	对称加密和非对称加密、数字信封
完整性 （Integrity）	篡改、重放攻击、破坏	哈希函数和消息认证码、数据加密、数字签名
可鉴别性 （Authentication）	冒名	口令和共享加密、数字证书和数字签名
不可否认性 （Non-repudiation）	否认已收到资料、否认已传送资料	数字签名、证据存储
授权与访问控制（Authorization & Access Control）	非法存取资料、越权访问	属性证书、访问控制

网络安全和数据安全的众多特性和功能也以密码学为基石。典型的安全场景映射表见表 4-2。

表 4-2　典型的安全场景映射表

安 全 场 景	安 全 特 性	密码学提供的服务
HTTP连接	传输层安全协议（TLS）	对称加密算法、哈希算法、非对称加密算法、DH密钥协商、伪随机数生成器
IP连接	IPSec	对称加密算法、数字签名、报文认证码、DH密钥协商、伪随机数生成器
笔记本电脑数据保护	全盘加密（FDE）	对称加密算法、哈希算法
数据库	数据库加密（DBE）	对称加密算法、哈希算法、非对称加密算法

在实际的部署场景中，密码学本身实现的安全性也需要安全维度的支持，其安全性突出表现在以下两个方面。

（1）对密钥、口令等机密数据的访问需要身份认证。

（2）对机密数据的访问，需要支持审计，含监控、日志和分析功能。

2. 密码系统

实现特定的安全服务时需要的一套密码学方案通常称为密码系统。密码学方案包含四个基本组成部分。

（1）明文信息——要发送的原始消息。

（2）密码系统或密码算法——由数学加密和解密算法组成。

（3）密文——在将原始消息发送给收件人之前对原始消息应用加密算法的结果。

（4）密钥——算法在加密和解密过程中使用的比特数组。

密码系统的术语"cipher"（密码）起源于阿拉伯语的"sifr"，其本意是"空"或"零"。加密过程指通过使用密码算法，以及选定的密钥，将明文的信息加密为密文信息。密文信息通常表现为难以理解或读懂的形式。密文信息可以通过通信通道传输给指定的收件人。

3. 加密技术

加密技术是信息安全领域最常用的安全保密手段之一。加密技术利用技术手段，把重要的数据变为密文（加密）后进行传送，到达目的地后再用相同或不同的手段还原（解密）。加密技术是数据安全最基础的安全措施之一。

加密有以下两个特点：一是只有特定的接收者才可以解密，其他人无法看到明文；二是提供发送者身份的证明。加密传输示意图如图 4-12 所示。

图 4-12　加密传输示意图

加密技术包括两个最主要的元素：算法和密钥。而根据不同的密钥类型，可以将密码学的算法分为如下三类：密钥加密、公钥加密和哈希函数。每类算法在密码学领域都有自己的作用。

4.3.2 对称加密算法

对称加密指加密和解密使用同一个密钥（即同一种加密解密凭据）的加密方式。发送方使用密钥将明文数据加密成密文，然后发送出去，接收方收到密文后，使用同一个密钥将密文解密成明文并读取。对称加密示意图如图 4-13 所示。

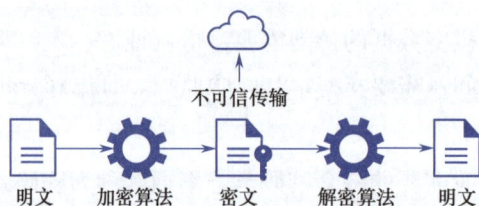

图 4-13 对称加密示意图

1. 对称加密算法的优缺点

对称加密计算量小、速度快，适合要对大量数据进行加密的场景。但是对称加密存在以下两个问题。

（1）密钥传输（或称密钥分发）问题。由于对称加密在加密和解密时使用的是同一个密钥，所以对称加密的安全性不仅取决于加密算法本身的强度，更取决于密钥是否被安全地传输和保管。发送方如何把密钥安全传递到接收方手里，就成了对称加密面临的关键问题。

（2）密钥管理问题。随着密钥数量的增多，密钥的管理问题会逐渐显现出来。例如，在加密用户的信息时，需要给每个用户采用不同的密钥加密 / 解密。否则，密钥一旦泄露，就相当于泄露了所有用户的信息。为此，密钥管理的代价非常大。

在通信的应用场景中，上述问题还表现在，每个发送方和接收方都必须成对共享一个密钥。对称加密要求通信的发送方或接收方事先建立关系，以建立链路和获取密钥。在互联网这种不确定的通信环境中，无法预知每个人的通信目标，并预先分发密钥。在涉及复杂通信拓扑的分布式环境中，发送方和接收方都很难保留如此多的密钥以支持所有通信。

除上述讨论的问题外，对称加密的应用还包含以下几个问题。

（1）数据的完整性可能会受到损害，因为接收方无法在收到消息之前确认消息是否已被更改。

（2）发送方有可能抵赖该消息，因为没有机制确保消息是由声称的发送方发送的。

（3）如果加密过程受到破坏，则攻击者很可能观察到明文的密钥，此时无法确保机密性。

（4）如果没有足够频繁地更改密钥，可能影响机密性。

因此，在现代的密码系统中，通常不单独使用对称加密，而是结合对称加密和非对称加密以实现加密。

2．对称密码

对称密码是以分组密码或流密码的形式实现的。通常，分组密码以明文块的形式对输入进行加密，而流密码以单个字符的形式进行加密。

（1）分组密码

分组密码又称块密码，是对称加密的一种模式。

用公式描述，分组密码提供一个加密函数 E，通过接收明文块 P 和密钥 K 作为输入，最终生成密文块 C 作为输出：

$$C=E(P, K)$$

块是固定长度的比特序列。块的固定长度与具体的分组密码算法有关，术语上称作块大小（Block Size）。

加密函数 E 对应的解密函数记为 D，解密的过程可描述为：

$$P=D(C, K)$$

分组密码与流密码（Stream Cipher）的区别：流密码基于特定的算法，生成一个随机的密钥码流，再与明文进行逐位或逐字节的结合，生成密文流；分组密码的明文按照分组密码算法规定的块的长度，被分为数个块，并对每个块进行独立加密。

常见的分组密码有 3DES、AES、IDEA、Blowfish、RC5。与之对应，常见的流密码有 RC4。理论上，密钥越长，则加密所需时间越长，安全强度越高。常见密码算法的强度见表 4-3。

表 4-3　常见密码算法的强度

算　法	强　度	密钥长度/bit	算　法	强　度	密钥长度/bit
3DES	高	64、112、168	Blowfish	低	32～448
AES	高	128、192、256	RC4	低	40
IDEA	高	64、128	RC5	高	32、64、128

分组密码算法随现代密码学体系演进与发展。DES 算法于 1977 年被标准化，是早期被广泛使用的分组密码算法。

DES（Data Encryption Standard）加密算法是一种分组加密算法，通过将输入的明文按 64 位一组进行分组加密，加密过程分为初始置换明文，分组明文，生成子密匙，密匙与明文加密，经过 S 盒替换、P 盒替换，置换后的密文与原 32 位明文加密。

其中，S 盒（Substitution-box）替换是对称密钥算法中执行置换计算的一种基本结构，特别是在分组密码算法中。S 盒的主要作用是通过一种简单的"代替"操作来混淆密钥与密文之间的关系，增加密码算法的安全性。S 盒替换是 DES 等对称密钥算法中增强密码强度、增加混淆性和扩散性、抵抗密码分析的重要步骤。

P 盒（Permutation-box，置换盒）替换在密码学中，是一个通过置换和转置将替换盒（S-boxes）的输入进行位元洗牌的方法。P 盒的主要作用是扩散（Diffusion），目的是让明文和密钥的影响迅速扩散到整个密文中，即 1 位的明文或密钥的改变会影响到密文的多个比特。在 P 盒置换过程中，输入的每位会被映射到输出位，且任何一位不能被映射两次，也不能被略去。具体来说，映射规则表中的数字代表原数据中此位置的数据在新数据中的位置，如原数据块的第 16 位可能放到新数据的第 1 位，第 7 位放到第 2 位，依此类推。这种置换方法保持了数据在转置过程中的扩散性，使得密文中的每一位都受到明文和密钥中多位的影响，从而增强了密码的安全性。在代换 - 置换网络（SPN）等密码算法中，P 盒和 S 盒通常一起使用，以实现对数据的混淆和扩散。

DES 的加密思想是对密钥和明文都进行一系列复杂变换处理，中间分为多个小段单独异或加密，最后再合成变换得到最终密文。符合所谓的混淆原则和扩散原则。

混淆原则：密文与其对应的明文与密钥的关系足够复杂。

扩散原则：密文中的每一位都受到明文和密钥中尽可能多位的影响，以隐蔽明文的统计特性和结构规律。

随着计算能力飞速发展，DES 算法的 56 位密钥长度逐渐难以抵抗暴力破解攻击。一些关于 DES 算法的理论研究也证明 DES 算法易受线性密码分析的影响。三重 DES 算法（3DES）是在 DES 算法基础上的演进。从工程化的角度来讲，三重 DES 算法是安全的。但是三重 DES 算法存在处理速度慢、软件实现困难的缺点，不再是分组密码算法最合理的选择。

随着 DES 算法的安全性逐渐减弱，1997 年 1 月，美国国家标准与技术研究院（NIST）向全球征集高级加密标准（Advanced Encryption Standard，AES）来取代 DES 算法。对 AES 的要求是安全性不能低，并且运行效率要高。AES 征集得到了全世界很多密码学家的响应，很多人提交了自己的设计作品，最终选出了五种算法（Rijndael、Serpent、Twofish、RC6 和 MARS）进入最后一轮评选。经过安全性分析和性能的评估，Rijndael 算法成为高级加密标准（AES）。Rijndael 算法是一种分组密码，它的分组长度为 128 bit、160 bit、192 bit、224 bit、256 bit，密钥长度也包含这五种。但在 AES 中仅选择了分组长度为 128 bit，密钥长度为 128 bit、192 bit 和 256 bit 中的任意一种。从这个含义上，AES 算法可以被认为是 Rijndael 算法的子集。

AES 算法的安全性高于 DES 等同类算法，它采用 S 盒作为唯一的非线性部件，结构简单并且易于分析其安全性。目前没有已知的方法能攻破 AES 算法。作为一种典型的分组密码，AES 算法比 DES 算法更加灵活，处理速度更快，效率更高，并且使用软件和硬件都能快速地加密。在一定的条件下，相较于 DES 算法，AES 算法对内存的要求更低，非常适合在受限的空间环境中执行加密和解密的操作。这些特点有力地支撑了 AES 算法代替 DES 算法，并逐渐被广为接受和使用。

由于如上起源，AES 算法在密码学中又称 Rijndael 加密法。AES 算法涉及四种操作：字节代换（SubBytes）、行移位（ShiftRows）、列混淆（MixColumns）和轮密钥加（AddRoundKey）。图 4-14 给出了 AES 加密和解密的流程，从该图中可以看出：

（a）解密算法的每一步分别对应加密算法的逆操作；

（b）加密和解密的所有操作的顺序正好是相反的。

上述几点，再加上加密算法与解密算法每一步的操作互逆，保证了算法的正确性。加密和解密中每轮密钥都分别由种子密钥经过密钥扩展算法得到，如图 4-14 中的 $W[0,3]$ 等。算法中 16 字节的明文、密文和轮密钥都以一个 4×4 的矩阵表示。

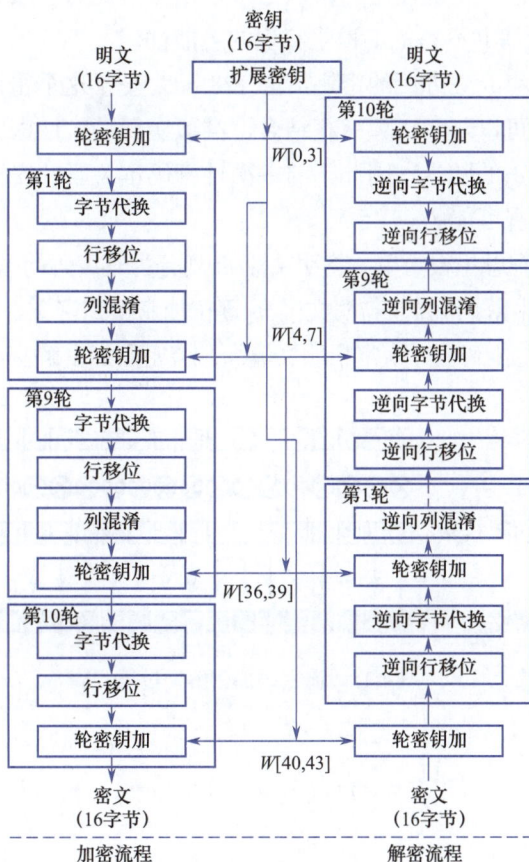

图 4-14　AES 加密和解密的流程

（2）流密码

流密码是另外一种对称密码。其将明文的数据流和伪随机密码数据流（密钥流）结合，形成密文数据流。在实现上，一般将两个数据流进行逐个比特结合，而结合的操作为异或（XOR）。理想情况下，明文和密文的数据流的长度不受限制。在实践中，一般也支持业务所需要长度的数据流。

密钥流通常利用数字移位寄存器从随机种子值串行生成。此时，随机种子值是密文流的加密密钥和解密密钥。流密码不同于分组密码，分组密码对大的数字块进行固定的、不变的变换操作。这种区别也并非泾渭分明。在某些操作模式中，分组密码基元的使用方式使其有效地实现流密码。流密码通常比分组密码执行速度更高、硬件复杂度更低。然而，如果使用不当，流密码很容易出现严重的安全问题。至关重要的是，同一个起始状态（随机种子值）绝对不能使用两次。

流密码可以被看作已被证明的不可破译的密码——一次性密码（OTP）的一种近似实现。一次性密码使用一个完全随机数字的密钥流，该密钥流与明文流逐字结合，形成密文流。1949 年香农证明一次性密码是安全的。但是，OTP 要求密钥流必须完全随机生成，长度至少与明文相同，而且不能使用一次以上，这使得密钥的生成、分发和管理是极其困难的，因此，OTP 系统基本不具备工程化实现的可能性。

流密码利用一个更小、更方便的密钥，如 128 bit。基于这个密钥，流密码产生一个伪随机密钥流，该密钥流可以与明文数字相结合，类似实现一次性密码本。然而，这类密钥流是伪随机的，不是真正的随机。因此，与一次性密码本关联的安全证明不再成立，一个流密码完全不安全是很有可能的。

流密码的加密和解密思想很简单。将明文流 m 划分为其编码的基本单元（如 bit），然后利用密钥 k_1（种子）产生密钥流 k，与明文流 m 逐位加密得到密文。解密时以同步产生的相同密钥流 k 与密文流 c 逐位解密，恢复出明文流 m。流密码加密解密过程如图 4-15 所示。

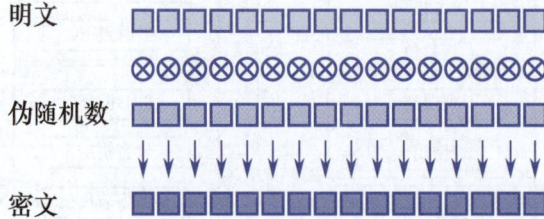

图 4-15　流密码加密解密过程

设明文流为

$$m = m_1 m_2 \cdots m_i \cdots, m \in M$$

密钥流为

$$k = k_1 k_2 \cdots k_i \cdots, k \in K$$

密文流为

$$c = c_1 c_2 \cdots c_i \cdots, c \in C$$

则加密过程可以表示为

$$c = c_1 c_2 \cdots c_i \cdots = E_{k_1}(m_1) E_{k_2}(m_2) \cdots E_{k_i}(m_i) \cdots$$

解密过程可以表示为

$$m = m_1 m_2 \cdots m_i \cdots = D_{k_1}(c_1) D_{k_2}(c_2) \cdots D_{k_i}(c_i) \cdots$$

流密码算法的应用场景总体上不如分组密码丰富，值得提及的是早期的 RC4 密码算法、GSM 通信协议中使用的 A5/1 密码算法等。

一些新型的流密码算法也逐渐涌现。例如，Salsa20 是由密码学家丹·伯恩斯坦（Dan J. Bernstein）设计的一种流密码，于 2008 年公布。伯恩斯坦以设计多个现代的密码算法，并将密码算法软件以开放源代码的形式公布而闻名。ChaCha 是 Salsa20 密码的另一个正交调整，试图增加每轮的扩散数量，同时保持或提高性能。ChaCha 之后没有"20"；但特定算法的后面确实有一个数字（ChaCha8、ChaCha12、ChaCha20），这些数字表示轮数。Salsa20 和 ChaCha 是现代流密码技术的最新水平。目前，尚无针对 Salsa20、ChaCha 的攻击，甚至没有针对其推荐的任何减少轮数的变体的攻击，因此不能破坏它们的实际安全性。两个密码系列的性能也很快。对于较长的流，在现代 Intel 处理器和现代 AMD 处理器上，Salsa20 完整版本的每字节大约需要 4 个 CPU 周期，12 轮版本的每字节大约需要 3 个 CPU 周期，而 8 轮版本的每字节大约需要 2 个 CPU 周期。在大多数平台上，ChaCha 比 Salsa20 稍快。相比之下，ChaCha 的执行速度是 RC4 的三倍以上，比 AES-CTR 快三倍。

Salsa20 具有两个有趣的属性。首先，可以"跳转"到密钥流中的特定点，而无须计算所有先前的位。这在加密大文件的场景中特别有用，因为能够在文件中间进行随机读取。许多加密方案要求解密整个文件，但使用 Salsa20 时，可以只选择加密文件中所需的部分来解密。

这种"跳转"的能力还意味着 Salsa20 的块可以彼此独立地进行计算，因此允许加密或解密并行工作，从而可以提高多核 CPU 的性能。同时，它可以抵抗许多类型的侧信道攻击。软件侧信道攻击通过程序执行时间或功耗的细微差别来猜测密钥。而 Salsa20 算法中，不同的密钥使用相同的代码路径，并且确保每一轮都由固定数量的恒定时间操作组成。结果是，无论密钥是什么，每个块都以完全相同的操作数生成。Salsa20 和 Chacha 两种流密码均基于 ARX 密码设计。ARX 密码的特点是模加法（A）、固定数量旋转（R）和异或（XOR）。其优势是操作本质上是恒定时间，可以抵抗差分密码分析。这些密码算法在现代 CPU 架构上也能很好地执行，而无须特定于密码的优化。它们利用通用矢量指令的优势进行操作，也就是说，CPU 在一条指令中对多条数据执行相关的操作。因此，即使 AES 具有专用硬件，在现代英特尔 CPU 上，ChaCha20 的性能也可与 AES 竞争。

流密码中的密钥序列是通过密钥流生成器，借助确定性算法得到的伪随机序列，这是其与"一次性密码"的根本区别所在。流密码的体制并没有"一次性密码"的完美安全性，不过却提升了实用性。如果算法设计得当，则流密码的安全性能够达到实际应用的要求。流密码的安全强度由密钥流决定，因此，分析伪随机序列的安全可靠性及其生成的方法成为流密码的设计与分析领域非常重要的问题。

4.3.3　非对称加密算法

对称密钥密码系统使用相同的密钥对数据进行加密和解密，该方式的一个重要缺点是密钥的安全管理非常困难。在理想情况下，每一对不同的通信方都必须共享一个不同的密钥。甚至每条单独的消息，都需要使用不同的密钥加密，以实现完善的前向保密性。因此，所需的密钥数量呈指数级增加，需要复杂的密钥管理方案来保持发送方和接收方的密钥一致性和机密性。由于对称密码存在上述问题，因此需要一种更现代的加密方案来解决这些缺陷。

密钥交换的目标是试图解决一个看似不可能的问题。假设通信中的两人（Alice 和 Bob）并没有见过面，却需要在传输通道上协商出一个共享的秘密，而且假定传输通道并不安全，通道上传输的内容均可以被窃听。

1976 年，W. Diffie 和 M. Hellman 在其发表的文章《密码学的新方向》中首次公开提出了公钥密码（Public-key Cryptography）的概念，在密钥交换领域做出了里程碑式的突破。

以两人名字的首字母命名的 DH 密钥交换算法，其工程化实践依赖于数学上的难度或复杂度问题。可以形象地表示为，从"正确"的方向很容易计算，但是从"错误"的方向很难计算的问题。

自 1976 年 W. Diffie 和 M. Hellman 提出公钥密码体制的思想后，国际上出现了多种基于相同或不同的数学基础的公钥加密算法。例如，RSA 算法基于大素数的因子分解问题、ElGamal 公钥加密算法基于有限域乘法群上的离散对数问题，椭圆曲线密码学（ECC）基于椭圆曲线上离散对数问题，等等。部分新型的公钥加密算法（如 NTRU 算法）基于格（Lattice）上的最短向量问题，试图防御可能的量子计算对公钥密码学的影响。

离散对数问题基于的数学公式可以表述如下：

$$y \equiv g^x \pmod p$$

这里的符号"≡"表示"模同余"。给定整数 x、g、p，计算 y 很容易（至少对计算机而言）。而给定 y、g、p，计算 x 则非常困难，这被称为离散对数问题。用"离散对数"术语命名的原因是，如果没有取模操作，则已知 y 和 g，计算 x 称为对数问题。

现在假设 Alice 和 Bob 两人要在不可靠的传输通道上通信。两人共知的常量信息是一个很大的素数 p，以及底数 g。

两人分别选择一个需要保密的随机数，记为 r_a 和 r_b。分别进行下述计算：

$$m_a \equiv g^{r_a} \pmod p$$
$$m_b \equiv g^{r_b} \pmod p$$

m_a 和 m_b 可以在网络上传输。根据离散对数特性，计算 r_a 和 r_b 存在很大难度。

两人分别拿到对方的计算结果后，将自己的保密随机数加上。Alice 计算为

$$s \equiv (g^{r_b})^{r_a} \pmod p$$

Bob 的计算在形式上略有不同，但根据数学原理得

$$(g^{r_b})^{r_a} = (g^{r_a})^{r_b}$$

两人将得到共同的结果 s。这个 s 就是两人协商出的共享秘密。

假设有一个攻击者 Eve，她在传输通道上观察，可以看到 m_a 和 m_b，并且已知 g 和 p，但是难以计算出 r_a 和 r_b，则也难以计算出 s。

上述 DH 密钥交换算法基于离散对数的计算复杂度问题。DH 密钥交换算法也可以基于椭圆曲线的计算复杂度问题，因涉及的数学公式过于复杂，此处不做进一步的阐述。

值得注意的是，从数学上，椭圆曲线问题的解决难度高于普通的离散对数问题。因此，基于相同的安全等级和算法强度要求，椭圆曲线算法拥有更小的密钥长度，可参考如表 4-4 所示的不同算法密钥长度表。

表 4-4　不同算法密钥长度表

算法强度/bit	离散对数密钥长度/bit	椭圆曲线密钥长度/bit
56	512	112
80	1024	160
112	2048	224
128	3072	256
256	15 360	512

公钥加密算法（通常称为非对称加密）使用两个不同的密钥，一个是所有人都知道的公钥，另一个是发送方和接收方分别保留的自己的私钥。

1．公钥密码算法的应用场景

公钥密码算法的应用场景可分为四种类型。

（1）密钥对生成：生成"私钥＋相应公钥"的随机密钥对。

（2）密钥交换：通信双方交换会话密钥。

（3）加密／解密：发送方用公钥加密数据，接收方用自己的私钥解密数据。公钥加密算法的应用如图 4-16 所示。

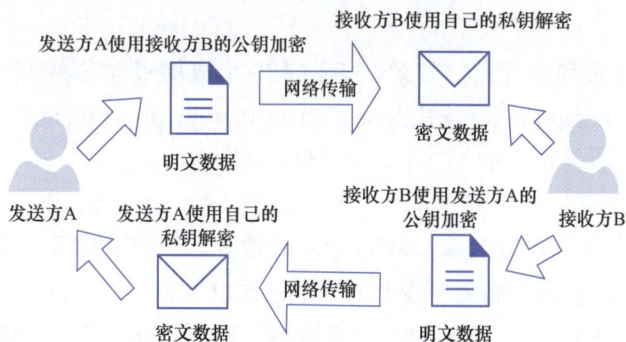

图 4-16　公钥加密算法的应用

（4）数字签名／消息认证：发送方用自己的私钥对消息进行签名，任何人都可以用公钥验证签名。

从图 4-16 可知，要加密从发送方 A 到接收方 B 的消息，发送方 A 和接收方 B 都必须创建自己的密钥对。发送方 A 和接收方 B 公开他们的公钥——任何人都可以获取公钥。当发送方 A 向接收方 B 发送消息 M 时，发送方 A 使用接收方 B 的公钥对 M 进行加密。

一旦收到 M，接收方 B 便使用自己的私钥对消息 M 进行解密。只要确保仅接收方 B 有接收方 B 自己的私钥，则可确保只有接收方 B 可以解密消息。这样不仅可以确保数据机密性，还可以确保数据完整性，因为若攻击者要修改数据，就需要拥有接收方 B 的私钥。因此，公钥加密可以保证数据机密性和完整性。

因为公钥可以公开，并且和私钥有数学上的对应关系，所以在理论上，所有的公开密钥的方案都容易受到"穷举密钥搜索攻击"。然而，如果攻击成功所需的计算量超出了所有潜在攻击者的能力范围，则这种攻击就是不切实际的。该计算量被香农称为"工作因子"。在许多情况下，工作因子可以通过简单地增加密钥长度来增大。就目前所知，针对 RSA 和 ElGamal 加密算法的特定攻击已经有文献表述，解密速度比穷举搜索快很多，但是尚未达到工程化可以使用的程度。

公钥密码算法依赖于解决特定数学问题的困难程度。而这种特定的数学问题一般用单向函数或更具体的陷门函数来表示。在计算机科学中，单向函数指给定任意一个输入，都很容易计算，但给定输出反推输入却很困难的函数。这里的"容易"和"困难"要从计算复杂度的理论意义上理解，特别是多项式时间问题的理论。不是所有的多对一的函数都是单向函数。

2. 椭圆曲线密码学

从使用场景上，椭圆曲线密码学（Elliptic Curve Cryptography，ECC）实现非对称密码系统的所有主要功能——加密、签名和密钥交换。

ECC 被认为是 RSA 密码系统的继承者。在相同级别的安全性下，ECC 使用的密钥和签名比 RSA 小，并且提供了非常快的密钥生成、快速的密钥交换和快速的签名。

ECC 根据有限域上椭圆曲线的数学原理，提供了相应的密码学算法。

（1）ECC 数字签名算法，如 ECDSA（用于经典曲线）和 EdDSA（用于扭曲的 Edwards 曲线）。

（2）ECC 加密算法和混合加密方案，如 ECIES 集成加密方案和基于 ECC 的 ElGamal 加密方案（Elgamal Encryption using Elliptic Curve Cryptography，EEECC）。

（3）ECC 密钥交换算法，如 ECDH、X25519 和 FHMQV。

所有这些算法都基于某种椭圆曲线（如 secp256k1、curve25519 或 p521）进行计算，并且依赖于椭圆曲线离散对数问题（ECDLP）的难度。所有这些算法都使用公钥/私钥对，其中私钥是整数，公钥是椭圆曲线上的一个点（EC 点）。

下面详细介绍有限域上的椭圆曲线。椭圆曲线并不像 RSA 算法依赖的素数因式分解那样完全属于中学课程，其部分内容相对而言比较难以理解。

在数学中，椭圆曲线属于平面几何曲线，由所有满足下述二元方程的 $\{x, y\}$ 组成：

$$Ax^3 + Bx^2y + Cxy^2 + Dy^3 + Ex^2 + Fxy + Gy^2 + Hx + Iy + J = 0$$

$$Ax^3 + Bx^2y + Cxy^2 + Dy^3 + Ex^2 + Fxy + Gy^2 + Hx + Iy + J = 0$$

椭圆曲线密码学使用一个简化版的形式：

$$y^2 = x^3 + ax + b$$

其中，a、b 两个参数的不同取值代表不同的椭圆曲线。

例如，secp256k1 曲线（比特币使用的曲线）基于下面的椭圆曲线实例：

$$y^2 = x^3 + 7$$

显然，a、b 两个参数的取值为 $a=0$，$b=7$。绘制出来的椭圆曲线样例如图 4-17 所示。

上述的椭圆曲线有一些很有趣的特性，在密码学中比较有用。

第一个特性是水平对称。也就是说，椭圆曲线上的任何一个点，其基于 X 轴的对称点也在曲线上。

第二个特性是任意一条直线穿过曲线，最多有 3 个交点。根据直线和曲线的位置，显然也可能有 0 ～ 2 个交点。只有出现 3 个交点的场景才能被椭圆曲线密码学利用。

椭圆曲线交点样例如图 4-18 所示。例如，选择合适的直线：

$$y = bx + c$$

与椭圆曲线有 3 个交点 A、B、C。

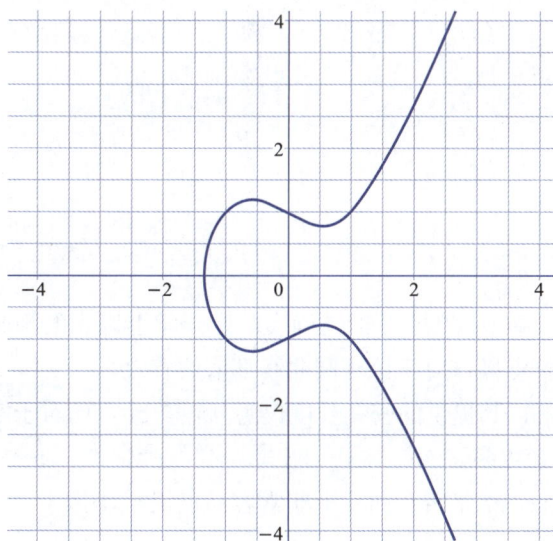

图 4-17　椭圆曲线样例

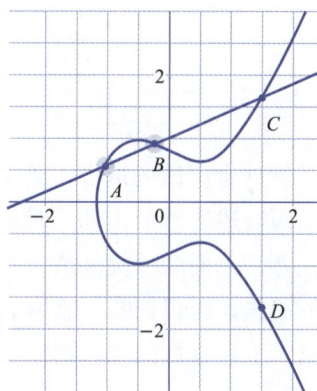

图 4-18　椭圆曲线交点样例

定义以下一系列操作：

（1）设交点 A 和交点 B 定义的直线和椭圆曲线的交点为 C。

（2）查找交点 C 相对于 X 轴的镜像交点 D。

该系列操作记为一次打点（dot）。使用操作符号 dot 表达，可以记为

$$A \text{ dot } B = D$$

该系列操作可以持续进行，如 $A \text{ dot } D = E$，$A \text{ dot } E = F$，……

数学上，给定打点的起点 A 和终点 Z，确定打点的次数（n 次）是非常困难的。但是，已知 n 次打点次数，计算每次打点则非常容易。假如观察者并没有观察每次的打点动作，而只能看到起点 A 和终点 Z，则无法计算出打点的次数 n。显然，这是个很不错的陷门函数。

如果第一步操作（交点 A 和交点 B 定义的直线和椭圆曲线的交点）计算得出一个交点 C 的坐标 $\{x, y\}$ 非常大，可能在密码学中难以应用。所以要把交点的几何位置限定在一定的范围内。假定挑选一个大素数作为最大值，这时的椭圆曲线称为"素数曲线（Prime Curve）"，并且有非常出色的密码学特性。

选择 $y^2 = x^3 - x + 1$ 曲线，选择素数 97，得到的素数曲线如图 4-19 所示。

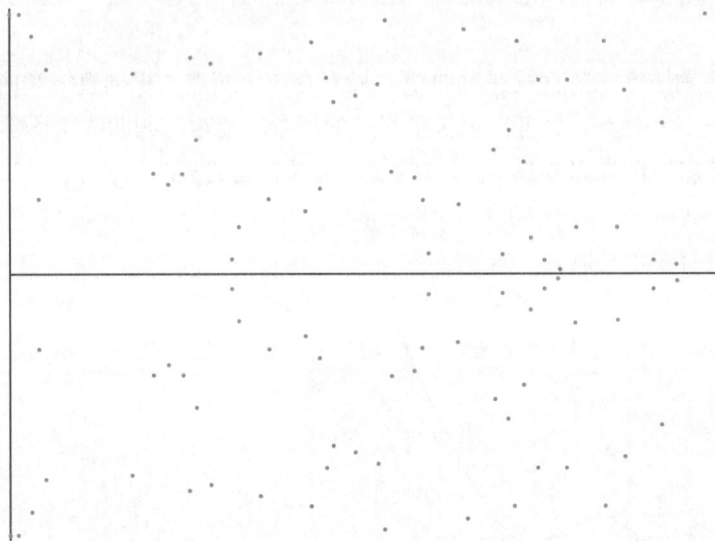

图 4-19　素数曲线简单示例

虽然这个离散的散点矩阵完全不像"椭圆曲线"，但是确实是密码学上用到的椭圆曲线。前面描述的基于 X 轴的对称性甚至打点操作对于该椭圆曲线都依然有效。

注意，上面的示例仅是为了方便理解，其提供的密钥长度仅为 6 ～ 7 bit。而对于实际使用的曲线，密钥长度一般为 256 bit 或者更多。

给定上述素数曲线，则确定某个点 $\{x, y\}$ 是否在曲线上非常容易，仅需计算

$$x^3 - x + 1 - y^2 \equiv 0(\mathrm{mod}\ 97)$$

即可。

经过取模运算，事实上，素数曲线包含的点是有限的。用数学语言描述就是，在有限域上的椭圆曲线可以形成一个有限循环代数群（简称循环群）。该循环群由曲线上的所有点组成。在该循环群中，将两个点相加或将一个点乘以一个整数，则结果是来自同一个循环群（在同一条曲线上）的另一个点。曲线的阶数是曲线上所有点的总数。点的总数还包括称为"无限点"的特殊点，该特殊点是将点乘以 0 得到的。

一些素数曲线形成单个循环群（包含所有点），而另一些素数曲线形成几个不重叠的循环子群（每个子群包含曲线的点的子集）。在第二种情况下，曲线上的点被分为 h 个循环子群（分区），每个子群的阶数为 r（每个子群拥有相等数量的点）。整个群的阶数为 $n = h \times r$（子群数乘以每个子群中的点数）。拥有点的子群的数量 h 称为辅因子（Cofactor）。循环子

群示意图如图 4-20 所示。

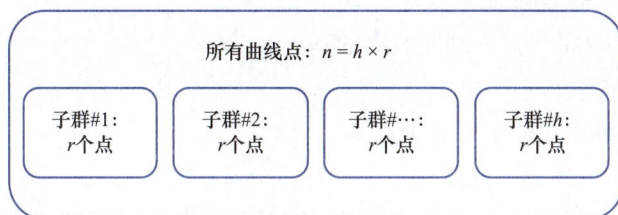

所有曲线点：$n = h \times r$

子群#1：
r 个点

子群#2：
r 个点

子群#…：
r 个点

子群#h：
r 个点

图 4-20　循环子群示意图

辅因子 h 可以表示为

$$h = n \div r$$

式中，n 是曲线的阶数，即曲线包含的点的个数；h 是曲线的辅因子，即互不重叠的子群的个数；r 是子群的阶数，即每个子群包含的点的个数。每个子群都需要包含无限点。

换句话说，椭圆曲线上的点位于一个或几个不重叠的子集中，即循环子群。子群的数量称为辅因子。所有子群中的总点数称为曲线的阶数，通常用 n 表示。如果曲线仅包含一个循环子群，则其辅因子 h 等于 1。如果曲线包含多个子群，则其辅因子大于 1。

常用的不同椭圆曲线算法中辅因子个数见表 4-5。

表 4-5　常用的不同椭圆曲线算法中辅因子个数

算　法	辅因子个数
Secp256k1	1
Curve448	4
Curve25519	8

对于有限域上的椭圆曲线，椭圆曲线密码系统定义了一个特殊的预定义（恒定）点，称为生成器点 G（基点），该点可以通过将 G 乘以在 $[0, r]$ 范围内的某个整数来生成椭圆曲线上子群中的任何其他点。r 称为循环子群的"阶数（子群中所有点的总数）"。

辅因子 $h=1$ 的曲线只有一个子群，该曲线的阶数 n（曲线上不同点的总数，包括无限点）等于子群的阶数 r。

当精心选择 G 和 n 且辅因子 $h=1$ 时，可以通过将生成器点 G 乘以 $[1, n]$ 范围内的整数，从生成器点 G 生成曲线上所有可能的点（包括特殊点无穷大）。整数 n 是曲线的阶数。

重要的是，从某些生成器点 G（可能与曲线的阶数不同）获得的子群的阶数 r 定义了该曲线所有可能的私钥的总数：$r = n \div h$（曲线的阶数 n 除以曲线辅因子 h）。密码学家精心选择椭圆曲线域参数（曲线方程、生成器点、辅因子等），以确保密钥空间足够大，从而足以保证一定的密码强度。

在椭圆曲线密码学中，将固定的生成器点 G 和一个整数 k 相乘，得到另一个点 P。其中，k 可以作为私钥，P 是 k 对应的公钥。

由此可以得出椭圆曲线密码学中的关键概念。

（1）有限域 F_p 上的椭圆曲线 EC。

（2）生成器点 G（常量，椭圆曲线上的基点）。

（3）k：私钥（整数）。

（4）P：公钥（椭圆曲线上的某个点）。

椭圆曲线密码学依赖的计算难点在于，计算 $P=k×G$ 非常迅速，而计算 $k=P÷G$ 则非常困难。这种不对称性（快速乘法和不可行的反向计算操作）是椭圆曲线密码学背后的安全强度（也称椭圆曲线离散对数问题，Elliptic-Curve Discrete Logarithm Problem ，ECDLP）的基础。

根据椭圆曲线离散对数问题计算的困难度，可以得出不同的椭圆曲线密码算法的安全强度。可以粗略地估计，n 位的精心设计的椭圆曲线算法提供 $n÷2$ 的密钥安全强度。因此，secp256k1 椭圆曲线算法（$p = 256$）提供近似 128 bit 的强度（精确数字为 127.8）。Curve448 椭圆曲线算法（$p = 448$）提供近似 224 bit 的强度（精确数字为 222.8）。

4.3.4　哈希算法

哈希算法是密码学提供的一类基础的算法，已在各类安全协议中被广泛使用。该类算法的输入为任意长度的比特串，输出为一个固定长度的比特串，常被称为哈希、哈希值或报文摘要（Message Digest），该类算法也常被称为摘要算法。对于特定消息，可以将摘要或哈希值视为消息的指纹，即消息的唯一表示。与其他加密算法不同，哈希算法本身没有密钥。

一般而言，哈希算法可以认为是将哈希函数应用于一系列的数据条目的程序。在这种含义上，哈希函数是数学上的抽象，而哈希算法是结合数据处理方式的实现。但是在很多场合，哈希算法和哈希函数两个术语经常混用。例如，NIST FIPS 180—4 标准在开篇中提道："本标准定义一系列安全哈希算法，SHA-1，SHA-224……所有这些算法都是迭代的单向哈希函数……"

哈希函数有两种。例如，计算机数据结构中常见的哈希表，一般其依赖的哈希函数为一种简单的算法。该类算法计算速度快，并且保证对于相同的输入数据可以产生相同的输出。但是，并不能完全保证两个相同的输出一定对应两个相同的输入。本节主要探讨另外一种哈希函数，即密码学安全的哈希函数，有时也称密码哈希函数（Cryptographic Hash Function）。

密码哈希函数具备如下关键的特性。

（1）非常难以修改消息且保持哈希值不变。

（2）非常难以得到指定哈希值对应的消息。

（3）非常难以找到两条拥有相同哈希值的不同消息。

第一个特性意味着加密哈希函数将展现出类似"雪崩效应"的变化。即使更改输入中的单个比特，也会在整个摘要中产生大量变化：摘要的每一比特都将有大约 50% 的机会翻转，这并不意味着每次更改都一定会导致大约一半的比特翻转，但是密码哈希函数可以确保非常大的概率。重要的是，这样很难碰撞或接近碰撞。

第二个特性意味着难以找到具有给定哈希值 h 的消息 m。该属性称为原像抗性（Preimage Resistance），有时也称不可逆性或隐秘性。这使得哈希函数成为一种"单向"函数：为给定消息计算哈希非常容易，但是为给定哈希计算消息则非常困难。

第三个特性是关于查找具有相同哈希值的消息的，这个特性有两种形式。在第一种形式中，给定消息 m，要求很难找到另一个具有相同散列值 h 的消息 m'：这被称为两重原像抗性（Second Preimage Resistance）。第二种形式的保密性更强，要求应该很难找到具有相同哈希值的任何两个消息 m 和 m'，这称为抗碰撞性。由于抗碰撞性是两重原像抗性的更强形式，因此这两种形式也可以被分别称为弱抗碰撞性和强抗碰撞性。

哈希算法在密码学中的用途是多种多样的：哈希算法是数字签名方案和消息身份验证码的基本组成部分。哈希算法还被广泛用于其他密码应用程序，如应用于存储密码或密钥派生。很多解决方案也大量用到密码哈希函数，如区块链。

在实现上，哈希算法采用给定长度的输入消息 M 并创建唯一的固定长度的输出消息。输出消息的固定长度通常为 128 bit 或 160 bit。单向哈希算法是哈希算法的变体，用于创建消息的签名或指纹，就像人的指纹一样具备唯一性。

形象的使用场景是，为了确保数据的完整性和真实性，发送方和接收方在消息发送之前和接收之后都使用相同的哈希算法对消息执行相同的哈希计算。如果对同一消息的两次计算产生相同的值，则该消息在传输过程中未被篡改。

哈希算法的报文摘要长度有多种标准，包括 160 bit（SHA-1 和 MD5）和 128 bit（MD2 和 MD4）。报文摘要哈希算法 MD2、MD4 和 MD5 由 Ronald Rivest 发明，而安全哈希算法（Secure Hash Algorithm，SHA）由 NIST 开发。这些哈希算法中最流行的是 SHA 和 MD5。表 4-6 列举了这些算法的更多详细信息。

表 4-6 哈希算法对比表

算　　法	摘要长度/bit	块长度/bit
SHA-1	160	512
MD5	160	512
HMAC-MD5	160（同MD5）	512（同MD5）
HMAC-SHA-1	160（同SHA-1）	512（同SHA-1）
RIPEMD	160	128

1. MD5

MD5 是 Ronald Rivest 在 1991 年设计的哈希函数，是 MD4 的扩展。该哈希函数输出 128 bit 摘要。多年来，密码学界已多次发现 MD5 的弱点。1993 年，Bert Den Boer 和 Antoon Bosselaers 发表了一篇论文，论证了 MD5 压缩功能的"伪碰撞"。Dobbertin 在以上研究的基础上进行了扩展，并能够为压缩函数产生碰撞。在 Dobbertin 的工作基础上，王小云、冯登国、来学嘉和于洪波在 2004 年的研究中证明，MD5 容易受到真实的碰撞攻击。对 MD5 用作数字签名场景的真实攻击是王小云等人在 2005 年提出的，在他们发表的论文中描述了两张不同的 X.509 证书拥有相同的数字签名，从而证明了 MD5 算法不再适用于数字签名场景。

因此，不建议使用 MD5 来生成数字签名。在新的密码系统的设计与实现中，也需要避免使用 MD5 作为基础哈希函数。但理论上，HMAC-MD5 用于消息身份验证场景时仍然是安全的。

多数编程语言的算法库都有常见密码学算法的封装。例如，Python 3 版本中，可以用下述的代码计算 MD5：

```
import hashlib
hashval = hashlib.md5（b"datasecurity"）.hexdigest（）
print（hashval）
```

2. SHA-1

SHA-1 是美国国家安全局（National Security Agency，NSA）设计的 MD4 系列中的另一个哈希函数，可产生 160 bit 摘要。和 MD5 算法一致，SHA-1 不再被视为数字签名的安全算法。许多软件和浏览器，包括谷歌浏览器，已经开始放弃对 SHA-1 签名算法的支持。2017 年 2 月 23 日，来自 CWI Amsterdam 和 Google 的研究人员在完整的 SHA-1 功能上产生了碰撞。

Python 3 版本中，可以用下述的代码计算 SHA-1：

```
import hashlib
hashval = hashlib.sha1（b"datasecurity"）.hexdigest（）
print（hashval）
```

3. SHA-2

SHA-2 指一系列哈希函数，包括 SHA-224、SHA256、SHA-384、SHA-512、SHA-512/224 和 SHA-512/256。其摘要长度分别是 224 bit、256 bit、384 bit、512 bit、224 bit 和 256 bit。这些哈希函数基于 Merkle-Damgard 结构，可用于数字签名、消息身份验证和随机数生成器。SHA-2 不仅比 SHA-1 性能更好，而且还因为提高了抗碰撞性，可以提供更好的安全性。SHA-224 和 SHA-256 设计用于 32 bit 寄存器，而 SHA-384 和 SHA-512 设计用于 64 bit 寄存器。SHA-512/224 和 SHA-512/256 是 SHA-512 的截短版本，同样使用 64 bit 摘要，其输出大小等于 32 bit 寄存器的变体（224 bit 和 256 bit 摘要，并且在 64 bit CPU 上有更好的性能）。表 4-7 给出了不同的 SHA-2 哈希算法的对比。

表 4-7　不同的 SHA-2 哈希算法对比表

算　法	消息长度/bit	块长度/bit	摘要长度/bit
SHA-224	<264	512	224
SHA-256	<264	512	256
SHA-384	<2128	1024	384

（续表）

算　　法	消息长度/bit	块长度/bit	摘要长度/bit
SHA-512	<2128	1024	512
SHA-512/224	<2128	1024	224
SHA-512/256	<2128	1024	256

Python 3 版本中，以 SHA-256 为例，可以用下述的代码计算：

```
import hashlib
hashval = hashlib.sha256（b"datasecurity"）.hexdigest（）
print（hashval）
```

针对 SHA-2 的攻击方式中，有学术论文指出，通过（伪）碰撞攻击和原像攻击可以降低 SHA-256 和 SHA-512 的轮数。当然，这些攻击仅降低轮数，不构成对该算法的工程意义上的完整攻击。

4. Keccak 和 SHA-3

Keccak 是由 Guido Bertoni、Joan Daemen、Michaël Peeters 和 Gilles Van Assche 设计的一系列哈希函数，并在 2012 年赢得了 NIST 的安全哈希算法竞赛。此后，Keccak 以 SHA3-224、SHA3-256、SHA3-384 和 SHA3-512 哈希函数的形式进行了标准化。

尽管 SHA-3 听起来与 SHA-2 很接近，但两者的设计却大不相同。SHA-3 在硬件实现上效率非常高，但与 SHA-2 相比，SHA-3 在软件实现上性能较差。

SHA-3 哈希函数在 Python 3.6 版中被引入，可以按以下方式使用：

```
import hashlib
hashval = hashlib.sha3_256（b"datasecurity"）.hexdigest（）
print（hashval）
```

4.3.5　身份认证技术

狭义上讲，身份认证指对用户的认证，即验证用户确实是他声称的身份。从广义上讲，身份认证包含对发起资源访问或操作的实体的认证。发起资源访问的实体可能是人，也可能是物理设备，或者是进程 / 软件服务，因此相应的身份认证也包含对人的认证、对服务的认证和对设备的认证，如图 4-21 所示。

针对不同的身份认证对象，以及不同的身份认证场景，需要采用不同的手段，以保证认证的准确性。

访问控制包含两个重要的组成部分：授权和鉴权。访问控制依赖于准确的身份认证。没有身份认证，也就没有访问控制和数据安全。

对人的认证，可以总结为三个维度，如图 4-22 所示。

（1）基于秘密的认证：只有用户知道的秘密，用以认证用户的身份。

（2）基于凭据的认证：基于用户拥有的某个物理或者数字的实体，认证用户的身份。

（3）基于生物特征的认证：基于"人"本身的外在或者内在的生物特征信息。

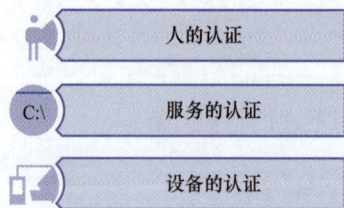

图 4-21　不同的认证对象

图 4-22　对人的认证的三个维度

1．基于秘密的认证

用户需要输入一个只有自己知道的秘密，来验证自己的身份。常见的基于口令的身份认证，即"基于秘密的认证"的一种表现形式。

当然，同样众所周知，基于口令的身份认证不够安全。这种脆弱性可能源于口令的重复使用（如在多个网站应用使用相同的口令）、弱口令（如"123456"或"qwerty"等）、不恰当的口令分享（如服务器的管理员将 root 的密码写成便签，贴到服务器上）、攻击者破解或猜测口令等。

2．基于凭据的认证

"凭据"即某种物理或者数字的实体，包含各类门禁卡、USB 智能卡、动态令牌（One Time Pad Token，OTP Token，又称"一次性密码令牌"）等。用户通过某种方式向鉴权方证明自己拥有该实体，从而证明自己的身份。

行业内也有对于基于硬件的身份认证协议进行统一的尝试，并取得了各互联网厂商和硬件厂商的广泛支持。例如 FIDO 联盟的身份认证协议支持基于硬件密钥的账号认证。

近年来兴起并频繁得到使用的手机短信验证码、二维码扫描登录等也属于"基于凭据的认证"的表现形式。用户通过证明拥有该手机号码，来间接证明自己的身份。一般而言，在需要访问敏感数据的身份认证场景中，基于凭据的认证很少单独使用。

3．基于生物特征的认证

生物特征指用户本人的内在或者外在的生物特征信息，如指纹、面部特征、虹膜纹路等。在生产和生活中常见的生物特征使用场景如下。

（1）人脸识别：通过比较和分析面部轮廓来测量人脸的独特图案。它不仅可以用于安全认证和执法，还可以用作身份验证及解锁智能手机和便携式计算机等设备。

（2）指纹扫描：捕捉手指上的独特图案。多种型号的智能手机和某些便携式计算机都将此技术用作解锁的一种凭据。

（3）虹膜识别：识别人的虹膜的独特图案。虹膜是瞳孔周围眼睛的彩色区域。虹膜识别在军事、政府机构和银行等高密级场景都有应用，在消费市场应用并不广泛。

（4）语音识别：与设备通话时，测量语音中独特的声波。银行可能会在客户致电时使用语音识别来验证客户的身份，一些品牌的智能音箱也可以通过语音识别判断使用者的身份。其他的应用场景包含 Windows 支持 Windows Hello 语音识别用于登录。

无密码身份认证作为一种新型的身份认证方式，在安全性和易用性上有突出的优势。手机软令牌，如微软验证器（Microsoft Authenticator）和谷歌验证器（Google Authenticator）是无密码身份认证的一种方式。微软验证器如图 4-23 所示。

其他无密码身份认证方式还包含基于邮箱的认证、基于短信（SMS）的认证。其基础理念是凭借某种已经被认证的身份来认证用户。例如，基于邮箱的认证，用户已经被证明是该邮箱的用户，即拥有互联网上的某种数字身份。

广义上，基于生物特征的身份认证，如指纹认证后可以解锁手机，如果单独使用，也属于无密码身份认证的范畴。

微软公司发布的《不需要密码的保护》（*Password-less Protection*）白皮书指出，不同认证方式在安全性和便利性上各有不同。无密码身份认证在安全性方面远高于密码认证，在便利性方面远高于"密码 + 双因子"认证。不同认证方式的对比如图 4-24 所示。

图 4-23　微软验证器

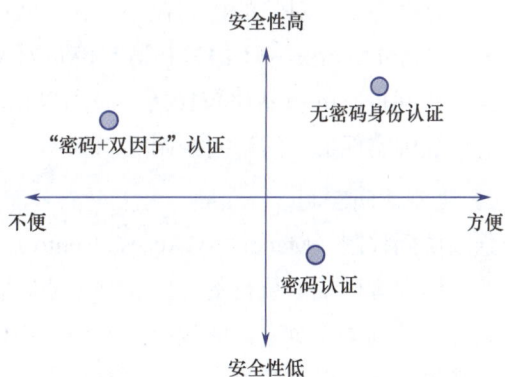

图 4-24　不同认证方式的对比

第二种是对服务的身份认证。此处的服务泛指通过接口向外部提供服务的软件实体。服务与用户的认证对象不同，认证方式也有不同。一般通过两类措施，来实现服务的身份认证。其一是基于数字证书的身份认证，其二是通过数字签名，以保证服务于可信的发行商/开发者。两类措施的实现都涉及数字证书这一基础概念。

数字证书将一个实体（如个人、组织或系统）绑定到一对特定的公钥和私钥上。可以将数字证书视为验证个人、系统或组织身份的电子凭证。

各种类型的数字证书可用于多种用途，如以下几种数字证书。

（1）用于签名电子邮件的安全多用途互联网邮件扩展（S/MIME）数字证书。

（2）用于验证网络连接的安全套接字层（Secure Sockets Layer，SSL）和互联网安全协议（Internet Protocol Security，IPSec）数字证书。

（3）用于登录个人计算机的智能卡数字证书。

多数的数字证书使用 X.509 标准。该标准由因特网工程任务组（Internet Engineering Task Force，IETF）制定。

对设备的身份认证类似于对服务的身份认证。在软件版本升级、近端设备之间互联等场景中，需要认证设备的身份。设备的身份认证一般采用给设备颁发数字证书的方法实现。多数现代设备可能部署多个数字证书，应用于不同的场景。

4.3.6　访问控制技术

访问控制可分为自主访问控制、强制访问控制和基于角色的访问控制（RBAC），以及后来出现的基于属性的访问控制。

1.　自主访问控制

自主访问控制（Discretionary Access Control，DAC）是一种基于身份的访问控制策略，它由对象的所有者组和 / 或主体确定的访问策略授予或限制对于对象的访问。之所以称为"自主"，是因为主体（所有者）可以将经过认证的对象或信息访问转移给其他主体。换句话说，所有者决定了对象的访问权限。在实践中，自主访问控制通常是通过访问控制矩阵（Access Control Matrix，ACM）和访问控制列表（Access Control List，ACL）实现的。

自主访问控制的机制比较灵活，应用也比较广泛，如 Windows、UNIX 等。它是目前计算机系统中实现最多的访问控制机制。

2.　强制访问控制

强制访问控制（Mandatory Access Control，MAC）是由中心化的权威实体定义，对系统内的主体和客体统一执行的访问控制策略。它由系统按照既定的规则，如主体和客体的安全属性，控制主体对客体的权限及操作。主体无权改变访问控制的规则，不能将其权力传递给其他主体，也无权改变与主体或客体相关的安全属性。

在系统中，主体通常是一个进程或线程。客体可以是文件、目录、TCP/UDP 端口、共享内存段、I/O 设备等。主体和客体都具有一组安全属性。每当一个主体试图访问一个客体时，由系统内核执行的授权规则会检查这些安全属性，并决定是否可以进行访问。数据库管理系统也可以采用强制访问控制。在这种情况下，客体是数据库系统中的表、视图、存储过程等。

多级安全（Multi-Level Security，MLS）是强制访问控制的一种。其借鉴了军事上的概念，将文档的安全级别分为四级：绝密级（Top Secret）、秘密级（Secret）、机密级（Confidential）和未分类级（Unclassified）。系统中的所有主体和客体都被分配了安全标签，以标识其安全级别。基于 MLS 的常用安全模型有 Bell-LaPadula 安全模型和 Biba 安全模型，分别侧重于保证数据的机密性和完整性。

传统的强制访问控制机制，特别是基于层级的 MLS 和基于分类的多类别安全（Multi-Category Security，MCS）方式，其配置缺乏灵活性，常用于军事系统或专用系统，对于通用型系统，在使用上存在效率不高、控制困难等难点。

3. 基于角色的访问控制

基于角色的访问控制（Role-Based Access Control，RBAC）是通过对角色的访问所进行的控制。角色就是一个或一群用户在组织内可执行的操作的集合。每个角色与一组用户以及属于该角色的用户可以被授权与执行的相关动作相关联。由于权限与角色相关联，用户只有成为适当角色的成员才能得到其角色的权限。角色由系统管理员定义，权限也由系统管理员来执行，并且强加给用户。权限不能自主转让，所以基于角色的访问控制是非自主型访问控制。

基于角色的访问控制具有便于授权管理，降低管理开销，便于根据工作需要分级、职责分离，便于赋予最小特权，便于客体分类及文件分级管理等优势，多用于大型的组织和企业，能够提高企业安全策略的灵活性。基于角色的访问控制与传统访问控制的结构区别如图 4-25 所示。

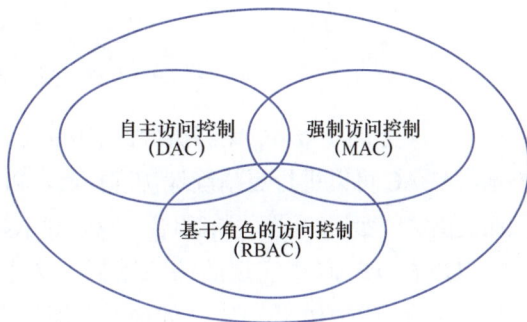

以上三种访问控制并非互相排斥，可以综合应用。当产生冲突时则需要权威实体协调。访问控制的关系如图 4-26 所示。

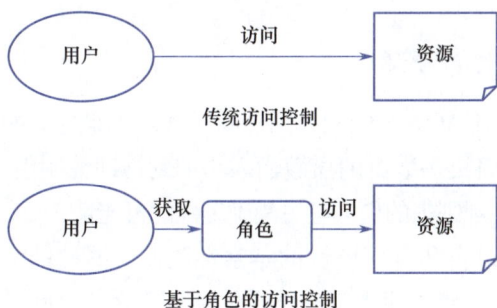

图 4-25　基于角色的访问控制与传统访问控制的结构区别　　图 4-26　访问控制的关系

4. 基于属性的访问控制

基于属性的访问控制（Attribute-Based Access Control，ABAC）的概念已经存在了很多年。传统上，访问控制基于用户的身份（角色或所属的组），判断是否允许用户的资源访问请求。鉴于需要将功能直接与用户或其角色或组相关联，这种访问控制通常很难管理。此外，请求者的身份、组和角色限定符通常不足以表达实际的访问控制策略。一种替代方法是基于用户的任意属性和对象的任意属性，以及可能被全局识别并与当前策略更相关的环境条件来授予或拒绝用户请求。这种方法通常称为基于属性的访问控制。

ABAC 作为一种逻辑访问控制模型，它通过根据实体（主体和客体）、操作和与请求相关的环境的属性评估规则来控制对对象的访问。基于属性的访问控制如图 4-27 所示。

当发生一次访问请求时，"基于属性的访问控制策略"模块评估属性和访问控制规则，以提供访问控制决策。在 ABAC 的基础形式中，"基于属性的访问控制策略"模块包含策略决策点（PDP）和策略执行点（PEP）。

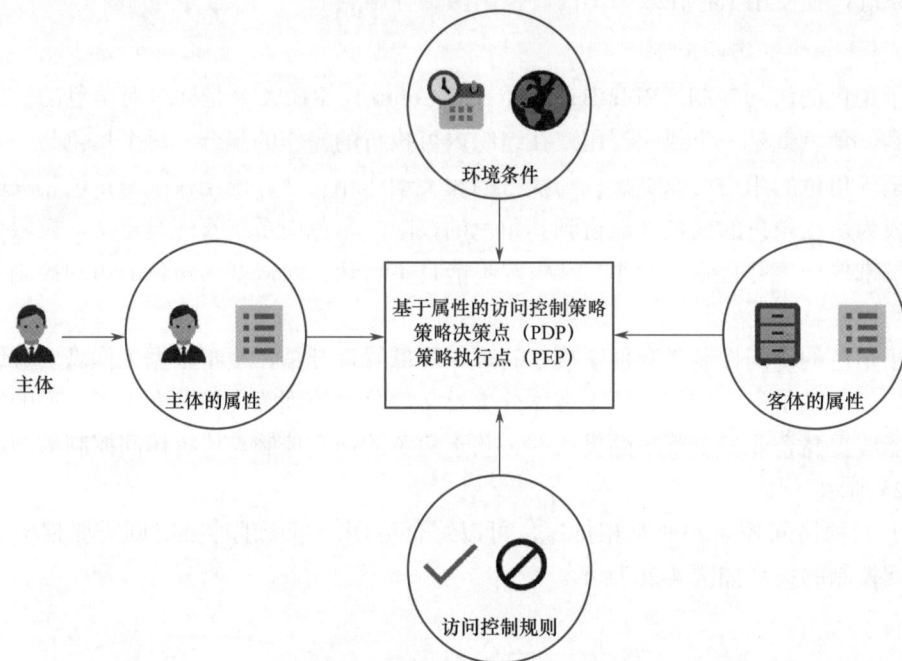

图 4-27　基于属性的访问控制

从广义上讲，ABAC 能够执行自主访问控制（DAC）和强制访问控制（MAC）概念。额外地，ABAC 可以进行更精确地访问控制，可以将更多数量的离散输入添加到访问控制中，从而提供这些变量的更多可能组合，反映表示策略规则集的更大且更具确定性的可能性。

可以在 ABAC 中实现的访问控制仅受计算语言和可用属性的丰富性限制。属性的灵活性使最大范围的主体可以访问最大范围的客体，而无须指定每个主体和每个客体之间的单独关系。例如，受雇者在受雇时被分配了一组主体属性（如南希·史密斯是心脏病科的执业护士）。在创建对象的同时，将为其分配对象属性（如带有"心脏病科患者医疗记录"客体属性的文件夹）。

客体可能直接从创建者那里接收其属性，也可能是自动扫描工具的结果。客体的管理员或所有者使用主体和客体的属性来创建访问控制规则，以控制允许的功能集（如心脏病科的所有执业护士都可以查看心脏病科患者的医疗记录）。在 ABAC 访问控制模式下，可以通过简单地改变属性值来改变请求之间的访问控制，而不改变定义底层规则集的主体／客体关系。这就提供了更动态的访问控制管理功能，并弱化了客体保护的运维要求。

此外，ABAC 访问控制使客体所有者或管理员无须事先了解特定主体就可以应用访问控制，事实上可能有无数个主体需要访问。随着新主体加入组织，规则和客体无须修改。

只要为客体分配访问所需客体所必需的属性（如向心脏病科的所有护士，分配了这些属性），就无须修改现有规则或客体属性。这种好处通常被称为容纳外部（未预期的）用户，并且是使用 ABAC 访问控制的主要好处之一。

当 ABAC 在企业中部署时，其有效性和安全性依赖于主体和客体属性的准确性、访问控制的自动化，以及与现有 IT 系统的有效集成。

除基本的策略，以及属性和访问控制机制要求外，部署 ABAC 访问控制系统的组织还必须支持相应的管理功能，以用于企业策略开发和分发、企业标识和主体属性、主体属性共享、企业对象属性、身份验证及访问控制机制的部署和分发。这些功能的开发和部署需要仔细考虑许多因素，这些因素会影响企业 ABAC 解决方案的设计、安全性和互操作性。这些因素可以围绕以下一系列活动进行总结。

（1）建立实施 ABAC 的业务案例。

（2）了解操作要求和整体企业架构。

（3）建立或完善业务流程以支持 ABAC。

（4）开发和获取一套可互操作的功能。

（5）高效运营。

NIST SP 800—162《基于属性的访问控制（ABAC）定义和注意事项指南》对 ABAC 做了深入而详尽的介绍，可以帮助规划人员、架构师、管理人员和实施人员选择、引入和部署合适的 ABAC 系统。

4.3.7 可信计算技术

现代的计算设备中均包含多种多样的硬件、固件和软件部件，根据抽象的观点，可以将其分为很多层。当前，很多安全和保护机制存在于软件中，并且无条件地信任其底层构筑是安全可靠的。这些组件的任何一个漏洞，都可能影响依赖于它及上层组件的安全机制的可信度。因此，将安全机制构筑在信任根（Root of Trust，RoT）的基础上，并通过逐层构筑信任，从而实现更强的安全保证。

信任根是执行特定关键安全功能的具备高可靠性的硬件、固件或软件部件。信任根是信任基础，也是其他部件派生安全功能的依赖，必须通过设计确保安全。多数的信任根都是基于硬件实现的，在软件层面无法篡改，因此在一定程度上可以防御恶意软件。信任根为建立系统的安全性和信任关系提供了坚实的基础。

良好的密码学与密钥管理的工程实践，需要以硬件作为信任基础，并逐层构筑安全架构，最终保障数据安全。

常见的两种不同类型的硬件安全设备，分别适用于不同的应用场景。

（1）硬件安全模块（Hardware Security Module，HSM）：一个独立的硬件设备，通常部署在网络中，为云服务、网络服务和数据库存储、PKI（公钥基础设施）等提供密码学和密钥管理的服务。

（2）可信平台模块（Trusted Platform Module，TPM）：一个独立的芯片，可以嵌入个人计算机或服务器、网络设备、移动终端设备中，并提供密码学和密钥管理服务。

如果不使用硬件安全模块，普通操作和加密操作都会在相同的计算环境中进行，攻击者可能访问普通业务逻辑数据及诸如密钥和证书之类的敏感信息。在极端情况下，攻击者可以安装任意证书、扩展未经授权的访问、更改代码、解密敏感数据等。

在云计算场景下，云服务提供商大多支持基于硬件安全模块（HSM）提供密钥管理及与加密解密相关的安全服务。

在现代的各类智能设备（如便携式计算机、台式计算机、智能手机、物联网设备）中，经常会嵌入硬件安全芯片［如可信平台模块（TPM）］，或者使用基于 CPU 的逻辑安全隔区［如可信执行环境（Trusted Execution Environment，TEE）等］作为硬件的信任基础。

1．硬件安全模块（HSM）

硬件安全模块（HSM）是一种独立的硬件加密设备，一般部署在数据中心或机房中，也有部分插卡形式的 HSM，通过 SCSI、USB 端口等连接到服务器。

HSM 使用物理安全措施、逻辑安全控制和强大的加密功能来保护传输中、使用中和静止时的敏感数据。

作为一种专用加密设备，HSM 用于在密钥的生命周期中管理和保护密钥，并提供加密和解密的功能，以实现身份验证、数字签名、敏感数据保护等业务。为支撑密钥的创建和保护，一些 HSM 还提供真随机数发生器、可信时间源等功能。

作为安全性要求极高的设备，HSM 在设计时考虑了很多相关因素。

（1）建立在经过认证、良好测试的专用硬件之上。

（2）运行以安全性为重点的操作系统。

（3）整个设计可主动保护和隐藏密码信息。

（4）通过内部规则严格控制的仲裁接口，限制对网络的访问。

加密是 HSM 的核心功能，且是使敏感数据无法被非授权访问的过程。安全解密和消息身份验证也是 HSM 功能的一部分。随机数用于创建加密密钥，对于加密过程至关重要。只要拥有加密密钥，解密敏感信息就非常容易。因此，在安全环境中存储加密密钥至关重要。

硬件安全模块生成并存储在各种设备之间使用的加密密钥。它使用硬件真随机数生成器（TRNG）来创建熵并生成高质量的随机密钥。大型组织可以同时运行多个 HSM。无论部署一个还是多个，任何基于外部法规监管要求和内部安全策略的、主流的、集中式密钥管理系统都可以提高安全性和合规性。

HSM 作为保护 IT 基础设施和应用程序的关键功能，通常需要经过国际标准认证和国家标准认证，如 FIPS 140 或通用标准（CC）。标准认证也可以确保用户产品和加密算法的设计和实现的合理性。FIPS 140 的安全性可以达到的最高认证级别是安全性级别 4。金融行业的用户通常会根据支付卡行业安全标准委员会的金融支付应用程序中对 HSM 的定义来验证 HSM 的安全性。

HSM 可能具有防篡改功能。例如，硬件安全模块可以显示可见的日志记录和警报迹象，或者如果记录被篡改，则可能变得无法操作。一些 HSM 可以在检测到篡改后删除密钥。硬件安全模块通常受到防篡改或响应篡改的封装保护，并且包含一个或多个密码处理器芯片或芯片组合以防止总线探测和总线篡改。

HSM 通常可以集群化以实现高可用性，因为它们通常是关键任务基础设施（如在线银行应用程序或公钥基础设施）的一部分。一些硬件安全模块可实现业务连续性并符合数据中心环境的高可用性要求。例如，它们可以具有可现场更换的组件或双电源功能，以确保发生灾难时仍然可用。

从应用场景上，使用密钥的任何应用程序都可以使用硬件安全模块。如果密钥的泄露会引起严重的负面影响，则采用 HSM 的价值才能最大化。

HSM 的关键应用场景如下。

（1）对于证书颁发机构（CA），HSM 提供加密密钥生成和安全密钥存储，特别是对于主密钥或最敏感的根密钥。

（2）在 PKI 环境中，注册机构（RA）和证书颁发机构可以使用 HSM 生成、管理和存储非对称密钥对。

（3）验证存储在相对不太安全的位置（如数据库）中的敏感数据的完整性，并支持敏感数据的加密存储。

（4）对磁带或磁盘等存储设备的密钥及数据库的透明数据加密密钥进行管理。

（5）为敏感信息（包括加密密钥）提供物理和逻辑保护，以防止未经授权的使用、泄露和潜在攻击。

（6）一些 HSM 系统提供 SSL 连接的硬件加密加速，从而显著降低 CPU 负载。现在，大多数 HSM 都支持椭圆曲线密码学（ECC）。尽管 ECC 的密钥长度较短，但它提供了更高强度的加密。

（7）对于性能至关重要且必须使用 HTTPS（基于 SSL/TLS 协议）的应用程序，通过 SSL 加速 HSM，可以将 RSA 操作从主机 CPU 重定向到 HSM 设备。

（8）银行硬件安全模块或卡支付系统硬件安全模块是在支付卡行业中应用的专用 HSM。这些 HSM 既支持典型的硬件安全模块功能，又支持进行合规性处理和行业标准交易的专用功能。

（9）HSM 可用于数字货币钱包的加密。

2．可信平台模块（TPM）

可信平台模块（TPM）既可以指 TPM 国际标准（也称 ISO/IEC 11889），也可以指符合 TPM 标准的安全芯片，需要根据上下文确定其含义。ISO/IEC 11889 定义了安全密码处理器（一种专用微控制器），旨在通过集成的密码密钥来保护硬件和软件。

TPM 标准由可信计算工作组（Trusted Computing Group，TCG）创建并维护，并于 2009 年由国际标准化组织（ISO）和国际电工委员会（IEC）标准化为 ISO/IEC 11889。

TPM 1.2 版本的最新修订版于 2011 年 3 月 3 日发布。涵盖其关键组成部分的 TPM 2.0 版本于 2016 年 9 月 29 日发布，并于 2018 年 1 月 8 日修订。

TPM 安全芯片，指符合 TPM 标准的安全芯片，一般集成于主流的便携式计算机、平板电脑和其他各类终端设备中。

可信平台模块安全芯片提供如下功能。

（1）专用硬件加密加速器和真随机数生成器（TRNG）：这两个部件对于加密功能的性能功耗，以及产生加密功能所需的熵级别是必需的。

（2）安全生成密钥的设施。

（3）远程证明：创建几乎不可伪造的硬件和软件配置的哈希摘要，从而使第三方可以验证软件是否被篡改。

（4）绑定：使用 TPM 绑定密钥（存储密钥派生的唯一 RSA 密钥）加密数据。

（5）密封：类似于绑定，但它可以指定要解密（未密封）的数据的 TPM 状态。

（6）其他可信计算功能。

计算机程序可以使用 TPM 来验证硬件设备，因为每个 TPM 芯片在生产时都会烧入唯一且保密的认可密钥（Endorsement Key, EK）。与纯软件密钥解决方案相比，将安全性嵌入硬件级别可为系统提供更多的保护。

TPM 的应用场景包含保证平台的完整性、磁盘加密和密码保护。

针对平台的完整性保护场景，"完整性"表示"符合预期"，并且"平台"可以是任何计算机设备，无论其操作系统如何。这是为了确保引导过程从受信任的硬件和软件组合开始，并一直持续到操作系统完全引导、应用程序启动和运行。

使用 TPM 保证上述完整性的责任在于固件和操作系统。例如，统一可扩展固件接口（UEFI）可以使用 TPM 形成信任根：TPM 包含多个平台配置寄存器（PCR），以用于安全存储和报告安全性相关指标。这些指标可用于检测对先前配置的更改。例如，Linux 统一密钥设置（LUKS）和 Windows BitLocker 磁盘加密工具都支持以 TPM 作为信任根。

TPM 用于平台完整性的另一个示例是可信执行技术（Trusted Execution Technology, TXT），它创建了信任链，可以远程证明计算机正在使用指定的硬件和软件。

针对磁盘加密场景，全盘加密应用程序（如 dm-crypt 和 BitLocker）可以利用 TPM 保护加密存储设备的密钥，并为包括固件和引导扇区在内的受信任的引导路径提供完整性验证。

针对密码保护场景，操作系统通常要求进行身份验证（涉及密码或其他方式）以保护密钥、数据或系统。如果仅在软件中实施身份验证机制，则密码的验证容易受到字典攻击。TPM 是在专用硬件模块中实现的，内置了字典攻击防范机制，可以有效防止猜测或自动字典攻击，同时仍允许用户进行足够且合理的尝试次数。

3．可信执行环境（TEE）

随着互联网的飞速发展，移动设备的使用已涉及工作生活等多个方面。但移动生态系统的开放性导致数据被窃取、身份被盗用的风险迅速增加。众所周知，移动生态系统中，移动应用程序的数量呈指数级增长，而移动应用程序的质量良莠不齐，甚至部分恶意应用程序可能在没有授权的情况下将敏感数据发送给不受信任的第三方。而现代的移动设备上的丰富连接（如 Wi-Fi、蓝牙、NFC）在为用户带来丰富体验和便利功能的同时，也为网络攻击和用户数据的外传开辟了大门通道。

此外，移动设备在人们的生产和生活中发挥着越来越重要的作用，不仅可以存储一般的个人数据（如通讯录和短信），还可以存储个人金融和支付数据、社交媒体数据等。移动设备还经常被用作在线身份验证工具或作为其他身份验证因素，以访问高度敏感的域和资源。由于用户无意或恶意的行为，恶意软件可能会入侵移动设备。此外，诸如越狱、刷机和不信任应用程序的加载之类的操作也会导致设备被损坏，或者影响数据的安全性。用户经常关闭移动设备的安全更新，也使移动设备容易成为被攻击的目标。

移动操作系统（OS）的多样性和操作系统平台安全功能的各种机制，使应用程序提供商对应用程序安全性的管理变得更加复杂。传统的基于软件的保护技术很难抵御当前的安全漏洞、木马、病毒和恶意软件。基于芯片的解决方案，如安全元件（Security Element），也可以为敏感代码和数据提供出色的保护，但是，除增加额外的成本外，基于芯片的解决方案的安全性也有场景上的局限。例如，数字版权保护和消费类设备的企业应用程序可能需要更大、更快速的安全存储空间，或者需要更多的对外围设备的安全访问。可信执行环境（TEE）可作为这些场景的备选方案。

TEE 的原型和概念是德州仪器（Texas Instruments）等机构在 2004 年提出的，当时称为"通用信任环境"。在 2006 年，ARM 组织开发了 Trust Zone 技术。

随后，TEE 逐渐走向行业标准化。2006 年，开放移动终端平台组织（Open Mobile Terminal Platform，OMTP）发布了一套可信执行环境标准，并在 2008 年做出修订。

自 2010 年以来，全球平台（Global Platform）国际标准组织一直代表行业负责推动 TEE 标准化。Global Platform 发布了许多与 TEE 相关的规范，并提供 TEE 功能和安全认证计划，向应用和软件开发人员及硬件制造商提供认证，以确保 TEE 产品符合 Global Platform 规范。

TEE 较早的商业案例出现在 2011 年。Netflix 通过安全的数字版权管理来管理并保护智能手机和平板电脑上的高清内容。内容所有者（如电影制片厂）需要在硬件安全的支持下，才允许服务提供商在 Android 移动设备上显示高清内容。只有 TEE 才能满足此业务案例的所有要求，尤其针对以下要求。

（1）极高的计算能力（实时下载、解密和显示流媒体内容）。

（2）独立于硬件的内容解密和处理。

（3）与硬件无关的内容显示（通过对外设输出的安全访问）。

（4）硬件保护的敏感数据（如解密密钥和许可证文件）的安全存储。

（5）数据和应用的隔离（数据不能被其他应用程序复制或拦截）。

（6）标准化的 API（应用程序可移植性）。

TEE 随后被广泛应用于金融、支付、多媒体、雇员自带设备甚至是物联网（IoT）应用等多种场景。

Global Platform TEE 最初的目标是构建手机等移动设备上的可信环境，以支持数字版权管理、安全支付等应用。随后，其他消费类电子设备也逐渐出现对类似功能的诉求，如智能电视、智能音箱甚至是无人机。

TEE 安全性的基本原则是 TEE 与移动设备的操作环境之间的硬件隔离。如图 4-28 所示的 TEE 三层架构中，显示了富操作系统应用环境（也称富执行环境或 REE）和 TEE 的关系。Global Platform 规范要求通过基于硬件的系统将 TEE 与 REE 分开，但是并不要求 TEE 采用硬件的独立芯片，因此，基于硬件的安全性不会影响硬件成本和效益。

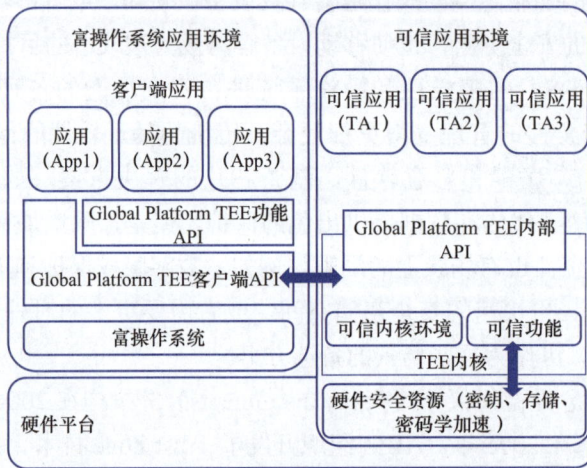

图 4-28　TEE 三层架构

TEE 可以运行多个应用程序，这些应用程序称为受信任的应用程序或可信应用（Trusted Application，TA）。REE 中的应用程序通过 TEE 客户端 API 向 TA 发送命令和请求，TEE 客户端 API 通过硬件系统连接到 TEE 通信代理（见图 4-29 中的水平箭头）。TEE 通信代理通过 TEE 内部 API 将这些命令和请求转发到 TA。

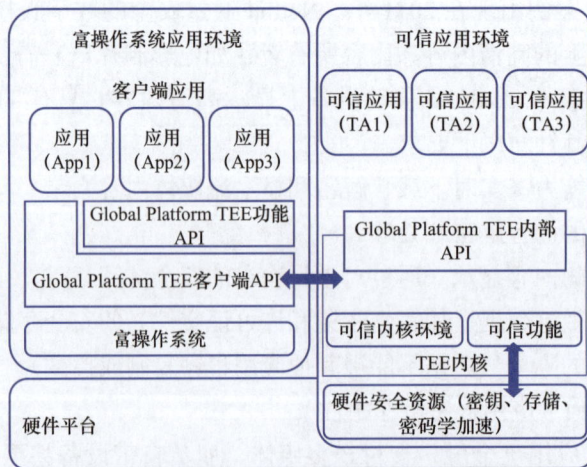

图 4-29　TEE 三层架构

TEE 中的受信任操作系统可以通过可信驱动程序连接到硬件安全资源，如触摸屏、键盘、摄像头、安全存储、其他外围设备（参见图 4-29 中的垂直箭头）。可以使用两种类型的外围设备。

（1）仅 TEE 可以访问的外围设备（如安全存储和生物识别传感器）。

（2）与富执行环境共享的外围设备（如屏幕和键盘）。

共享外围设备和 TA 的连接不需要经过富执行环境，所有进出共享外围设备的通信对 TEE 都是安全和保密的。

Global Platform 规范要求通过硬件平台保护将 TEE 与 REE 分离。TEE 提供者可以在 REE 和 TEE 系统（如 Trust Zone）上使用相同的处理器和内存，并在设备的主硬件平台或主处理器上运行 TEE 实例。当然，TEE 提供者也可以使用单独的处理器和单独的资源。

应用的开发者需要存储、传输和处理敏感数据或个人数据时，需要充分考虑基于风险的评估，以确定安全需求。例如，一个天气预报的应用程序可能不涉及个人数据，但是移动支付应用程序则会涉及支付凭证和身份验证信息之类的敏感信息。达到安全需求的一种选择是使用操作系统提供的数据加密和访问控制、文件隔离功能。但在很多场景下，这种安全保障并不足够。此时，TEE 成为一种基于硬件保护的安全受信任环境解决方案。安全元件（SE）是另一个达到安全需求的备选选择，它能够安全地托管应用程序及其相关的机密数据（如密钥）。安全元件的一个示例是支付卡中的芯片，其中存储了 EMV 应用程序和数据。采用安全元件可以使部分安全评估和认证更容易，但是安全元件芯片的存储空间有限、运算速度慢，对于需要图形显示和快速用户交互的应用程序并不适用。

TEE 的应用场景也存在多种不足。显而易见，类似于支付卡上的芯片，TEE 嵌入在设备中，这意味着必须在设备出厂之前将 TEE 集成到设备中。而且，与通常在交付给客户之前嵌入并加载应用程序和数据的支付卡不同，嵌入式 TEE 的设备通常是消费者拥有的设备，可能需要在其上远程安装应用程序和数据。因此，加载数据的过程具有复杂的安全性要求。例如，远程证明该设备的真实性，并实现安全的数据传输和 TA 的远程管理。为实现这一目标，TEE 产业生态的上下游必须协同合作，如 TEE 提供商必须直接与芯片组制造商和设备制造商合作。

大多数 Android 智能手机和平板电脑采用的主芯片都支持 TEE 环境。但是，安全的 TEE 操作系统的集成由设备制造商完成，不同的企业有自己的实现方式，如华为海思的 iTrustee、高通的 QSEE、ARM 平台上的 Trustonic。尽管 Global Platform 规范定义了 TEE 实施的预期功能，但并非所有制造商都完全采用。在很多非 Android 设备上，这些功能不对第三方开放，如 iPhone 提供了类似的安全隔区。这种做法在一定程度上不利于 TEE 安全执行环境的标准化与普及。

安全模块（HSM）、可信平台模块（Trusted Platform Module，TPM）和可信执行环境（TEE）的实现和适用场景各不相同。

HSM 是专门用于提供加密操作的外部物理设备，通常在接收明文时，使用持有的密钥对其进行加密，然后返回密文（加密的文本），从而使操作系统无须接触加密密钥。与 TPM 一样，HSM 也设计了旨在检测和阻止物理篡改的功能，这使秘密数据的存储更安全。与 TEE 相比，HSM 通常提供更高级别的保护，但它们是主 CPU 和主板之外的独立硬件，一般通过 PCI 总线甚至网络连接的方式访问。

TPM 是一种安全芯片，通过内嵌的密钥来提供硬件的信任根。该密钥甚至可以抵御一些物理方式的攻击，如侧信道攻击尝试发现密钥，撬开 TPM 芯片封装直接读取密钥，或者将 TPM 从焊接到的计算机主板中移除以破解加密保护。TPM 的设计目的并非提供常规的安全计算能力。它提供一些慢速的基础计算功能，如生成随机密钥，使用其内嵌的密钥或者生成的密钥对少量数据加密。TPM 也可以用于度量系统组件的完整性并支持安全启动。

可以在 TEE 中实现 TPM 的许多功能，但是在 TEE 中创建"完整"TPM 实现是没有意义的：TPM 的关键用例之一是安全启动，而 TEE 更多是提供运行期的处理环境。与 TPM 不同，TEE 没有硬件的信任根。TPM 的功能也需要满足可信计算组（Trusted Computing Group，TCG；负责 TPM 的标准）的要求，该要求比 TEE 的标准要求更严格。

所有 TEE 实例和某些 HSM（取决于型号）都可以提供对于通用计算任务的处理能力或针对特定用途进行编程（如 PKCS ＃ 11 模块）。对 HSM 进行编程的工作通常非常困难且需要非常有经验。与 TEE 相比，HSM 的成本很高（通常至少数万元），而 TEE 的成本在正常价格的芯片组范围内。

对 TEE、TPM 和 HSM 概括如下。

（1）TEE 提供通用的处理环境，它们内置在芯片组中。

（2）TPM 提供了信任的物理根，支持对其他组件的度量和安全启动功能，但处理能力有限。它们是许多计算机中内置的廉价芯片。

（3）HSM 提供了一个安全的环境来存储机密信息和数据。它们是昂贵的外部设备，通常需要专门知识才能正确使用。

表 4-8 展示了硬件可信设备（HSM、TPM 和 TEE）的对比。

表 4-8　硬件可信设备的对比

设 备 类 型	处 理 能 力	复 杂 度	成　　本
HSM	中	极高	高
TPM	差	中	低
TEE	中	高	无（内嵌）

有一个形象的比喻可以方便理解三者的差异。一个安全设备你可能拿不动，或者拿的时候可能不小心就会砸到脚，那这个安全设备是 HSM。如果能在主板上看到一块芯片，那可能是 TPM。如果肉眼看不到芯片，那可能是 TEE。

4.4　数据生命周期技术应用

数据生命周期中，不同阶段的安全要求，可能对应不同的关键技术，如图 4-30 所示。数据采集阶段的基础技术之一是数据的分类分级，而数据加密技术作为数据安全的基石，在数据传输、数据存储、数据处理等阶段，都得到广泛的应用。此处的"技术"为泛指，可能是独立的系统平台、工具、功能或算法等。注意在解决方案的规划设计时，不能完全割裂看待各个阶段的安全性，而是需要整体考虑。尤其涉及通用的技术工具，需要整合，且和组织的业务系统和信息系统等衔接。

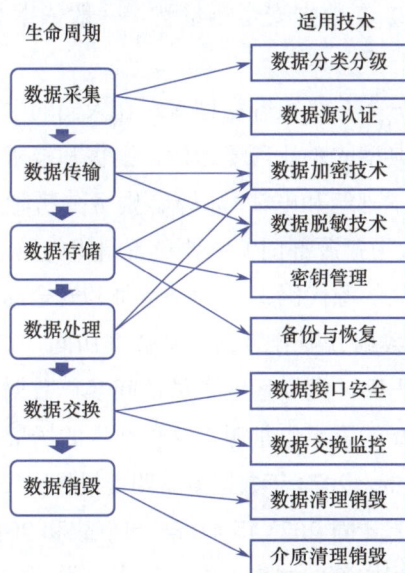

图 4-30　数据生命周期关键技术映射表

4.4.1　数据分类分级技术

1. 新增数据采集场景应采取的措施

在确定数据生命周期安全保护措施之前，特别是针对新增数据采集的场景，需要采取以下措施。

（1）定义数据所有者：谁是这些数据的所有者？即负责管理这些数据，并对数据的生命周期安全性负责的责任人。数据所有者必须参与数据生命周期安全保护的整体流程。

（2）对数据进行分类分级：数据的安全级别和属性必须予以明确。针对不同的数据安全级别，需要采取的安全控制类型不同。例如，对于个人信息，需要遵从《个人信息保护法》的要求。

（3）数据最小化：在满足组织目标的前提下，只收集实现这些目标所需的数据。这样更便于管理，并减少安全问题的影响。

2. 数据分类分级

数据分类分级是保护数据安全的基础。数据分类分级是根据预先定义的、特定领域的标准对数据进行分类分级，并持续优化的过程。毫无疑问，准确地识别和分类分级组织的信息系统中处理的数据，对于正确选择安全控制措施并确保系统及其数据的机密性、完整性和可用性至关重要。

数据分类分级需要涵盖数据生命周期中的各个阶段。依据数据使用的目的和场景，数据的分类方式存在很多种。在数据安全场景下，一般依据数据的类型、敏感性和价值来标记数据。

从业务背景角度，数据分类分级很容易理解。在人们的生产和生活中，经常会用到各种各样不同类型的数据。以典型的企业环境为例，销售和技术支持团队可能会维护客户数据（如客户的通信地址、电子邮箱和电话号码）；财务分析师和战略分析师可能接触到企业的运营和财务数据；HR（人力资源部门）需要负责组织内员工的薪酬、绩效等人事数据；软件开发者需要处理软件产品的源代码库；网络运维和安全运维人员可能掌握组织的网络拓扑和账号信息。基于这种数据分类分级的交叉数据访问，往往不具备实际的业务目的，如 HR 访问软件产品的源代码库，网络运维人员访问客户数据，这些都应该被数据最小授权原则所限制。数据分类分级的思想也是源自这种朴素的场景进行划分的。

美国运营商 Verizon 发布的《2023 年数据泄露调查报告》（2023 Data Breach Investigations Report，DBIR）数据显示，基于对 2023 年 41686 起事故和 2013 起确认的数据泄露事件的分析，34% 的数据泄露由组织内部的因素引发，且来自组织内部的数据使用者凭借组织对他们的信任而滥用数据。而对共计 292 起涉及误用的数据泄露调查显示，特权滥用占比接近 80%，数据的误使用占比为 45%。因此，在数据安全的实践中，数据的分类分级及基于数据分类分级的访问控制非常重要。

3. 数据分类分级模型

在创建数据时，应该基于数据的商业价值，识别出有价值的数据和价值相对较低的数据，并针对高价值数据，定义和实施合适的访问控制措施。

在实现维度上，数据模型可以概括为数据分类分级、数据识别、持久化标签机制。

基于本书对数据生命周期的描述，数据可以划分为结构化数据和非结构化数据两大类，针对这两类数据的识别方式也有不同。数据分类分级模型如图 4-31 所示。

对于结构化数据，因为其类型明确、格式固定，其识别和分类分级相对简单；而对于非结构化数据，其识别和分类分级存在难点。

```
┌─────────────────────────────────────────┐
│                   数据                    │
├────────────────────┬──────────────────────┤
│     结构化数据      │     非结构化数据      │
└────────────────────┴──────────────────────┘
                    ⬇
┌─────────────────────────────────────────┐
│                   识别                    │
├────────────────────┬──────────────────────┤
│      人工识别       │      自动识别        │
└────────────────────┴──────────────────────┘
                    ⬇
┌─────────────────────────────────────────┐
│                 持久化标签                │
├────────────────────┬──────────────────────┤
│     嵌入元数据      │     链接其他数据      │
└────────────────────┴──────────────────────┘
```

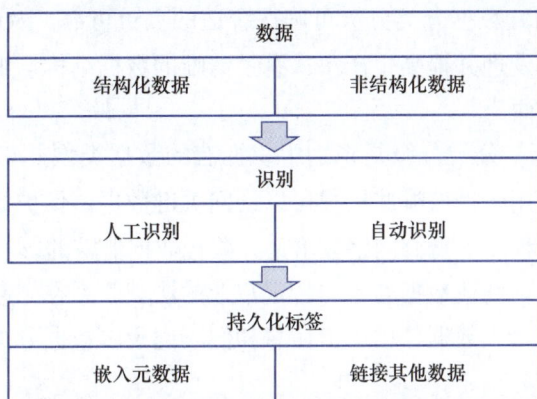

图 4-31　数据分类分级模型

数据分类分级有三种主要方法，分别是基于内容，基于上下文和基于用户。其中，前两者可以做到一定程度的自动化。自动化的数据分类分级是搜索、识别数据内容，并基于数据内容进行数据分类分级的过程，可以形象地比喻为找到网站上所有包含"数据安全"几个字的页面。当然，在实际场景中更重要的是，在海量的数据存储中识别和发现需要保护的数据资产，特别是个人数据、敏感数据和知识产权数据等。

例如，基于内容的数据分类分级技术可以通过文件解析器读取所支持的各种类型文件中的内容，然后将该内容与目标字符串或数据进行匹配。基于上下文的数据分类分级技术则会考虑数据的位置和关联的应用程序。而基于用户的数据分类分级技术属于人工识别，取决于用户的知识和判断力。自动化的数据识别和分类分级在不同的应用场景存在局限性，需要人工识别作为补充。对于小型组织及不涉及敏感数据的组织，人工识别和分类分级甚至可以作为主要方案。此外，人工识别和分类分级一般更为精确，并有助于提升利益相关方对于数据敏感程度的认识，且有利于组织的数据安全文化建设。

部分数据分类分级的实现机制涉及元数据的处理。元数据指"有关数据的数据"，也就是"为其他数据提供信息的数据"。元数据可以被隐含、指定或直接给出。例如，当工控系统接收传感器的温度数据时，默认假设数据关联到"当前时间"，因此工控系统可以将日期时间与温度数据记录在一条信息中。当传感器上报温度时，并没有报告温度关联的日期和时间，这个场景的元数据隐含给出。在数据分类的场景下，数据的分类一般会在元数据中显式给出。

4. 实施数据分类分级的作用

在收集、生成、处理、传递大量数据过程中，实施有效的数据分类，可有助于机构进行以下工作。

（1）有效地组织相关数据。存储不必要的数据或重复的数据不仅昂贵，还可能淹没重要数据，导致错误判断，甚至损害业务。通过数据分类分级，可以发现数据的潜在关联，并丢弃异常值。

（2）使数据可访问。数据分类分级可确保合适的人员可靠、及时地访问数据。此外，标记数据有助于数据被发现并提高生产率。有了清晰的数据结构，组织中的各个角色都可以更快地找到需要的东西。

（3）确保数据安全。分类分级是识别组织拥有的数据类型并正确保护敏感信息的关键。数据分类分级策略用于授权哪些用户可以访问关键数据。保护数据并限制用户访问权限，可以使组织在一定程度上抵御网络攻击，并减轻数据泄露的影响。

（4）符合法规要求。商业数据通常与特定行业的法规联系在一起，这些法规要求各类组织保护敏感数据，如个人数据、信用卡信息和健康记录。数据分类分级对于确保合规性标准并成功通过审计至关重要。

（5）执行数据分析。对数据进行分类分级使组织能够发现趋势并获得洞察力，从而可以回答问题并做出明智的决策。通过数据分析，组织可以了解特定事件的原因，预测未来的结果或衡量给定行动的有效性。

常见的数据分类分级方案示例，如表 4-9 所示。

表 4-9　数据分类分级方案示例

可公开数据	内部数据	机密数据	绝密数据
可向任何人公开的数据	不可公开、仅内部人员可访问的数据	一旦泄露，就会对业务带来负面影响的敏感数据	高度敏感的商业或客户数据，一旦泄露，就会让组织遭受严重的经济损失或陷入法律纠纷
如营销材料、公开的联系方式、产品公开报价等	如竞争分析、销售手册、组织框架图等	如供应商合同、员工考核表等	如信用卡信息、身份证号、社保号、病历信息等

4.4.2　数据源鉴别技术

数据源鉴别指对收集或产生数据的来源进行身份识别的一种安全机制，防止采集到其他不被认可的或非法数据源（如机器人信息注册等）产生的数据，避免采集到错误的或失真的数据；数据源记录指对采集的数据需要进行数据来源的标识，以便在必要时对数据源进行追踪和溯源。

数据源鉴别的技术分为两类，一类是针对采集数据进行来源标识的技术，如元数据管理、数据血缘管理等工具，另一类是针对数据采集源（人员、终端、数据库等）的识别和记录，如对数据采集终端采用身份鉴别机制，对数据采集人采用指纹识别等技术防止数据采集点的仿冒或伪造。

1. 数据血缘管理

数据血缘管理工具通过元数据管理，以历史事实的方式记录每项数据的来源、处理过程、应用对接情况等，记录了数据表在治理过程中的全链血缘关系。基于这些血缘关系信息，可以进行影响分析，以数据流向为主线，提供血缘追溯等功能。

数据血缘管理能够：跟踪数据处理中的错误；以较低风险实施流程变更；方便执行系统迁移；将数据发现与元数据的全面视图相结合，创建数据映射框架。

从数据安全的角度，数据血缘管理可帮助用户确保其数据来自可信来源、经过正确转换并加载到指定区域，即数据血缘管理专注于验证数据的准确性和一致性，通过允许从源到目的地的上游和下游搜索，发现异常及时纠正。

数据血缘管理与数据分类分级联系密切，并且应该结合使用：数据分类分级有助于定位敏感、机密、业务关键数据或个人隐私、财务、医疗健康等受合规要求约束的数据。对于每个数据集，可以使用数据血缘管理工具来监控其完整生命周期，及时发现和解决完整性和安全性问题。

2. 数据血缘管理技术

数据血缘管理是一种相对较新的技术。在其发展过程中，有以下一些常用技术，可供技术方案选型时参考。

（1）基于模式的数据血缘管理

基于模式的数据血缘管理是一种无须分析繁杂的数据生成和转换代码，仅通过评估表、列和报表的元数据，寻找相应模式，识别血缘关系的技术。通俗而言，如果两个数据集包含一个名称相似且数据值非常相似的列，则很可能是生命周期两个阶段中的相同数据。然后将这两列链接，形成数据血缘关系图表。

基于模式的数据血缘管理的另一个优势是，可以以相同或者相近的技术方案评估不同的数据库类型，不管是 MySQL 还是 Spark。但是它的劣势也很明显，准确性是一个问题，这个识别机制很可能错过一些字段的关联，特别是数据处理逻辑在代码、元数据中不那么明显时。

（2）通过数据标记进行血缘管理

通过数据标记进行血缘管理是另一种候选技术。如果组织拥有闭环的数据生命周期，则可以使用数据标记工具创建相应的数据标记，并且在各个数据转换阶段做好跟踪。这种跟踪的准确度很高，生成的数据血缘关系也非常清晰。缺点是，如果有数据类型不通过数据标记工具创建，则无法有效跟踪。

（3）自包含数据血缘管理

一些组织拥有完善的主数据环境，该环境提供集中式的数据存储、元数据存储、处理逻辑和主数据管理（Master Data Management，MDM），提供可信的企业数据视图并支持其他业务职能随时访问这些数据。这个环境可能包含一个数据湖，用于存储其生命周期各个阶段的所有数据。这种自包含系统本身可以提供数据血缘关系，无须外部工具。但是，与数据标记技术一样，在此环境之外发生的数据存储、处理和传输无法监控。

（4）基于解析和追溯的数据血缘管理

依赖于自动读取处理数据的逻辑。该技术对数据处理和转换逻辑进行逆向工程，以执行端到端跟踪。此类解决方案部署起来很复杂，因为它需要了解用于转换和移动数据的所有编程语言和工具。这可能包括提取—转换—加载（ETL）逻辑、基于 SQL 的解决方案、JAVA 解决方案、各类数据格式特别是前向兼容的数据格式、基于 XML 的解决方案等。

身份验证机制为成熟技术，可以直接应用。相关技术可参考本章"4.3.5 身份认证技术"。

4.4.3 密钥管理技术

如前所述，加密对数据安全极为重要。对于数据生命周期安全而言，不同的生命周期阶段有不同的加密技术。

存储：应用内加密、数据库加密、文件加密、磁盘加密；使用：一般采用访问控制技术、内存加密，适合的加密算法尚在研究中（如同态加密）；传输：应用层加密、通道加密、非对称加密。

针对不同的数据分类，加密也需要遵从对应的安全要求、监管要求和取证要求。对于加密和解密，现代的密码学秉持算法公开，依赖密钥的机密性来保证数据的机密性原则。因此，数据的生命周期安全性依赖于密钥的生命周期的安全性。

1．密钥管理的框架

密钥管理指对密钥全生命周期进行管理。

（1）密钥管理面临的挑战

在数据安全的实践中，相对于数据加密算法，密钥的管理更为重要也更为困难，面临如下挑战。

① 密钥系统的可扩展性：密钥种类的爆炸性增长，引发密钥管理系统面临可扩展性问题。

② 密钥系统的安全性：密钥管理系统存储和处理大量密钥，是外部黑客和内部恶意人员一个非常感兴趣的目标。

③ 密钥的可用性：如何安全地分发密钥给被授权的用户，从而确保被授权用户的数据可用性；如何通过撤销用户的密钥来停止授权；如何在密钥丢失的情况下恢复数据（如用户已离职，其归档文档被其故意或者无意加密）。

④ 密钥系统的异构支持：现代组织的 IT 系统中，存在多种异构的数据库、操作系统、应用和网络协议。密钥管理系统需要为其提供不同形式的支持。

⑤ 密钥系统的治理：如何符合数据安全和隐私保护的相关法律法规要求。

（2）密钥管理的监管要求

涉及密钥管理体系的常见监管要求如下。

① 密钥与加密数据要分离。

② 定期密钥轮换。

③ 监控和审核密钥。

④ 长期保留密钥和加密数据。

（3）密钥管理框架

实现一个良好的密钥管理框架，需要考虑如下内容。

① 密钥的存储机制：通过 HSM 等物理设备的支持，实现密钥的安全存储。一般要求根密钥仅能存储于物理硬件中，不能从外部读取，从而保证高可靠性和高可用性。

② 提供加密服务：提供敏感数据加密、对称密钥存储、随机数生成、非对称密钥对创建、常用加密算法等功能。

③ 密钥属性和元数据处理机制：记录密钥的属性，如版本、一次性随机数（或有）、授权记录等，以方便审计、密钥轮换等操作。

④ 密钥的管理策略：支持密钥的权限管控、基于业务的分组和授权等。

⑤ 支持审计和报告功能：对于密钥系统的所有操作都需要产生日志，并记录到中心化的日志服务中，以方便审计和报告。

⑥ 密钥的访问认证：通过 IAM、基于角色的身份认证等方式，确保只有已通过身份认证和权限校验的用户，才可以访问并运行密钥管理系统。

⑦ 法律和标准遵从：符合适用的法律法规和标准要求。密钥管理系统一般不建议跨法域提供服务。如果存在跨法域（不同的国家、地区）的场景，尤其要注意法律法规可能冲突。

⑧ 密钥生命周期管理：在密钥生命周期的各个阶段，实现安全的密钥管理。

密钥管理框架如图 4-32 所示。

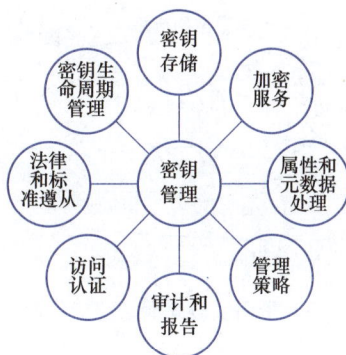

图 4-32 密钥管理框架

加密技术，特别是密码算法，通常基于数学难题，其设计和实现精巧。相对而言，密钥管理存在复杂的工程实践的难度，部分要求甚至"互相冲突"，如密钥机密性的要求和密钥可用性的要求。不良的"密钥机密性"实现，可能在密钥管理设备硬件损坏时，无法满足密钥可用性的要求，甚至导致数据丢失。不良的"密钥可用性"实现，如没有采取合适的安全措施，导出到外置存储设备，将严重影响密钥机密性。数据的安全性依赖于密钥的安全性。但是，并不意味着数据的安全保护等级等同于密钥的安全保护等级。在实践上，密钥需采用更高的安全保护等级，特别是在生成、存储和传输等维度，密钥有自己的安全保护要求。

加密过后，要慎重地进行密钥管理。密钥就像家中门锁的钥匙，锁门很重要，但是更重要的是管理好钥匙。简单地把钥匙放在门外的地毯下面，功能再强的门锁（加密算法）也无法保证安全。

无论是对称密码算法还是非对称密码算法，其安全性实际取决于对密钥的安全保护。现代密码学提供的数据加密保护的强度全部依赖于密钥体制，因此密钥的安全管理是保证密码系统安全性的重要因素。

2. 密钥生命周期管理的 7 个阶段

密钥生命周期的主要阶段包括密钥的产生、存储、分发、注入、备份、应用、归档、更换和销毁等。需要关注密钥在整个生命周期中的机密性、完整性和可用性。

密钥管理指密钥生命周期的安全管理。密钥管理的目的是维护系统与各个实体之间的密钥关系，以抵御各种可能的威胁（密钥泄露和非授权使用等）。密钥管理的所有工作都围绕一个宗旨——确保使用中的密钥是安全的。密钥管理要借助加密、认证、签名、协议和公证等技术。

借鉴美国国家标准协会 ANSI X9.79 标准的定义，密钥的生命周期分为生成、分发、使用、备份、撤销 / 轮换、销毁和归档 7 个阶段。密钥生命周期的安全管理流程如图 4-33 所示。注意，在不同的密钥使用场景，下述 7 个生命周期阶段的内容也会略有不同。

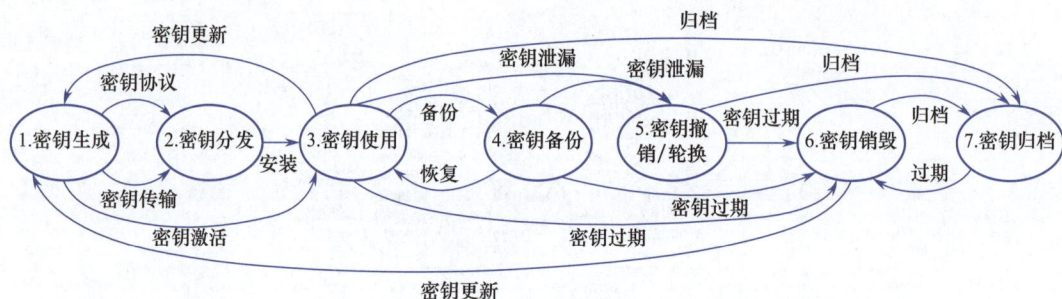

图 4-33　密钥生命周期的安全管理流程

（1）密钥生成

密钥管理生命周期的第一个阶段是密钥生成。密钥生成必须在安全的环境中进行，并且可能需要考虑职责分离（使用者、管理者）的要求。在大多数情况下，生成的密钥将是对称密钥（也称"共享密钥"）。密钥应具有足够的强度，并且部分依赖于生成随机数的基本能力。密钥强度（通常以位数为单位）通常基于受保护数据的有效寿命，并考虑破解所需密钥的时间。例如，如果数据有效期为 5 年，那么需要一个可以承受 5 年以上暴力攻击的密钥。除应选择适当的密钥强度外，负责密钥管理系统设计和实现的工程师还应努力选择一种经过同行评审和学术审查的标准加密算法。应避免使用私有的加密方案，因为算法本身如果需要保密，则有很大的可能无法通过同行评审和学术审查。

密钥的生成机制应该使用经过审查的声誉良好的密码算法库。在对称密钥生成之后，应尽早实现其保护机制，特别是在必须将加密密钥分发（尤其是通过网络）给其他系统的环境中。一种常见方案是通过使用非对称密钥对的公钥（也称公共密钥密码学）对其进行加密。从职责分离的角度来看，负责密钥生成和管理的团队（管理者）与需要访问加密系统的团队（使用者）应该分开。

生成密钥时需要考虑的额外因素还包括数据的价值、攻击者的资源情况、系统整体成本、计算开销等，需要在工程化实践中权衡，但是数据机密性的目标不应该受损。

（2）密钥分发

密钥的分发是密钥管理系统中极为复杂的问题。系统在分发密钥时，首要考虑密钥本身的机密性和完整性不受破坏，并应确保将密钥分发给合适的使用者。额外需要考虑的因素还包括密钥的管理者和使用者的职责分离、日志和可审计要求。

分发密钥指在生产环境或加密环境中部署新的密钥。旧密钥的安全删除不在本阶段考虑。注意，密钥的分发流程可能造成数据或业务的中断，需要严格地测试和部署。在密钥的分发过程中还需要避免丢失密钥，以避免无法访问重要的数据。密码系统的错误可能导致产生很大的代价。

从实现上，大多数现代系统采用密钥交换协议的动态分发的方式。从密钥分发技术来看，分为基于对称密码体制的密钥分发与基于公钥密码体制的密钥分发；从密钥的交换方式来看，可以分为人工密钥分发、基于中心的密钥分发和基于认证的密钥分发。目前，对于对称密码，多需要权威的第三方 [如密钥分发中心（Key Distribution Center，KDC）] 进行分发，对于公钥密码体制，主要通过 PKI 架构实现对非对称密钥的管理。

（3）密钥使用

在密钥使用阶段，需要注意密钥使用的有效性及密钥自身的安全性。从有效性的维度，通常单个密钥只能用于单一目的（如加密、完整性认证、密钥封装、随机数生成或数字签名）。具体有以下三个原因。

① 对两个不同的加密过程使用相同的密钥可能会削弱其中一个或两个加密过程所提供的加密的安全性。

② 可以限制因密钥被盗用可能造成的损坏。

③ 密钥的某些使用会相互干扰。

例如，如果私钥既用作解密传输的经过公钥加密的数据，又用作应用的数字签名，为了确保能解密数据，私钥需要保留较长的时间。而签名私钥应在其到期时销毁，以防止其泄露。在此示例中，两种场景的生命周期要求相矛盾，而且不能简单的选用较长的保留期限。

另外需要注意的是密钥本身的安全性，主要是机密性，根据场景的不同，也可能需要考虑完整性和可用性。在生产环境中，密钥的安全性主要受到访问控制机制的保护。

（4）密钥备份

密钥在投入使用之前，最好进行备份。可选择的备份方案包含物理备份和逻辑备份。物理备份指将密钥写入外部储存介质（如 CD、DVD 和 USB 驱动器）并将其存储在物理介质保管库中。逻辑备份指传统的基于网络或基于本地的备份。

不管选用哪种备份方案，都应该使用独立的非对称密钥对来保护对称密钥。该非对称密钥对一般称为"托管密钥"。使用非对称密钥对的公钥将要保护的密钥加密，并确保私钥得到安全存储，在需要的时候可以解密受保护的密钥，这是至关重要的。

密钥备份机制需要考虑与业务连续性计划或灾难恢复计划协同。密钥的存储位置需要满足业务连续性和灾难恢复的要求，并在出现上述场景时，可以在指定的时间内恢复。一旦加密系统受到严重损害，应急响应团队应该根据既定的密钥备份、恢复操作要求和流程，执行恢复方案。

（5）密钥撤销 / 轮换

密钥撤销 / 轮换的概念与密钥分发有关，但是它们用于不同的场景。在密钥撤销 / 轮换阶段，目标是使新的加密密钥可供加密系统使用，并将所有存储的加密数据转换为新密钥。此过程可能非常耗时且占用大量 CPU 资源，但是假设已经遵循了密钥生命周期的所有先前阶段的最佳实践，则此阶段的关键动作是密钥和数据的转换，而不是被动响应激活新密钥。

在密钥撤销 / 轮换阶段中，不要从生产系统中删除旧密钥，除非可以证明业务数据没有使用旧密钥加密。如在需要的阶段中无法找到旧密钥，使用旧密钥 ID 查询返回失败，则可能会导致数据丢失或服务中断。

同时需要考虑的是，可能有充分的理由不对存储的数据从旧密钥到新密钥进行批量转换。例如，数据是高度瞬态的（以很高的频率进行访问、写入或重写），则可以适当地在应用程序中做兼容处理，以便在对数据进行读 / 写时，自动使用新密钥。使用这种机制可以减少一些与密钥撤销 / 轮换相关的系统负载。

（6）密钥销毁

密钥的寿命将在被销毁时被终止。密钥销毁应遵循安全的删除程序，以确保密钥被正确地删除。注意，只有在足够长的归档阶段之后，并且至少要完成两次检查以确保密钥丢失不会与数据丢失相对应，才可以进行密钥销毁。

（7）密钥归档和存储

前述已经提出，销毁与有价值的数据相关的密钥会导致严重后果。因此，正确地识别密钥是需要销毁还是归档，是一个非常重要的任务。

过期或停用的密钥的归档，前提是确定生产系统中是否仍存在用准备归档的密钥加密的数据。不仅应考虑当前运行的生产系统，还应该考虑容灾备份站点、脱机备份、云备份等场景。如果有数据有可恢复要求，则必须将密钥与该数据一并归档。

① 密钥归档注意事项

密钥归档时，需要注意如下几点内容。

（a）如果需要使用已存档的密钥来恢复数据，则应记录和索引密钥及其相关数据，以便使数据的恢复尽可能有效。密钥的归档信息还应包括密钥的使用时间段，以帮助缩小恢复方案中对适当密钥的搜索范围。

（b）确保密钥的归档副本本身已得到保护，就如在生成和分发阶段中所建议的那样，使用非对称密钥对的公钥对对称密钥进行加密。

（c）在业务连续性 / 灾难恢复的演习或测试流程中，尝试使用归档密钥恢复加密数据。

值得注意的是，某些加密设备会以安全的方式自动存档过期的密钥，并且可能永远不会进入最后阶段，即密钥销毁阶段。总体而言，是否存在密钥销毁阶段，应根据业务风险进行考虑。此外，加密密钥从归档阶段过渡到销毁阶段带来的风险，以及相关数据的永久丢失的风险甚至会超过暴露已归档密钥的风险。因此，从归档阶段到销毁阶段的过渡更应该慎重，除非某些监管对归档有时长限制。

② 密钥存储

在密钥的生命周期管理中，还可能涉及密钥的存储。密钥的存储要综合考虑如下因素。

（a）明确密钥在应用程序中的存储位置和使用方式。明确密钥可能存储在哪些存储设备上。

（b）密钥永远不能以纯文本格式存储。

（c）密钥必须同时在具有易失性和永久性的存储器上受到保护。最好在独立的安全加密模块中对密钥进行处理。

（d）确保密钥在存储时应用了完整性保护。应考虑支持加密和报文认证码（MAC）的双重目的算法。

（e）如果计划将密钥存储在脱机设备 / 数据库中，则在导出密钥信息之前，需要使用密钥加密密钥（KEK）对密钥进行加密。KEK（和算法）的强度应等于或大于受保护密钥的强度。

（f）如果密钥以服务或动态库的形式提供，则不建议提供明文读 / 写密钥的 API 接口。

（g）推荐将密钥存储在硬件安全模块（Hardware Security Module，HSM）或软件的隔离区中。

（h）推荐在硬件或软件的隔离区内部完成对密钥的访问、加密、解密、签名操作。

③ 密钥的监控

另外一个不在上述密钥生命周期阶段中，但是也很重要的维度是对密钥生命周期整个阶段的监控。监控应考虑三个关键方面。

（a）监控所有对加密系统的未授权的管理访问，以确保不会执行未经批准的密钥管理操作。任何形式的未经授权的操作都可能对系统和数据造成灾难性的后果。

（b）监控加密系统的性能。加密计算的性能往往会占用大量 CPU，这意味着系统可能会承受很大的负载。过载的加密服务或过载的业务系统，甚至两者的互相影响，均有可能导致数据被损坏或不可用。

（c）监控加密系统的正常运行。如果加密系统发生故障，那么就可能会中断服务，这将对业务产生极大的负面影响。

4.4.4　数据脱敏技术

伴随着互联网的蓬勃发展，以及大数据技术的逐渐成熟，数据成为各个组织最有价值的资产和新型商业模式的基础。特别是随着互联网的普及，网络浏览和应用程序跟踪、基于用户行为的用户画像和精准广告营销，在给用户提供越来越多的丰富内容的同时，也给用户带来了隐私的担忧。

组织掌握的各类数据广泛涉及各类个人信息。数据的保护和有效利用这两个维度的矛盾逐渐突出。

1．基于数据洞察和分析的几个应用场景

通过使用各类隐私保护技术，将用户的个人信息去敏感化、去标识化，组织可以基于这些数据，进行基于数据的洞察和分析，从而实现如下的业务目标。

下面是组织基于数据洞察和分析的几个应用场景。

（1）数据即服务（Data as a Service，DaaS）：例如，电信运营商可以出于城市规划目的，统计和汇总匿名化之后的手机用户位置数据。

（2）遥测场景：实现设备状态的统计、设备问题的分析以及匿名化之后的用户行为分析。类似 iPhone 上的用户行为统计，以及 Chrome 浏览器的使用统计功能。

（3）物联网场景：制造商可以获取匿名的汽车使用模式，或者能源供应商可以基于匿名的使用数据提供智能电表分析。

（4）医疗保健场景：医院可以为研究人员和保险机构提供匿名的患者数据。

（5）归档场景：保险机构可以存储匿名历史数据，从而可以在合法保存期限到期之后也保留该历史数据。

2．数据脱敏的基本含义和阶段

数据脱敏更多是一个技术概念，在法律条文中并没有明确的定义。《网络安全法》第四十二条"网络运营者不得泄露、篡改、毁损其收集的个人信息；未经被收集者同意，不得向他人提供个人信息。但是，经过处理无法识别特定个人且不能复原的除外。"其中"经过处理无法识别特定个人且不能复原的"明确了数据脱敏的目标。《个人信息保护法》第五十一条规定个人信息处理者应当根据个人信息的处理目的、处理方式、个人信息的种类以及对个人权益的影响、可能存在的安全风险等，采取相应的加密、去标识化等安全技术措施，指出了去标识化作为技术措施。在国家标准中有更加明确的数据脱敏的要求。《信息安全技术 网络安全等级保护基本要求》明确规定，二级以上保护则需要对敏感数据进行脱敏处理。其中 H.4.3 安全计算环境要求"大数据平台应提供静态脱敏和去标识化的工具或服务组件技术。"H.4.5 安全运维管理"应在数据分类分级的基础上，划分重要数字资产范围，明确重要数据进行自动脱敏或去标识使用场景和业务处理流程。"

数据脱敏（Data Masking）在数据科学领域的常见定义为：在不影响数据分析结果的准确性的前提下，对原始数据中的敏感字段进行处理，从而降低数据敏感度和减少个人隐

私风险的技术措施。

通常而言，数据脱敏分为三个阶段，首先，识别出数据存储中的敏感字段信息；其次，采取替换、过滤、加密、遮蔽或者删除等技术手段将敏感属性脱敏，脱敏所使用的技术手段与去标识化和匿名化采用的技术没有本质上的不同；最后，需要对脱敏处理后的数据集进行评价，以确保其符合脱敏要求。

3. 数据脱敏技术

总体而言，假名化、去标识化和匿名化都可以算是数据脱敏技术。其安全性有一定区别，接受程度和适用场景不一，法律效果根据各个国家和地区的法律法规要求有所不同。

（1）假名化

假名化的概念在欧盟 GDPR、美国加州法律 CCPA（California Consumer Privacy Act）和各种标准文件中出现。

假名化技术指用生成的新字符，即假名（pseudonym），取代原来的直接标识符，使得在不借助额外信息的情况下无法识别出个人信息主体的方式。

借鉴欧盟网络安全局（The European Union Agency for Cybersecurity，ENISA）的定义，假名化指以以下方式处理个人数据：在不使用附加信息的情况下，无法再将个人数据归于特定数据主体，前提是此类附加信息应单独保存，并受技术和组织管理措施的约束，以确保个人数据无法对应到已识别或可识别的自然人。

与假名化直接关联的是假名的定义。假名（Pseudonym），也称隐名（Cryptonym），是与个人识别信息或任何其他种类的个人数据（如位置数据）相关联的信息。假名可能具有和原始标识符的不同程度的可链接性。评估假名的强度时，要考虑不同假名类型的不同可链接度等级，而假名系统的设计可能需要一定程度的可链接性（如日志文件系统或信誉系统，显然信誉系统需要更高的可链接度）。

（2）匿名化

匿名化主要用于保护个人隐私。匿名化也有其他的应用场景，如对业务机密数据的分析。相似行业或集团内的企业可以相互比较其绩效基准，但无须透露详细的财务数据或运营数据。

值得注意的是，匿名化并不是要取代数据的访问控制和系统的安全配置，其主要作用是，将因受法律法规限制而无法收集的数据变得可以收集和分析。匿名化是对其他隐私保护技术的补充而不是取代，如掩码、鉴权和加密，在不同的场景可以独立或协同产生作用。

欧盟《通用数据保护条例》（GDPR）对于匿名化的定义为"匿名化指移除个人数据中可识别个人信息的部分，并且通过这一方法，数据主体不会再被识别。匿名化数据不属于个人数据，因此无须适用相关法律条款，机构可以自由地处理匿名化数据"。匿名化之后的数据豁免了严格的个人数据保护要求，因此法律语义下的匿名化有着非常高的标准：即使是数据控制者，也不应该能够在一个适当的匿名数据集中重新识别数据主体。法律体系中与匿名化相对应的另一个术语——假名化，其可被重新识别出数据主体的风险是相对较高的。例如，简单地把工资表中的人名用"小张""小李"代替仍然可以很容易识别。

（3）匿名化和假名化的关系

匿名化和假名化（Pseudonymisation）技术试图在利用数据的同时，降低侵犯用户隐私的风险，从而既能够达成保护隐私的要求，也能够最大化地发挥数据的价值。

因此可知，假名化和匿名化最大的区别在于，在有关联数据参考的前提下，能否识别出具体的个人。从法律维度而言，假名化数据，或者直接称为假名，仍然属于个人数据，仍要适用个人数据与隐私保护的相关法律。

虽然如此，假名化可以降低数据的隐私风险，帮助组织更好地履行隐私保护的义务，并且可以减少数据的失真，保留信息的价值，仍然有其存在的意义。

假名化与匿名化对比图如图 4-34 所示，图中可以形象地说明明文、假名化和匿名化的区别与联系。

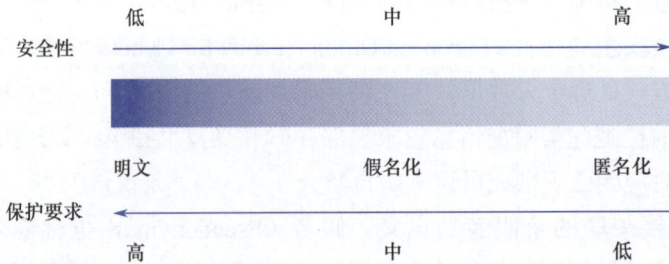

图 4-34　假名化与匿名化对比图

从数据存储、使用和传输的安全性角度，针对用户的个人数据的安全性，明文最低，假名化数据其次，匿名化最高，而从数据的保护要求上，明文个人数据的保护要求最高，需要综合使用技术、管理措施等保护手段，并且需要考虑对应的法律法规和监管要求，假名化数据的保护要求适中，而匿名化数据的保护要求较低，其在部分法律体系中已经不属于个人数据，因此几乎不需要额外的保护手段。

欧盟 WP29 工作小组在《关于匿名化技术的第 05/2014 号意见》（*Opinion 05/2014 on Anonymisation Techniques*）中列举的匿名化技术包括随机化技术和泛化技术两类（见图 4-35）。随机化技术包括加噪、置换、差分隐私等技术；泛化技术包括聚合与 K—匿名（K-Anonymity）、L—多样性和 T—接近度。

同样，在该意见中，WP29 工作组列举了常用的假名化技术（见图 4-36），具体包括：带密钥加密，不带密钥的哈希函数，带密钥的哈希函数，确定性加密或丢弃密钥的哈希函数，令牌化等。

4. 加密脱敏技术

加密技术是假名化的关键技术，包括带密钥加密、确定性加密等。

在带密钥加密的场景中，密钥的拥有者可以很容易地从假名化的数据中恢复明文数据。不过，只要正确地使用现代的加密方法，非密钥的拥有者就无法解密数据。

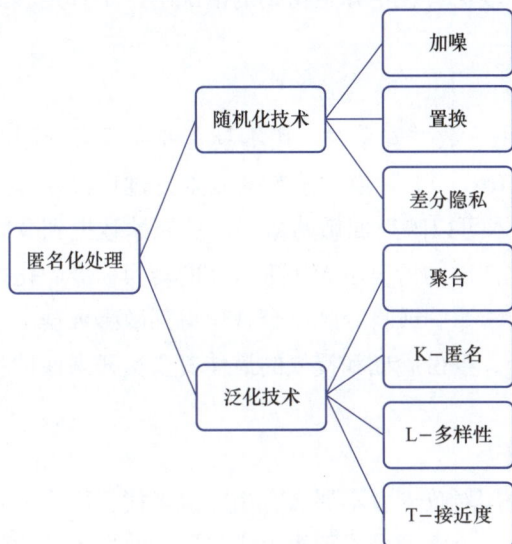

图 4-35 匿名化技术

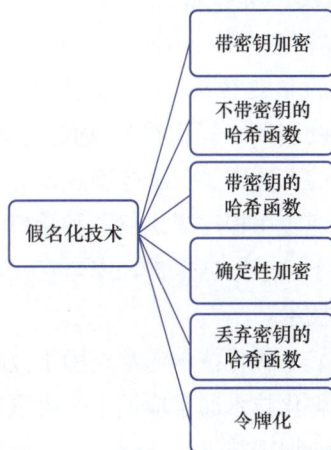

图 4-36 假名化技术

确定性加密技术一般指采用某种加密算法，随机生成密钥，对数据做加密，然后丢弃密钥。这种技术可以类比为给数据表中的每个属性选择一个随机数以作为假名，然后删除原始表。这种解决方案可以减少不同数据集之间的关联风险。使用合适的加密算法时，攻击者因为不了解密钥，所以执行解密或重放操作存在计算上的困难。

5．哈希脱敏技术

哈希函数接收任意大小的输入，返回一个固定大小的输出，并且不能被逆转。在数据脱敏场景，单独应用哈希函数，容易受到彩虹表攻击，即通过彩虹表反查，从而得到相应的输入值。

例如，如果输入值的范围是所有国家的名称，则攻击者可以事先构筑好所有国家的名称和其哈希值的对应关系，然后根据哈希值反向查询即可。彩虹表示例见表 4-10。

表 4-10 彩虹表示例

国 家 名 称	MD5哈希
Germany	d8b00929dec65d422303256336ada04f
Russia	5feb168ca8fb495dcc89b1208cdeb919
……	……

为了缓解此类攻击，可以使用加盐哈希的（salted-hash）函数，也就是说，在被哈希的输入数据中加入一个随机值，即所谓的"盐"。该方法可以降低推导出输入值的可能性，但尽管如此，仍然存在通过彩虹表攻击得到原始属性值的可能性。

带密钥的哈希函数提供稍好一些的安全性。该类函数使用一个秘密的密钥作为额外的输入。它与加盐哈希函数不同，因为盐通常可以公开。在知道密钥的前提下，数据控制者可以多次重新计算，得到假名化数据。攻击者在不知道密钥的情况下，不管是彩虹表攻击，还是重放，都要困难得多。

6. 令牌化技术

令牌化（Tokenization）技术是在应用于数据安全时，用不具有外在或可利用的含义或价值的非敏感等效项［称为"令牌"（Token）］替换敏感数据元素的过程。令牌是对敏感数据的引用（标识符），通过令牌化技术可以映射回敏感数据。从原始数据到令牌的映射使用的方法需要保证令牌在没有令牌化技术的情况下无法进行反向转换。令牌化技术为数据处理应用程序提供权限和接口，以请求令牌或将令牌反令牌化得到敏感数据。必须使用适用于敏感数据保护、安全存储、审计、身份验证和授权的最佳安全实践来保护和验证令牌化技术。

（1）令牌化技术通常应用于金融领域

令牌化技术通常应用于金融领域，使用对攻击者不那么有用的值来代替信用卡号。它源于单向加密技术，或通过索引函数分配一个序列号或随机生成与原始数据无关的数字来代替原始数据本身。

令牌化的安全性和降低风险的能力，依赖于令牌化技术处理或存储敏感数据的系统和应用程序。只有利用令牌化技术才能在严格的安全控制下对数据进行令牌化以创建令牌，或者进行反令牌化以获得敏感数据。良好的令牌生成方法应该具有以下特性：通过直接攻击、密码分析、侧信道分析、令牌映射表窃取或暴力破解技术无法将令牌反向转换为实时数据。

在系统中用令牌替换实时数据的目的是最大限度地减少敏感数据对应用程序、商店、人员和流程的暴露，降低意外泄露及未经授权访问敏感数据的风险。应用程序可以使用令牌代替实时数据进行操作，但也支持在某些业务必需且经过严格审核的条件下，对令牌进行解密操作。令牌化技术可以在数据中心的安全隔离区域内部进行操作，也可以由安全服务提供商提供服务。

（2）令牌化可用于保护敏感数据

令牌化可用于保护敏感数据，如涉及银行账户、财务报表、病历、犯罪记录、驾照、贷款申请、股票交易及其他类型的个人身份信息（PII）。不过，最常见的场景还是信用卡处理。PCI 理事会将令牌化定义为"通过将主账号（Primary Account Number，PAN）替换为称为令牌的替代值的过程。去令牌化是将令牌赎回为其关联的 PAN 值的反向过程。个人的安全性令牌主要取决于仅知道令牌值无法确定原始 PAN。"选择令牌化来替代加密等隐私保护技术是否合适，取决于不同的法规要求、解释，以及各个审计或评估组织的接受程度。

（3）令牌化与加密的关系

令牌化和加密尽管在某些方面相似，但在一些关键方面有所不同。如果实施得当，令牌化和加密都可以有效地保护数据，并且计算机安全系统可以同时使用两者。两者都是数据安全的方法，它们本质上具有相同的功能，但是它们的处理过程不同，并且对所保护的数据具有不同的影响。

二者的一个区别是，令牌化是一种非数学方法，可以用非敏感替代品替换敏感数据，而无须更改数据的类型或长度。这是令牌化与加密的重要区别，因为数据长度和类型的更改可能会使信息在中间系统（如数据库）中无法读取。令牌化的数据仍然可以由传统系统处理，这使得令牌化比经典加密更加灵活。

另一个区别是令牌化需要更少的计算资源。通过令牌化，可以将特定数据完全或部分可见，以进行处理和分析，且同时隐藏敏感信息。这样可以更快速地处理数据，并减少对系统资源的压力。在依赖高性能的系统中，这可能是关键优势。

（4）令牌化技术的局限性

令牌化技术在发展过程中存在一些局限性，而且不管是在合规维度还是在技术维度，其使用存在以下局限性。

① 使用令牌化进行金融等领域包含敏感数据的数据库字段的安全处理，仍存在潜在的隐私和法律风险。也就是说，令牌化后的数据仍然不是法律意义上的匿名化和假名化数据，对于个人数据的监管要求仍然要遵从。此外，如果需要在必要场合解密，就需要将令牌到明文的映射关系保存到某种形式的映射表，而这个映射表本身就是一个很有价值的攻击目标，会带来实施维度的安全风险。

② 需要通过独立验证来衡量令牌化解决方案的安全级别。由于缺乏标准，独立验证对于确认令牌用于法规遵从时的强度至关重要。PCI 理事会建议对任何有关安全性和合规性的声明进行独立审查和验证："考虑使用令牌化的商家应进行彻底的评估和风险分析，以识别和记录其特定实施的独特特征，包括与支付卡数据的所有交互，以及特定的令牌化系统和流程。"

③ 从安全角度来看，考虑对随机数生成器的攻击（这是生成令牌和令牌映射表的常见选择），必须进行仔细检查以确保使用经过验证和认证的方法与设计。对随机数生成器的速度、熵、种子和偏差等方面必须进行仔细分析并测量其安全性。

随着令牌化技术的日益普及，出现了新的令牌化技术，如无数据库令牌化（Vaultless Tokenization）和无状态令牌化（Stateless Tokenization），以消除传统令牌生成方式的风险和复杂性，并扩大规模，以适应金融服务和银行业新兴的大数据场景和高性能交易处理场景。无状态令牌化使用实时数据元素的随机映射替代值，而不需要数据库，同时保留令牌化的隔离属性。

4.4.5　数据备份与恢复技术

数据备份与恢复技术是维护数据完整性、最大限度地减少停机时间和确保业务连续性的重要业务策略。

1．数据备份与恢复的关系

数据备份与恢复指备份数据并设置安全系统以便在发生丢失时恢复数据的过程。数据备份需要复制和存档计算机数据，以便在数据损坏或误删除时可以访问最近的一份备份数据或者指定时间的备份数据。

数据备份是灾难恢复的一种形式，是灾难恢复计划的重要组成部分。

备份数据并不总是能够恢复所有业务操作系统数据和设置。例如，计算机集群、数据库服务器或活动目录服务器可能需要其他类型的灾难恢复，简单的文件级别的备份和恢复可能无法完全重建这些业务。

简而言之，备份和恢复之间的主要区别在于，前者是原始数据的副本，可以在数据存储发生故障时使用，而恢复指在发生故障时将数据库恢复到正确（原始）状态的过程。

2．数据备份方法和类型

备份指数据的代表性副本，包括数据库的基本元素，如数据文件和控制文件。由于意外的数据库故障不可避免，因此需要备份整个数据库。

（1）备份方法

有两种主要备份方法。

① 物理备份：这是物理数据库文件（如数据文件、控制文件、日志文件和归档重做日志）的副本。它是将数据库信息存储在另一个位置的文件的副本，构成了数据库恢复机制的基础。

② 逻辑备份：它包含从数据库中提取的逻辑数据，它由表、过程、视图、函数等组成。但是，不推荐单独的逻辑备份，它只提供结构信息。

（2）备份类型

备份本身不是目标，它只是实现目标的一种手段，即保护企业免受数据丢失的影响。最常用的备份类型如下。

① 完整备份：这是一项基本且完整的备份操作，它将所有数据复制到另一个存储介质（如磁盘、磁带或 CD）。这样，所有数据的完整副本就可在单个存储介质上获得。执行此操作需要更长的时间，并且需要大量存储空间，因此通常与差异备份或增量备份结合使用。

② 增量备份：此操作仅复制自上次备份操作以来发生变化的数据。备份应用程序将记录并跟踪所有备份操作发生的时间和日期。与完整备份解决方案相比，此操作速度更快，所需的存储介质更少。

③ 差异备份：与增量备份类似，差异备份将复制前一次备份中所有更改的数据，但每次运行时，它们都会继续复制自上次完整备份以来更改的所有数据。

备份的目的是创建数据副本，以便在主数据发生故障时恢复。主数据故障可能由多种问题引起，包括软件或硬件故障、人为事件、数据损坏、恶意勒索软件攻击、计算机病毒攻击和意外删除数据。因此，备份副本允许用户从较早的时间点恢复数据，以从意外事件中快速恢复。

为防止数据损坏或丢失，有必要将数据副本存储在单独的介质上。额外的备份设备可以是简单的 USB 外置存储器或外部硬盘，也可以是更强大的设备，如磁带驱动器、磁盘存储介质或云存储容器。备用介质可以放在与主数据相同的位置，也可以将其存储在远程位置。

3．数据恢复

为了获得最佳效果，需要定期并持续地制作备份，以最大限度地减少备份之间丢失的数据量。这意味着备份之间的时间间隔越长，从故障中恢复时面临数据丢失的可能性就越大，所以不要间隔几个月才制作备份。此外，保留数据的多个副本可为 IT 操作提供更多的灵活性和保障，使业务系统恢复到未受恶意攻击、硬件故障或数据损坏影响的时间点。

恢复功能可以在发生故障时将数据库恢复到正确状态，可提高数据库的可靠性，因为它允许数据库在突然发生故障后恢复到一致状态。

使用基于日志的恢复完全可以恢复数据库。日志是包含事务记录的记录序列。所有事务的日志存储在稳定的存储中，可帮助用户在发生故障后恢复数据库。它包含有关要执行的事务、事务状态和修改值的信息。这些信息都按执行顺序存储。

4．云存储备份

随着云化转型，很多企业使用云存储备份大量数据，而无须将数据存档在本地系统的硬盘或外部存储上。在部分场景，还可以使用云技术设置移动设备以允许自动数据恢复。

云存储备份或在线备份指一种数据备份策略，即通过公共或专有网络将主要数据的副本发送到异地服务器。该服务器通常由第三方服务提供商（CSP）托管，并根据带宽、容量或用户数量向用户收取费用。

实施云存储备份可以加强组织的数据保护策略，而不会显著增加 IT 员工的工作量。

云存储备份过程会复制数据，然后将其存储在不同的介质或单独的存储系统上，以便在恢复时轻松访问。一些选项如下。

（1）将数据直接备份到公共云，即将数据直接写入云基础设施的存储环境，如华为云、阿里云、Amazon Web Services（AWS）和 Microsoft Azure。

（2）采用 CSP 提供的备份和恢复服务，如 AWS Backup 或 Microsoft Azure Backup，即数据的备份、恢复由 CSP 完成。

（3）云到云备份：适用于 SaaS 应用程序中位于云中的数据。此方法将用户的数据复制到另一个云。

4.4.6　数据接口安全技术

在数据共享交换中，通过 API 数据接口获取数据是常见的方式。一个形象的例子是酒店企业通过数据接口向携程等旅游服务商开放查询和预订服务。

1. 数据接口种类

图 4-37 为常见的数据接口，分为三类。南北向接口借鉴通信领域的组网的概念，泛指组织对外部合作伙伴提供的"公对公"的数据接口。例如在汽车事故理赔时，保险机构和银行的数据接口。东西向接口泛指组织内部多个应用程序之间的数据接口。这些接口应该限制在组织的内部网络中，不对公网开放访问。客户端接口泛指在组织外部通过浏览器、Web 客户端、移动互联网应用程序（App）访问的接口。其中，所有能够在组织外部访问到的数据接口，统称"外部数据接口"。一般而言，外部数据接口面临更大程度的安全威胁，安全性更为重要。

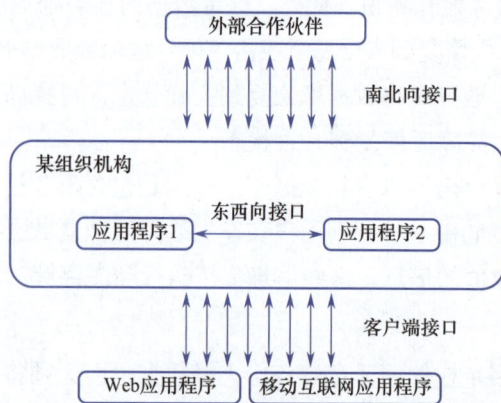

图 4-37　数据接口

2. 对数据接口实施攻击的方式

如果对于数据接口进行攻击，将导致服务不可用、业务延迟或中断，甚至产生更严重的数据泄露。可能存在的攻击方式如下。

（1）数据信息监听：例如，通过截获用户登录请求，获取账号、密码等敏感信息。

（2）身份伪造攻击：例如，第三方伪装成有权限的调用方，通过数据接口读写数据。

（3）篡改攻击：例如，传输的请求头 / 查询字符串 / 查询或者返回的内容被第三方篡改。

（4）重放攻击：例如，请求被截获，之后被重放或多次重放。

（5）注入攻击：攻击者通过构造恶意的 API 请求，使 API 解释器暴露出弱点，从而传输有害脚本（插入虚假信息、删除或泄露数据或破坏应用程序功能）。

（6）拒绝服务（DoS）攻击：发送大量 API 请求导致服务器崩溃或减慢速度。分布式拒绝服务（DDoS）攻击指来自多个攻击者的同时 DoS 攻击。

3. 数据接口安全管理机制

通过建立组织机构的对外数据接口安全管理机制，可以防范在数据接口调用过程中的安全风险。

在技术层面，从接口身份认证、防重放、数据防篡改、防泄露角度制定数据接口的安全限制和安全控制措施。

具体实现上，包括：通过身份认证机制防御身份伪造攻击，通过传输加密和完整性保护机制防御数据信息监听和篡改攻击，通过时间戳、过期失效机制等防御重放攻击，以及将访问控制、权限控制机制等作为基础安全措施。此外，针对数据接口的特殊性，还应该通过接口参数过滤、限制等机制，防御代码注入、命令注入等注入攻击。

此外，日志、审计和告警机制也有必要。通过接口调用日志的收集、处理、分析，从接口画像、IP 画像、用户画像等维度进行接口调用行为分析，并且产出异常事件，通过告警机制实时通知安全团队或者相应管理人员。

4. 数据接口安全关键技术

数据接口安全的关键技术如下。

（1）身份验证，验证用户、系统或程序身份的过程。在数据接口上下文中，它指使用用户身份验证协议（如 OAuth 2.0、API 密钥和 JWT 规范）来确认请求者的身份。

（2）授权，验证经过身份验证的用户有权访问哪些资源的过程。用户一经通过身份验证，基于角色的访问控制应严格限制用户访问他们必要的资源。

（3）加密，纯文本和其他类型的数据从可读形式转换为编码版本，只有拥有解密密钥的实体才能解码。利用传输层安全（TLS）协议等加密技术，可以防御 API 流量的拦截或篡改。

（4）输入验证协议，通过确保输入在处理前符合特定条件（长度、类型、格式、范围等），从而保护 API 免受恶意数据（如 SQL 注入攻击和跨站脚本）的攻击。利用网络应用防火墙（WAF）和 XML 或 JSON 模式验证可自动执行验证流程，抢先分析传入请求，并在恶意流量到达服务器之前将其拦截。

（5）速率限制，通过限制用户或 IP 地址在特定时间范围内可以进行的调用次数来保护 API 资源免受暴力破解和 DoS 攻击。速率限制可确保所有 API 请求得到及时处理，并且任何用户都无法向系统发送有害请求。

（6）配额和限流。与速率限制一样，限流也会限制系统接收的 API 调用数量。但是，限流不是在用户 / 客户端级别进行操作，而是在服务器 / 网络级别进行。通过将 API 限制为每秒一定数量的调用、消息或同时限制两者，可保证 API 后端系统带宽的安全。

（7）安全标头。例如，"content-security-policy"标头告诉浏览器可以从服务器请求哪些资源。"x-content-type-option"标头阻止浏览器尝试 MIME 嗅探内容类型，"strict-transport-security"标头强制与服务器建立安全（基于 SSL/TLS 的 HTTP）连接。

（8）安装 API 网关，限制 API 访问和添加额外网络安全层的常见方法，特别是在开放API 的情况下。API 网关作为系统接收的所有 API 请求的单一入口点，标准化 API 交互并提供缓存、分析、API 组合、速率限制、加密、日志记录和访问控制等安全功能。

（9）日志和审计。保留全面、最新的审核日志跟踪数据访问和使用情况，并记录每个API 请求。鉴于 API 生态系统的复杂性，对 API 活动进行监控可能会耗费大量人力物力，但在发生数据泄露或合规问题后，团队需要追溯其步骤时，良好的日志可以节省时间。

（10）API 环境中的主动错误处理，可以防止泄露有关 API 流程的敏感信息。理想情况下，任何 API 错误都会返回 HTTP 状态代码，指示错误的性质，为团队提供足够的上下文来理解和解决问题，而不会通过被动的异常堆栈显示等错误处理暴露过多数据。

（11）数据接口所在的环境安全。实时监控和维护对于维护 API 安全至关重要。密切关注任何异常的网络活动，并及时使用最新的安全补丁、错误修复。

（12）良好的版本管理和文档实践，使企业组织能够加快 API 开发，并在不中断服务的情况下逐步淘汰旧版本的 API，从而将用户推向更新、更安全的迭代版本。

4.4.7　数据导入导出安全技术

在数据交换过程中，数据导入导出是一个常见的手段。通过数据导入导出，数据在不同的组织之间批量化转移。在加速数据应用，反映数据价值的同时，也存在大规模数据泄露和大量数据篡改的风险。需要采用有效的制度和工具控制数据导入导出的安全风险。

建立独立的数据导入导出安全控制平台，或者有在统一的用户认证平台、权限管理平台、流程审批平台、监控审计平台中支持数据导入导出的安全控制功能。具体核心功能如下。

（1）数据导入导出权限管理：权限管理模块设置数据目录或者数据资产的导入导出访问权限，包括但不限于访问范围、访问人员分组，访问时间，访问频次等。

（2）数据导入导出审批人管理：支持设置数据访问权限的审核人和审批人，支持设置多级审批人。

（3）数据导入导出工作流管理：建立数据导入导出工作流机制，对于数据导入导出进行审核和授权。

（4）数据操作人员通过工作流申请数据导入导出权限，通过审核和授权后，遵循数据导入导出权限管理的数据导入导出才能被允许执行。

（5）数据导入导出身份认证：对于数据导入导出的操作人员进行多重身份认证，包括双因子认证等，确保操作人员身份的合法性。

（6）数据导入导出完整性验证：为了防止数据在导入导出过程中被篡改，数据导入导出增加完整性保护，在数据导入导出完成后需要进行完整性校验，确保数据合法性。

（7）数据导入导出日志审计和风险控制：对于数据导入导出的所有操作和行为进行日志记录，并对高危行为进行风险识别。在安全事件发生后，能通过安全日志快速进行回溯分析。

4.4.8　数据共享安全技术

在数据交换环节中，数据共享指组织将数据共享给外部组织机构，或者以合作方式与第三方合作伙伴交换数据。数据共享可以释放数据的更大价值，并支撑业务的深入开展。

数据共享过程中面临巨大安全风险，数据本身存在敏感性，共享保护措施不当将带来敏感数据和重要数据的泄露。因此，需要采取安全保护措施保障数据共享后数据的完整性、保密性和可用性，防止数据丢失、篡改、假冒和泄露。

在技术层面，主要是通过数据共享安全工具的建设，承接数据共享安全制度的要求，落地数据共享安全流程。数据共享安全工具应提供如下主要功能。

（1）数据共享目录审核确认工作流：建立确认工作流，对共享数据的目录进行审核，确保没有超出数据服务提供者的数据所有权和授权使用范围。

（2）数据共享权限审批人管理：支持设置数据共享权限的审核人和审批人，支持设置多级审批人。

（3）敏感数据保护：如果共享数据中包含重要数据、个人隐私数据等敏感数据，支持对于共享数据进行加密、脱敏等数据保护工具处理后再共享，有效保护敏感数据。

（4）数据安全交换：如果共享数据中包含重要数据、个人隐私数据等敏感数据，因为数据有效性不能对数据进行匿名化处理，需要支持数据进行安全交换，做到数据"可用不可见"。在用户不直接接触原始数据的情况下，依然可以使用共享数据进行计算分析得到结果。

（5）数据共享日志审计和风险控制：对于数据共享的所有操作和行为进行日志记录，并对高危行为进行风险识别。在安全事件发生后，能通过安全日志快速进行回溯分析。

4.4.9　数据清理与销毁技术

在数据生命周期的最后阶段，决定了在生命周期结束后，如何处理数据。对于重要数据、敏感数据、个人数据，使销毁之后的数据不被非法读取很重要。

典型的进入数据销毁阶段的触发条件如下。

（1）遵循数据归档计划：组织需要针对不同的数据类型，制定相应的数据归档计划，概述数据应保存多长时间、何时删除以及哪些数据应长期保存。

（2）保留数据的时间不得超过所需的时间：对于超出数据保存期限的信息，需要从系统中删除不再使用的数据。需要依照数据使用协议或披露信息处理数据，并确认遵守了任何数据保留声明。

1. 数据删除方式

从技术手段上，简单删除电子设备上的文件，会使用户无法看到它，但信息仍然存在于设备的内存芯片或硬盘上。常见的数据删除方式，按照数据的重要性、敏感程度、泄露风险和安全要求，安全性从低到高分为如下几种。

（1）数据匿名化：更改数据内容或者形式，以便无法直接或间接识别数据主体。这个过程可以通过上文中的令牌化完成，即将有意义的数据转换为随机字符。令牌化广泛用于支付卡行业（PCI）以保护信用卡持卡人数据，在医疗保健行业中广泛用于保护私人信息（如受保护的健康信息），并在保持数据完整性的同时，最大限度降低信息泄露的风险。因为无法关联到特定的用户，数据匿名化使组织在营销工作或用户体验个性化业务中继续使用已经收集的数据。

（2）数据删除：删除数据并使其处于可恢复状态。这与数据擦除不同，数据擦除指永久删除数据，使其无法再恢复。例如，大部分操作系统（如 Windows、Linux）删除文件时，仅仅删除指向文件结构中数据的指针，或者标记文件结构体中的相应标志位。在 Windows 中，将文件移动到回收站，甚至是清空回收站，都不是彻底的数据删除。即使在 Windows 操作系统中使用 Shift+Delete 命令或在 macOS 中使用 Command+Shift+Delete 命令，也并非彻底删除，仍然可以使用数据恢复软件恢复数据。因此，对于敏感数据，仅仅采用数据删除，会给组织带来风险，因为删除的数据仍然可以恢复。

2．数据删除类型

数据删除又分为以下几类。

（1）数据擦除：根据数据存储的不同形态，有多种数据擦除的方式。例如，对于存储在硬盘上的文件，一些数据擦除软件支持对文件的存储区域，使用 0、1、随机值等多次读写，确保文件内容无法恢复。对于其他形式存储的数据，如存储在光盘、磁盘阵列、SSD 硬盘中的数据，也有类似数据擦除或者数据销毁的技术方案。

（2）数据加密粉碎（用于加密后的数据）：指删除数据加密密钥。如果没有密钥，则数据在 3 种数据状态（静态数据、传输中数据、使用中数据）中的任何一种状态下都无法解密，因此数据加密粉碎被认为是一种合理的数据安全删除机制。值得提及的是，如 iPhone 手机（IOS 系统）和华为手机（鸿蒙操作系统），在手机被盗等场景的数据擦除或者远程擦除，也采取了数据加密粉碎的方案。值得注意的是，随着计算能力增长，数据的加密强度会随着时间的推移而减弱。对于高密级数据、敏感数据，使用数据加密粉碎策略时，需要谨慎评估。

（3）数据消磁：数据消磁不再是纯软件实现的安全删除方案，而需要特定的硬件。通过磁场对数字存储设备进行清理，进而从磁性存储介质中永久擦除数据。数据消磁可以在某些类型的存储设备上执行，但不适用于使用固态硬盘（SSD）的设备，因为 SSD 并非以磁性方式存储数据。

（4）物理销毁：对存储磁带、磁盘和 / 或其他形式的介质进行完全物理销毁。这种方法的直接成本是被销毁的设备的成本。注意如果所在的国家或地区有环境保护的要求，对于被销毁的介质、硬件，可能需要额外的处理方式。

需要根据其业务需求和所存储数据的重要性来选择上述数据删除方案中的一种或者多种。最有效的数据销毁方法是在执行物理销毁之前，使用数据擦除、消磁，进一步降低风险。

3．数据销毁要求

选择数据销毁方案时，需要完整考虑下述要求。

（1）数据销毁的凭证：不论采用哪种具体的数据销毁手段，其目标对象、设备序列号

（如有）、介质的类型、介质的来源、销毁方式等信息，都需要详细记录。

（2）数据销毁的日志和审计：提供清晰的审计报告，并证明数据已删除。如果包含敏感数据或者用户个人数据，此步骤尤为其重要。

（3）数据销毁的标准遵从：有一些行业标准、最佳实践可以作为数据销毁的指导。例如，NIST SP 800-88 标准提供了数据销毁流程和技术的指导。

（4）数据销毁的安全性：执行数据销毁的外部供应商及其员工，可能接触到企业的敏感数据或者重要数据。因此，全流程的安全性需要慎重考虑，以防止数据泄露。一般而言，推荐在企业可以监控的现场执行数据销毁流程。如果需要将设备运送到外部供应商，则需要设计方案，保护全链条的数据安全性。

（5）数据销毁技术的透明性：如果外部供应商不提供数据销毁的详细方案或者技术描述，则存在数据销毁不彻底、数据销毁方案不完善的风险。

4.5　数据安全业务场景

基于网络安全风险评估和事件驱动的视角，针对数字化基础设施的建设，将数据安全的控制措施分为"识别、保护、检测、响应、恢复"五大关键能力，涵盖网络安全的关键任务，支持组织机构的安全决策。

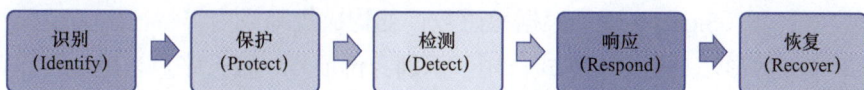

图 4-38　数据安全五大关键能力

该能力框架（见图 4-38）以"事前、事中、事后"的全流程视角，将网络安全框架从以防护为核心、试图"御敌于边界之外"的被动响应的模型，转向以组织的核心业务和核心数据的安全为目标，采纳更为主动的模型，最终构筑能适应变化的敏捷的安全能力。

4.5.1　数据防泄露技术与应用

从动态的目标而言，数据安全针对组织中的重要和敏感数据，致力于寻找数据（Discover）、保护数据（Protect）、监控数据（Monitor），并按照这三个阶段循环，如图 4-39 所示。

1．数据安全的三个阶段

（1）寻找数据阶段，应从数据的类型出发，寻找系统中包含敏感数据或个人数据的存储库（也可能是文件或其他类型的存储库）。找到系统中的被保护数据之后，要识别出涉及

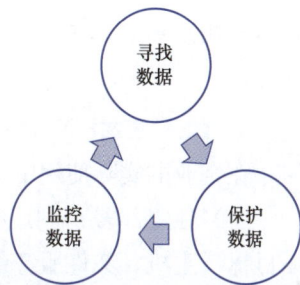

图 4-39　数据安全的三个阶段

这些数据的业务工作流和其对应的数据流。之后，需要识别出这些数据的所有者以及这些数据是否涉及对外传递。

（2）保护数据阶段，应该根据寻找数据阶段得到的数据的类型、存储方式和使用方式，制定合适的保护机制，如加密机制和访问控制机制。例如，对于云平台中不再需要的敏感数据，应做删除处理；对于位于非信任网络中的敏感数据，应该移动到受信任网络，或者做加密处理。此外，应根据数据的访问要求，结合权限最小化原则，制定合适的访问权限控制。

（3）监控数据阶段，应该使用自动化手段，监控人和系统对于数据的访问，特别是对数据的带内/带外（Inbound/Outbound）传输的监控，可以使用数据扫描工具以满足法律遵从要求。对于异常的数据传递，可以告警、阻止和记录日志。

数据泄露防护（Data Leak Prevention，DLP）技术指通过监控、侦测和阻断等方式，发现和防止数据被不当泄露的技术和产品。DLP技术和产品符合上述所提到的"寻找数据、保护数据、监控数据"三个阶段的特征，并主要聚焦于监控数据阶段的实现。

2. 敏感数据进行分类和确认

被保护的敏感数据可分为三类：使用中的数据（Data in Use）、传输中的数据（Data in Motion）和静态数据（Data at Rest）。

在设计和部署DLP技术和产品时，首先需要对敏感数据进行分类和确认，并确定识别敏感数据的技术。常用的技术主要有两大类。

（1）数据特征（Signature）：根据敏感数据的构成规则或内容特征定义敏感数据的识别规则，最常见的形态是正则表达式，用于识别身份证号、银行账户、电话号码、电子邮件等各种固定格式或组成的敏感数据片段。

（2）数据/文件指纹（Fingerprint）：通过分析数据或文件的框架格式、关键字构成或内容特点等各方面信息，提炼出数据或文件的独特性质。不同厂商的DLP技术和产品使用的数据/文件指纹技术不尽相同，主要用于整体识别复杂的数据和文件，某些厂商的技术在数据或文件发生一定变化后仍然能够准确识别。

DLP系统构成如图4-40所示，DLP产品的核心是检查引擎。检查引擎使用配置或积累的数据特征和数据/文件指纹对传入或抓取的数据进行分析和识别，并根据企业设定的处理策略处理相应的敏感数据事件。常见的处理方式包括拒绝（阻断）数据传播、向对应用户或管理人员发出告警或提醒、对敏感数据进行加密或替换/删除相关敏感数据等。

3. DLP技术和产品的部署方式

在企业的实际使用中，DLP技术和产品主要有两种部署方式。

（1）独立部署：利用独立的硬件设备或以软件形式安装在独立的服务器上，以主动扫描目标（主机、文件服务器等）或被动监听网络流量，当发现敏感数据有不当使用时进行阻断或告警等处理。

（2）集成部署：与其他产品或设备，如 Web 安全网关、邮件服务器、IPS/IDS、统一威胁管理系统（Unified Threat Management，UTM）等集成，通过被集成的产品 / 设备获取数据，当发现敏感数据有不当使用时进行阻断或告警等处理。

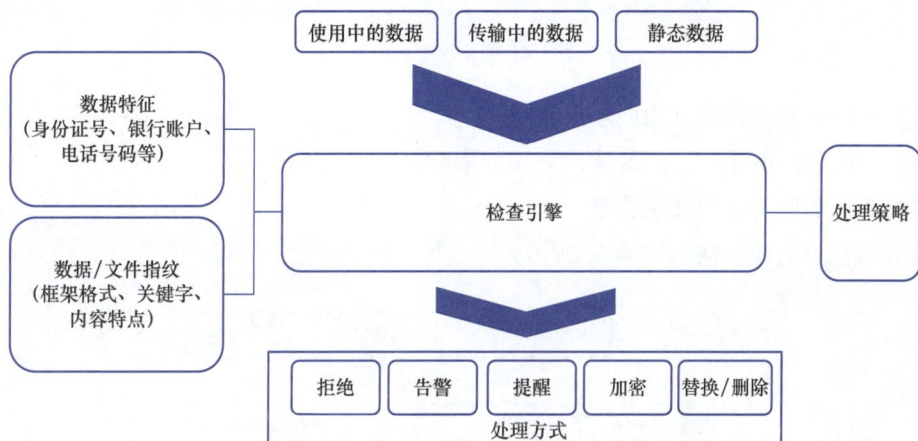

图 4-40　DLP 系统构成

4.5.2　监控技术与应用

在当前的网络空间中，网络空间威胁形式不断增多，创新的攻击方法不断涌现，这给每个组织机构都带来了现实且日益严重的威胁。仅采用加密和访问控制的手段并不足以避免这些损害，因此需要在数据安全的检测和防御工作中，识别和发现潜在的威胁和安全事件，并有针对性地响应。

处理可疑或实际的网络安全事件的主要方法之一是记录与网络安全相关的事件，对其进行持续监控，并彻底调查可疑的网络安全漏洞，以修复安全问题。网络安全领域的监控与日志密切相关，指对网络安全事件进行记录和监控，以快速有效地定位潜在威胁和利用活动，预防网络安全事件的发生。

以典型的网络攻击为例，网络攻击一般分为 3 个步骤，如图 4-41 所示。

（1）侦查：首先识别目标，然后分析目标是否包含漏洞。

（2）攻击目标：利用相关漏洞，绕过或破坏其他防御机制。

（3）达到目的：可能是破坏系统、篡改数据或泄露敏感数据。

而对于上述的每个步骤，安全监控（包括日志）都可以作为有效的缓解措施。当然，应急响应、态势感知和威胁情报等其他缓解措施也是必要的。

准确及时地监控，有助于完成以下功能。

（1）在早期识别潜在的漏洞利用指标。

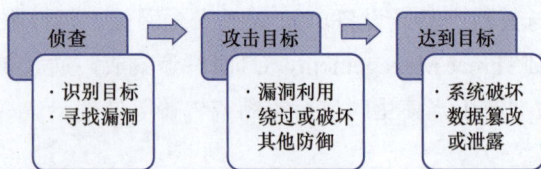

图 4-41　网络攻击步骤

（2）有效地调查漏洞利用的场景。

（3）采取合适的手段，减轻漏洞利用的影响。

（4）满足相应的法律法规要求。

典型的系统监控架构如图 4-42 所示。

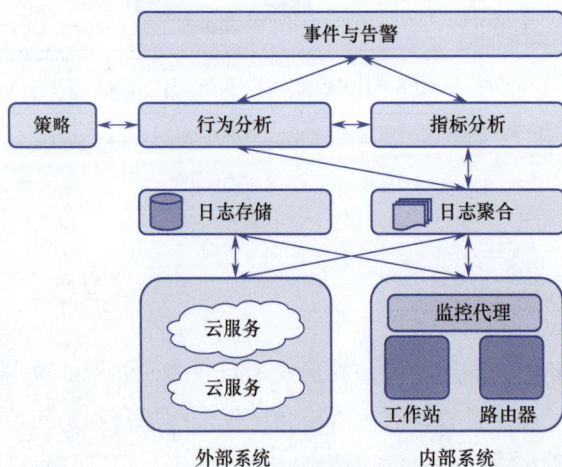

图 4-42　典型的系统监控架构

　　监控代理 / 客户端用于从不同的设备和信息来源收集日志，这些日志可能包含内部系统的日志（如操作系统、防火墙和 IDS）、外部的日志（如云服务的日志、各类服务提供商的日志）。

　　收集到所需的日志之后，系统会将其传递到日志存储和日志聚合的平台。这些平台可以进行初步的汇总、关联和分析。部分平台还支持基于指标的分析。

　　单一指标或多个指标的关联结果，可能对应于相似的行为。行为分析平台基于预定义的策略，分析单一指标或多个指标的关联结果，以生成表征某类现象的事件。大部分安全监控系统支持对重要的网络攻击、漏洞利用、数据破坏事件同时生成相应的告警。

　　在早期的组织中，上述的活动一般由组织的 IT 部门或信息安全部门负责。在现代的大型组织中，一般由独立的安全运营中心（Security Operations Center，SOC）负责处理监控和告警。

　　在从组织的各类 IT 系统中收集信息，以识别潜在或者已经发生的网络安全事件时，表 4-11 所述的 4 类日志尤为必要。

表 4-11　日志类型

日 志 类 型	描述与示例
系统日志	·系统活动日志（如管理员活动） ·端点日志 ·授权和认证日志 ·物理安全日志
网络应用日志	·防火墙、VPN和NetFlow日志 ·HTTP代理日志 ·DNS/DHCP/FTP日志
服务器与中间件日志	·Web服务器日志 ·数据库服务器日志 ·邮件服务器日志
网络安全日志	·恶意软件检测工具日志 ·基于网络的入侵检测系统（NIDS）日志 ·基于网络的入侵防御系统（NIPS）日志 ·数据泄露防护（DLP）系统日志 ·其他安全系统（如蜜罐、沙盒）日志

4.5.3　数据库监控技术与应用

根据相关机构的调查，数据库中保存了各类组织中近 60% 的最敏感数据。但是，大多数企业在防火墙和其他形式的外围安全措施上的投入更大，而这些措施还不足以防止漏洞的出现。以下两种数据库安全防护措施被广泛采用。一种是数据活动监控工具（DAM），利用该工具可以及时发现针对数据库的可疑活动；另一种是数据混淆技术，如加密和数据掩码，数据混淆技术可以使被窃取的数据失去价值。

数据活动监控工具并不孤立，在多数场景下，它需要同边界安全工具（如防火墙）、身份和访问管理（IAM）平台、数据泄露防护（DLP）工具，以及日志管理工具、安全信息和事件管理（SIEM）等工具或平台集成，以提供最终的数据安全解决方案。

Gartner Reseach 的 Mogull R. 指出，数据活动监控（Database Activity Monitoring，DAM）"是指……能够识别和报告欺诈性、非法或其他不良行为的功能，而对用户操作和生产力的影响却最小"。数据活动监控工具已从基本的账户活动分析演变为强大的"以数据为中心"的安全措施，如数据发现和分类、用户权限管理、特权用户监控、数据保护和防止丢失等。

1. DAM 数据活动监控工具的功能

DAM 数据活动监控工具至少应该具备下述几项关键特性。

（1）独立监视和审核所有数据库活动，包括管理员活动和 SELECT 查询事务。DAM 工具可以记录所有 SQL 事务。在理想情况下，无须依赖本地数据库日志就可以做到，从而将性能影响降低到最低（小于 2%，具体值取决于数据收集方法）。

（2）将审核日志安全地存储到目标审计数据库外部的中央服务器。

（3）监视、汇总和关联来自多个异构数据库管理系统（DataBase Management System，DBMS）的活动。DAM 工具可以与多个 DBMS（如 Oracle 数据库 Microsoft SQL Server 和 IBM DB2）一起使用，并且可以标准化来自不同 DBMS 的事务，尽管 SQL 风格之间存在差异。

（4）确保服务账户仅从定义的源 IP 访问数据库，并且仅运行一组授权查询。对源 IP 和授权查询的限制分别用于在与意外系统建立连接时或服务账户泄露时得到及时提醒。

（5）通过监视和记录数据库管理员的活动来保障职责分离。

（6）为基于规则或基于启发式的策略违规生成警报。例如，可以创建一条规则，以在特权用户每次执行 SELECT 查询（如从信用卡列中返回 5 个以上的结果）时生成警报。触发器将提醒该应用程序遭到 SQL 注入攻击或者其他攻击的可能性。

一些 DAM 工具还可以完成以下功能。

（1）发现本地、云中和旧数据库中数据的位置、数量和上下文，并提供可视性。

（2）根据发现的数据中的个人信息数据类型（如信用卡号、电子邮件地址、病历等）和安全风险等级对发现的数据进行分类。

（3）提供针对 PCI DSS、SOX 和其他常规合规性要求的预定义策略。

（4）提供与外部变更管理工具的闭环集成，以跟踪在 SQL 中实现的已批准的数据库变更。利用其他工具可以跟踪管理员的活动，并提供变更管理报告以在需要时进行审计。

与数据库厂商提供的数据监控工具相比，DAM 的主要优势之一是它能够监视在多个操作系统（Windows、Unix 等）的多个数据库管理系统（DBMS）上运行的多个数据库。DAM 工具将来自多个收集器的信息聚合到中央服务器。在某些情况下，中央服务器／管理控制台还会收集信息，而在其他情况下，它仅充当收集器以发送数据的存储库。

2. DAM 数据活动监控工具的工作原理

DAM 的工作原理主要是收集器，这些收集器监视数据库流量，并将其存储在本地或将其发送到中央服务器，具体取决于过滤规则和配置。这些收集器至少能够监视 SQL 通信。这是 DAM 的定义特征之一，也是它与日志管理、安全信息和事件管理及其他提供一定级别的数据库监视的工具的主要区别。收集技术主要分为 3 类：网络监控、远程监控和本地代理。

（1）网络监控

此技术（其结构见图 4-43）监视 SQL 的网络流量，解析 SQL 并将其存储在收集器的内部数据库中。大多数工具都可以做到双向监控，也就是说，对入站和出站的 SQL 网络流量都可以监控。网络监控的优点在于被监控的数据库上的开销为零，可以独立于平台进行监控，不需要修改数据库，并且可以一次监视多个异构数据库管理系统。其缺点是它不了解数据库的内部状态，并且会错过并非以 SQL 形式访问网络的数据库活动，如登录本地和远程控制台连接。基于第二个缺点，因此仅在与其他可以捕获本地活动的监控技术结合使用时才建议使用网络监控。如果将 SSL 设备放置在数据库的前面，并将 DAM 收集器放置在 VPN 设备和数据库之间（通信未加密），并且通过 SSL 或 IPSec 对数据库的连接进行加密，则仍可以使用网络监控。

图 4-43　网络监控结构

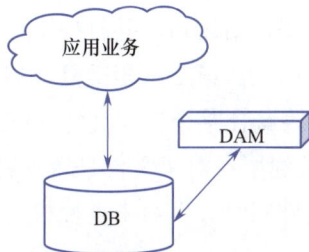

（2）远程监控

数据库远程监控结构如图 4-44 所示。使用此技术可以授予 DAM 收集器对目标数据库的管理访问权限，并打开本机数据库审计功能。DAM 收集器从外部监控 DBMS，自行收集数据库的活动记录，并汇总数据库提交的活动日志记录。因此，受监控系统的资源消耗仅仅是该系统的日志记录和审计模块的资源消耗。一些数据库发行版，如 Microsoft SQL Server，数据库远程监控的资源消耗很小，甚至可以忽略不计。但是，有些数据库发行版，如第 10 版之前的 Oracle，数据库远程监控的资源消耗巨大，性能风险很高。

数据库远程监控的优点包括可以监控所有数据库活动（包括本地活动）的性能，提供近似于本机日志记录和监控性能的能力，以及监控所有数据库活动（包括内部活动）的能力，而无论客户端连接方法如何。其主要缺点是部分数据库平台（尤其是 Oracle 的较旧版本）的潜在性能问题。该技术还需要在数据库平台上启用管理账户，并且可能需要更改配置。

（3）本地代理

数据库本地代理监控结构如图 4-45 所示，此技术需要在数据库服务器上安装软件代理以进行收集活动。由于对 DBMS 和主机平台的支持要求不同，因此各个代理程序所使用的性能和技术也存在很大差异。一些早期的代理依靠本地嗅探网络环回接口进行监控，这会丢失某些类型的客户端连接。当前的代理可以通过平台内核的挂钩（Hook）来审核活动，而无须修改 DBMS，并且对性能的影响最小，或者还可利用共享内存监控。领先的代理通常对性能的影响不超过 3%，这似乎是数据库管理员可以接受的范围。本地代理的优点包括无须打开本机审计即可收集所有活动，有监控内部数据库活动（如存储过程）的能力，以及较低的开销。本地代理的缺点包括有限的平台支持（必须为每个平台编写新的代理程序），以及在每个受监控的服务器上安装代理程序的要求。

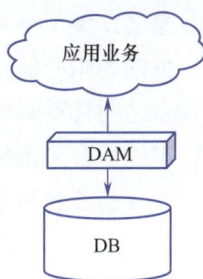

图 4-44　数据库远程监控结构　　图 4-45　数据库本地代理监控结构

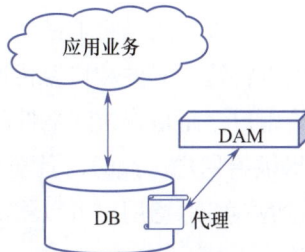

总之，鉴于当今不断发展的安全威胁，以及敏感数据的数量和使用呈指数级增长，部署以数据为中心的安全措施至关重要。这些措施侧重保护数据在网络、服务器、应用程序或端点之间移动时的安全。这些措施分为两种形式：本机数据库审计工具和数据库活动监控。组织适合采用哪种形式，或者采用多种形式的结合，都需要根据具体场景、数据的类型、实际的威胁和合规性需求等综合考虑。

4.5.4 数字版权管理技术与应用

数字版权管理（Digital Rights Management，DRM）技术是一种使用密钥对数字文件进行加密的技术。密钥用于锁定或解锁内容。通常，用户必须获取一个包含密钥的授权文件来访问目标文件。在多数场景下，授权文件还包含对如何使用目标文件的限制。

使用 DRM 技术，数字版权人可以以一种受控和受保护的文件格式，在互联网上分发歌曲、视频或其他数字多媒体文件。20 世纪 90 年代，尚在互联网普及的早期，已有关于 DRM 技术与应用的研究。

事实上，DRM 技术的应用，是与互联网时代数字资产的复制和传播的便利性密切相关的。在实体书籍的时代，即使考虑到复印机的发明和普及，作为普通读者，复印一整本书所需要的时间和金钱也是很多的，所以实体书籍对版权保护技术的诉求并不强烈。而在互联网时代，复制一份数字格式的文件并传播，其成本几乎可以忽略不计。虽然纸质书籍和数字格式的书籍，其版权保护的法律要求实际上是完全一致的，但是仅凭借法律并不能足够有效地预防复制。保护数字作品的技术手段是必需的。

提到数字作品保护的技术手段，一种最直观的考虑是"为什么不用加密技术？"

加密技术固然需要，但是仅凭借加密不能完全解决问题。首先，加密并不能阻止文件的复制。其次，即使是加密的文件，也可以从一个数字设备轻松地移动到另一个数字设备，更不用说通过邮件、网络下载甚至是 P2P 网络的传播。因此，加密和数字版权管理的区别很明显：数字版权管理的控制点在于内容的访问和使用，而不一定是加密文件复制这个动作本身。即使把加密后的文件复制成百上千份并且传播，如果没有访问文件的密钥，则这些副本仍然是没有任何价值的。

DRM 要面对的场景多种多样，简单使用加密技术无法满足要求。以下用两种保护文件的方式来说明。第一种方式是将加密后的文件提供给用户，并且提供打开加密文件的口令。此时，用户可以将这个文件和口令传递给任何人。第二种稍微复杂的方式是不将访问文件的口令提供给用户，而是将访问文件的密钥隐藏在某个授权文件（License）中，和加密后的文件一同提供给用户。此时，甚至可以做到用户对于文件是否加密无感知。显然，这种方式也存在脆弱性，恶意用户可以将两个文件同时分发给未被授权的其他用户，从而损害版权人的利益。

因此第三种方式出现了——将授权文件绑定到用户的特定硬件设备上。这样，用户只有在特定设备上才可以打开受保护的文件。事实上，这也是早期最为流行的 DRM 技术解决方案。这种方式的缺点也同样明显：一是一般硬件设备的生命周期最多三五年，因此会受更换硬件的影响；二是用户对文件的可访问性受到了非常明显的限制。

比较理想的解决方案是，将数字文件关联到"人"而不是"某个设备"。这样，就像用户将一本书从家里带到办公室一样，用户可以将自己购买的数字文件在自己的不同设备之间移动。

早在 2003 年，微软就在其产品微软阅读器（Microsoft Reader）中支持用户将其微软账户同特定的微软阅读器关联，以保护用户购买的电子书不被非法复制。

本章节之前的讨论主要集中在文件打开时的保护措施，但是 DRM 技术涵盖的范围远不止于此。在打开文件之后，还需要更多的控制措施。比如，控制用户是否可以打印该文件，控制用户是否可以将文件的内容复制粘贴到剪贴板，或者文件本身是否会在一定时间之后过期。

通过一个常用的文档阅读类软件 Acrobat Reader 作为文档的数字版权管理样例，可以形象地说明文档的数字版权管理机制，如图 4-46 所示。

在文档的"安全性"属性窗口，可以看出创建者控制文件的各种保护方式，如是否允许复制文件内容，是否允许打印等。Acrobat Reader 支持的 DRM 技术方案会出现在"安全性方法"中，如 Adobe DRM。

Acrobat Reader 和微软阅读器都实现了 DRM 技术的部分功能，但并非全部。从抽象的维度，DRM 技术将版权人的诉求系统化地分类为功能上的限制（播放、打印、复制等）、使用上的约束（次数约束、过期时间约束、基于地理位置的约束等）及用户义务遵从（付费、使用方式跟踪等）三个类型。DRM 技术功能分类如图 4-47 所示。

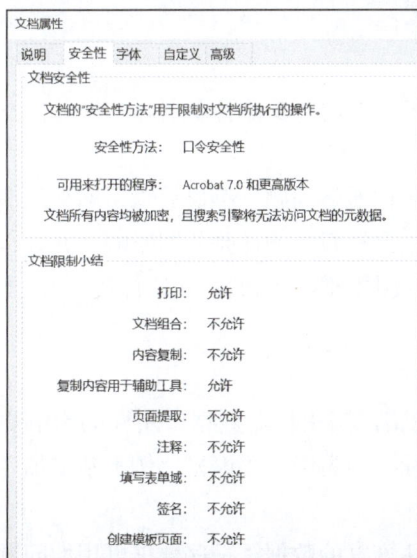

图 4-46　文档的数字版权管理机制样例　　　　图 4-47　DRM 技术功能分类

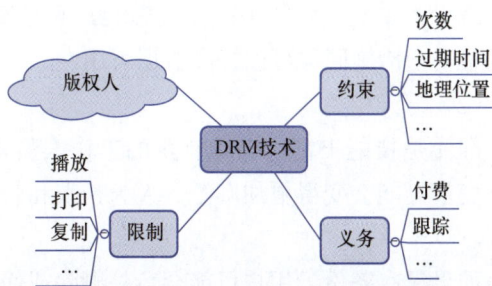

4.5.5　数据高可用性技术与应用

长期以来，数据安全模型的"CIA"三要素，即保密性、完整性、可用性，得到的关注度并不完全相同。传统上更关注数据的机密性，避免数据的非预期访问与泄露。在互联网时代，特别是随着 2017 年 WannaCry 等新型勒索软件的诞生，其破坏性日益显现，数据的完整性也得到了越来越多的关注。

1．数据可用性的基本含义

数据的可用性，在数据安全的"CIA 三元组"中相对较少提及，但是保持数据可用性对于组织的业务表现和业务连续性至关重要。

如果无法访问关键任务数据，IT 运营可能会陷入停顿，产品或服务的交付可能被阻碍，从而导致高昂的财务成本，更重要的是损害组织的声誉。例如，如果在线零售企业的网站在促销期间瘫痪，其可能会损失大量收入。提供金融服务的移动互联网应用程序（App）可能会全天候都有用户访问和交易，如果其服务中断时间过长，其声誉可能会受损。关键行业的数据可用性更为重要，如医疗组织在急诊时需要第一时间获得患者的关键信息，如血型、过敏史等。

现代的数字化企业依赖数据向客户提供产品和服务。为了保持数据"实时"或"在线"，企业需要保持信息技术（IT）基础设施处于良好运转状态，即使在网络中断的情况下也是如此。这种保证数据访问的状态称为数据可用性。组织必须采取措施确保关键任务数据始终可访问。

数据可用性可通过正常运行时间（即数据可供用户使用的百分比）来衡量。例如，如果数据中心的可用性达到 99.99%，则意味着其每年仅停机 52.6 分钟或更短。对于敏感数据和关键工作负载而言，更高的数据可用性更为重要。

2．数据可用性面临的挑战

数据可用性面临的挑战来自各个方面，包括技术、人员以及监管要求。

（1）技术相关

有时，技术并不会按照我们预期的方式运行。数据质量问题、存储故障、网络崩溃和主机服务器故障都可能对数据可用性产生影响，无论是短暂影响还是长期影响。冗余组件可以减少大多数技术相关故障的影响。面对安全和数据泄露（例如勒索软件攻击），严格的网络安全措施同样可以提高数据可用性。

（2）与人相关

即使是技能丰富、训练有素的工作人员也会犯错，当用户对数据可用性的影响更大时，变量可能会变得更加广泛。人为错误和管理流程中的失误是"停机比例不断增加"的原因。

如果没有备份，用户可能会意外删除或修改无法恢复的数据。一些数据可用性问题可能来自人员技能不足，而另一些问题则可能是偶然发生的，如误输入批处理指令。

（3）监管与合规相关

数据可用性的某些法规非常严格。例如，网络安全法、个人信息保护法、GDPR（通用数据保护条例）可能会对数据存储和可用性施加严格限制，需要更谨慎管理以确保合规性。

我国的《网络安全法》第十条要求："……维护网络数据的完整性、保密性和可用性。"

GDPR 第 32 条要求"确保处理系统和服务的持续机密性、完整性、可用性和弹性的能力"，以及"及时恢复个人数据的可用性和访问权的能力"。第 49 条定义了在安全解决方案中处理个人数据的适当性，目的是"确保网络和信息安全"。它进一步指出："例如，这可能包括防止未经授权访问电子通信网络和恶意代码分发，以及阻止'拒绝服务'攻击和对计算机和电子通信系统的破坏。"

某些行业（例如医疗保健）面临着独特的合规标准，如 HIPAA（健康保险流通与责任法案），该法案要求对数据安全和访问执行特定的控制措施。

3．技术层面影响数据可用性的风险

技术层面影响数据的可用性的风险如下。

（1）主机服务器故障——如果存储数据的服务器发生故障，数据将变得不可用。

（2）存储故障——如果物理存储设备出现故障，用户将无法再访问其存储的数据。

（3）网络崩溃——如果网络崩溃，主机服务器及其上存储的数据将无法访问。

（4）数据质量差——低质量的数据集可能包含不完整、不一致或冗余的数据，对于业务而言可能是无用的。

（5）数据兼容性问题——在特定平台或环境下可用且可工作的数据不一定能在另一个平台或环境下工作。

（5）遗留数据——过时的数据可能无法使用。

4．保护数据可用性的措施

有如下保护数据可用性的措施。

（1）设计数据冗余机制

提高数据可用性最基本的方法是确保数据冗余，即确保有多个数据源可用。这样，托管数据的某个磁盘、服务器或数据库发生故障不会导致可用性中断。

冗余的挑战在于在冗余和成本效益之间找到适当的平衡。预算和风险需要平衡，企业内可以同时运行的数据库或数据服务器的副本数量是有限的。但是，通过研究特定服务器或数据库发生故障的频率等数据，并评估不同数据工作负载的重要性，可以更好地决策为每个数据源实施冗余的数量。

（2）关注数据安全、备份和恢复

如前所述，备份和恢复可以大大提高数据可用性和正常运行时间。通过定期备份数据（无论是在本地还是在云中），企业可以防范未经授权的入侵，如勒索软件攻击。

防火墙、访问控制和加密都可以减缓或阻止恶意行为者。企业还可以通过实施灾难恢复计划和程序来保护其数据，以概述中断后要采取的关键措施。

（3）自动故障转移

数据冗余是基础，与自动故障转移相结合的数据冗余可以更好地保障数据可用性。自动故障转移意味着当基础设施的某个组件发生故障时，备份组件会自动替换它。自动故障转移无须等待人工工程师检测故障并切换到备份系统，因此可以最大限度地减少或完全避免数据可用性中断。

许多虚拟服务器和数据库的监控和管理工具都可以配置自动故障转移。如果企业采用监控和管理工具，IT 或者运维人员可以实现一些简单的脚本，使备份系统在主系统发生故障时自动上线。

（4）避免单点故障

提高数据可用性的另一个简单步骤是避免单点故障——这意味着基础设施组件或应用程序如果停止工作就会导致数据不可用。

这里的概念与上面提到的冗余类似，但冗余和消除单点故障之间存在差异。假设拥有由多个服务器和磁盘组成的冗余存储基础架构，由于单点故障，仍然面临它们不可用的风险。例如，它们所依赖的网络路由器崩溃。在这种情况下，路由器是单点故障。高可用性架构通过识别单点故障源，并通过负荷分担、主备倒换等方式，可以一定程度上避免这种风险。

（5）采用软件定义的基础设施

一般而言，软件定义基础设施和存储有助于提高数据可用性。这是因为当存储数据的基础设施和文件系统在软件中定义，而不是直接与托管它们的硬件集成时，更容易移动和扩展。

软件定义环境可以像虚拟服务器和虚拟磁盘一样简单。还有更高级的方法来构建软件定义基础设施，如使用 GlusterFS 或 Ceph 等文件系统。利用软件定义基础设施和存储，可以有效地提高数据可用性。

显然，不是每种类型的业务数据都适合迁移到软件定义的环境中，而且有些软件定义的环境更为复杂。

（6）建立并执行 RTO

RTO（Recovery Time Objective，恢复时间目标），指在数据可用性中断的情况下，业务可以继续运营的时间。

根据所处的行业、数据量、数据类型和其他因素，确定合适的 RTO 目标。例如，连锁咖啡店、银行、传统行业工厂、医院对于即时恢复数据的诉求显然不同。

确定企业的 RTO 之后，则需审视现有的措施是否可以满足 RTP 目标。不要等到数据可用性中断后，才发现企业在没有数据终端的情况下如何继续运行，或无法运行。

计算 RTO 只是成功的一半。为了使 RTO 真正有用，企业还需要确保能够在 RTO 指定的时间范围内从灾难中恢复。同样，不要等到灾难发生后，才测试灾难恢复计划是否能够真正满足 RTO 要求。

定期进行演练，了解从备份数据库恢复数据以及切换到新的数据服务器实例需要多长时间，以确保在必要时满足 RTO 要求。

习　题

1．作为安全架构师，参与一款互联网应用程序（App）的研发。请概述在项目立项和设计阶段，需要参考哪些安全架构和最佳实践，输出什么方案或者设计文档。

2．在公有云服务场景，常用哪些基于硬件的安全防护措施？

3．在数据完整性保护场景，常用的算法有哪些？

4．如果需要在数据库中存储用户登录的口令，需采取哪些安全措施？

5．在保护数据机密性方面，如何平衡加密算法的强度和系统性能？

6．数据血缘管理有哪些常用技术，它们各自的优缺点是什么？

7．实现一个良好的密钥管理框架需要考虑哪些内容？

8．公钥密码算法的应用场景主要有哪几种类型？并分别简述其作用。

9．密码哈希函数具备哪些关键特性？这些特性在密码学中有怎样的重要意义？

10．简述对称加密和非对称加密在密钥管理方面的主要区别。

11．简述可信执行环境（TEE）的架构。

12．在数据防泄露（DLP）技术中，常用的识别敏感数据的技术有哪些？ DLP 产品的核心是什么？

第 5 章

个人信息保护

个人信息保护是数据安全保护的重要方面，加强个人信息保护是维护社会稳定、促进经济发展、保护企业合法权益和维护消费者权益的必然要求。本章介绍个人信息概述、个人信息保护制度、管理、技术和实践，使读者对个人信息保护制度和技术有一个全面了解和掌握。

5.1 个人信息

5.1.1 个人信息定义

根据我国《个人信息保护法》，个人信息是以电子或者其他方式记录的与已识别或者可识别的自然人有关的各种信息，不包括匿名化处理后的信息。

不同国家和地区对于个人信息的称谓存在差异，这主要源于各国在此领域的研究背景和历史发展。在美国、日本和韩国，倾向于使用"个人信息"这一术语；而在欧盟、英国、新加坡和印度，则更习惯使用"个人数据"这一表述。在我国，规范性文件中如《十三五规划纲要》和《信息通信行业发展规划》等，多使用"个人数据"一词，以体现数据的属性和特征；而在法律正式文本中，则更多使用"个人信息"这一表述，以强调其法律属性和保护意义。这种称谓上的差异反映了不同国家和地区对于个人信息保护的不同理解和实践。表 5-1 是不同国家和地区在法律层面对个人信息的定义。

表 5-1　个人信息定义

区域	法律条款	定义
欧盟	《一般数据保护条例》第4条第1款	"个人数据"指与一个已识别或可识别的自然人（数据主体）相关的任何信息。一个可识别的自然人指能够被直接或间接地，特别是通过参考诸如姓名、识别号码、位置数据、在线标识，或通过该自然人的身体、生理、遗传、心理、经济、文化或社会身份等一个或多个特定因素，识别出的自然人。
德国	《联邦数据保护法》第46条第1项	"个人数据"指与已识别或可识别的自然人（数据主体）有关的任何信息；可识别的自然人是可以直接或间接识别的自然人，尤其是通过参考如姓名、识别号、位置数据、在线标识符或与该人的身体、生理、遗传、心理、经济、文化或社会身份等有关的一个或多个因素的识别特征。

区域	法律条款	定 义
日本	《个人信息保护法》第2条第1款和第2款	1．本法所称的"个人信息"指属于下列各项规定的情形之一的、有关生存着的个人的信息： （1）通过该信息中所含有的姓名、出生年月日及其他记述等[文字、图画或电磁记录（指以电磁方式——指电子方式、磁气方式及其他人类无法感知的方式。后一款第二项相同——制作的记录。第十八条第二款相同）中所记载或记录的或者使用声音、动作或其他方法所表示的所有事项（个人识别符号除外。以下相同)]能够识别特定个人（包括很容易与其他信息相对照，并能够以此来识别特定个人的信息）； （2）含有个人识别符号。 2．本法所称的"个人识别符号"指属于下列各项规定的情形之一的，由法令规定的文字、号码、记号及其他符号： （1）为了将特定个人身体的某一部分特征用于电子计算机而将其变换为文字、号码、记号及其他符号，并且能够识别该特定个人； （2）利用提供给个人的服务或购买出售给个人的商品时被分配或发行给个人的卡片及其他材料中所记载的或者以电磁方式记录的文字、号码、记号及其他符号，并且由于为区分不同利用者、购买者或接受发行者而进行了分配或者记载或记录，因而能够识别特定利用者、购买者或接受发行者。
巴西	《通用数据保护法》第5条第1款	个人数据：与已识别或可识别的自然人有关的信息。
韩国	《个人信息保护法》第2条第1款	"个人信息"指存活个人的相关信息。满足以下任意一项的，可以认定为个人信息。 1．通过姓名、居民身份证号码及影像等可以对个人进行识别的信息。 2．虽然仅凭该信息无法识别特定个人，但很容易将该信息与其他信息结合起来识别个人。这种情况下是否容易结合，应合理考虑获取其他信息的可能性，如所需的时间、费用、技术等。 3．将本款第一项、第二项通过本条1-2之规定进行化名处理，若没有其他信息的使用与结合，无法识别个人的信息（以下称为化名信息）。 1-2："化名处理"指通过删除或替代部分或全部个人信息等方法，若无其他附加信息就无法识别特定个人的处理方式。
中国	《民法典》第1034条第2款	个人信息是以电子或者其他方式记录的能够单独或者与其他信息结合识别特定自然人的各种信息，包括自然人的姓名、出生日期、身份证件号码、生物识别信息、住址、电话号码、电子邮箱、健康信息、行踪信息等。
	《网络安全法》第76条第5项	个人信息，是指以电子或者其他方式记录的能够单独或者与其他信息结合识别自然人个人身份的各种信息，包括但不限于自然人的姓名、出生日期、身份证件号码、个人生物识别信息、住址、电话号码等。
	《个人信息保护法》第4条第1款	个人信息是以电子或者其他方式记录的与已识别或者可识别的自然人有关的各种信息，不包括匿名化处理后的信息。

5.1.2　个人信息分类

个人信息是以电子或者其他方式记录的与已识别或者可识别的自然人有关的各种信息。根据个人信息的性质和特征，可以将其分为一般个人信息和敏感个人信息；根据个人信息与自然人的关联程度，可将其分为直接个人信息和间接个人信息。

1. 一般个人信息与敏感个人信息

依据《个人信息保护法》第二章的规定，个人信息细分为一般个人信息和敏感个人信息。一般个人信息指与个人身份不直接相关的信息，而敏感个人信息则是直接涉及个人隐私、财产或人身安全的信息。

(1) 敏感个人信息

敏感个人信息指一旦泄露或者非法使用，容易导致自然人的人格尊严受到侵害或者人身、财产安全受到危害的个人信息，包括生物识别、宗教信仰、特定身份、医疗健康、金融账户、行踪轨迹等信息，以及不满十四周岁未成年人的个人信息。主要涵盖以下几个方面。

① 身份证件信息：包括身份证号码、护照号码、社会保障号码等。这些信息具有唯一性和重要性，一旦被泄露或滥用，可能导致身份盗窃、财产损失等。

② 财务账户信息：包括银行卡号、信用卡号、支付账号等。这些信息直接关系到个人财产安全，一旦被非法获取，可能导致资金被盗刷、财产损失等。

③ 健康和医疗信息：包括病历、疾病诊断、用药情况等。这些信息属于个人隐私范畴，涉及的健康状况可能会影响个人在就业、保险、婚姻等方面的权益。

④ 个人行为和习惯信息：包括通信记录、浏览历史、消费记录等。这类信息直接反映了个人的兴趣爱好、生活习惯和社交网络，一旦被滥用，可能导致个人隐私被曝光、信息泄露等问题。

⑤ 非公开的法律文件：包括刑事犯罪记录等。这些信息的泄露可能导致对个人声誉和人身安全造成严重伤害。

(2) 一般个人信息

一般个人信息是除敏感个人信息外的其他个人信息，指那些可以经常性公开并且一般不会对个人的人身或财产构成直接威胁的信息，包括但不限于个人的姓名、性别、出生日期、联系方式、居住地址、教育背景、职业信息、兴趣爱好以及家庭成员的基本情况等。一般个人信息在日常生活中较为常见，并且在大多数情况下不会引发严重的隐私或安全问题，通常用于确认个人身份、进行社交活动、求职就业以及提供个性化服务等目的。一般个人信息也需要妥善保护，避免被不法分子滥用或泄露。

(3) 区别与联系

敏感个人信息关乎个人的人格尊严、人身和财产安全利益，敏感个人信息的处理较一般个人信息的处理而言，对告知、同意等事项均有着更高的要求。依据《个人信息保护法》第二十九条的规定，一方面，个人信息处理者应当向个人告知处理敏感个人信息的必要性以及对个人权益的影响；另一方面，处理敏感个人信息应当取得个人的单独同意，法律、行政法规要求书面同意的，还应当取得个人的书面同意。而未满十四周岁未成年人个人信息作为敏感个人信息的一种，应当取得未成年人的父母或者其他监护人的同意。此外，根据《个人信息保护法》第四十五条，处理敏感个人信息的个人信息处理者应当事前进行个人信息保护影响评估，并对处理情况进行记录。

敏感个人信息和一般个人信息并不是固定的，在不同的应用情况下会划分为不同的类别。例如，通信在一般情况下属于一般个人信息，但是在短信验证、网银操作时就会涉及资金安全，从而变成了敏感个人信息。在对待交叉信息的处理上，需要结合具体情况，根据信息使用的特定环境和用途进行界定，并严格按照敏感个人信息的保护标准进行处理。

2. 直接个人信息与间接个人信息

（1）直接个人信息

直接个人信息指能够单独识别出特定自然人的信息，无须其他信息的辅助或联系。这类信息通常具有高度的可识别性，一旦泄露或滥用，就可能对信息主体造成严重侵害。例如，身份证件号码、护照号码、详细住址、银行账户、社会保障号码等，都属于直接个人信息的范畴。它们具有独特性，能够直接指向特定的个人，因此在使用和存储时需要加强安全保护。

（2）间接个人信息

相对而言，间接个人信息指无法单独识别特定自然人，但与其他信息结合后可能识别出特定自然人的信息。这类信息通常包含个人的某些特征或属性，如年龄、身高、体重、学历、职业等。这些信息本身无法直接识别出特定的个人，但与其他信息相结合后，就可能揭示出个人的身份。因此，虽然间接个人信息的可识别性相对较低，但在处理时仍需保持谨慎，以防止被用于非法目的。

此外，根据不同的标准，个人信息还可以分为自动处理个人信息和非自动处理个人信息、公开个人信息和隐秘个人信息、属人个人信息和属事个人信息等。

5.2　个人信息保护制度

5.2.1　国际个人信息保护制度

国际个人信息保护制度呈现出多样性和复杂性。不同国家和地区根据自身的法律传统、文化习惯和社会需求，制定了各具特色的个人信息保护法律和政策。

1. 欧盟《通用数据保护条例》

欧盟《通用数据保护条例》（General Data Protection Regulation，GDPR）是欧洲联盟于 2016 年 4 月 14 日正式颁布，并于 2018 年 5 月 25 日正式实施的一项法规。该条例旨在统一欧盟成员国的数据保护法律，并加强对个人数据的保护。该条例是欧盟在个人信息保护方面的重要法规，对数据的收集、处理、存储和传输等方面进行了全面规定，要求数据处理者必须保障数据主体的合法权益，包括知情权、访问权、更正权、删除权等。主要内容和特点如下。

（1）GDPR 适用范围广泛，不仅适用于在欧盟境内的组织和企业，也适用于在境外处理欧盟居民数据的任何组织和企业。

（2）GDPR 强调了个人数据的保护原则，包括合法性、公平性和透明性原则，目的限制原则、数据最小化原则、存储期限限制原则、数据准确性原则、保密性和完整性原则、责任制和可靠性原则。

（3）GDPR 赋予了数据主体更多的权利，如知情权、访问权、修改权、删除权、限制处理权、数据可携带性等。

（4）GDPR 对数据处理者和数据控制者的义务也提出了具体要求，包括要求数据处理者和数据控制者采取适当的技术和组织措施保护数据安全，进行风险评估，并通知数据泄露事件等。

（5）GDPR 对违反法规的处罚也有明确规定，违反 GDPR 规定的组织和企业可能面临高额罚款，罚款达到全球收入的 4% 或 2%。

GDPR 在欧盟生效以来，已经产生多起重要案例，典型案例如表 5-2 所示：

表 5-2　GDPR 生效后的典型案例

序号	案例名称	时间	处罚地点	罚款金额（欧元）	违规详情	强调原则
1	Amazon案	2021	卢森堡	7.46亿	未能充分保护用户数据	数据处理透明度和安全性
2	Meta案	2021	爱尔兰	2.25亿	用户数据处理不透明	透明度和用户同意
3	H&M案	2019	德国	3530万	非法收集员工数据	员工数据保护
4	Tim Hortons案	2021	加拿大	2000万	移动应用过度收集用户信息	跨境企业数据处理监管
5	奥地利邮局案	2018	奥地利	1800万	非法处理客户数据	公共机构数据处理合规
6	葡萄牙医院数据泄露案	2018	葡萄牙	40万	患者数据泄露	医疗机构数据处理合规

由于欧盟的 GDPR 过于严厉，产业界出现了担忧，主要集中在 GDPR 可能增加企业的合规成本和限制创新能力，并可能影响全球数据的跨境流动。总体而言，GDPR 作为一项全球领先的数据保护法规，为个人数据隐私提供了更为全面和严格的保护，同时也促进了数字经济的健康发展。通过规范数据处理方式、加强个人数据权利保护以及对违规行为的处罚，GDPR 为数据安全和个人隐私保护树立了标准，对于全球范围内的数据管理和交流具有重要影响。

2. 美国《加州消费者隐私法案》

美国《加州消费者隐私法案》（California Consumer Privacy Act，CCPA）是美国加州重要的数据隐私法律，于 2018 年 6 月 28 日正式颁布，并于 2020 年 7 月 1 日正式生效。该法案旨在保护加州居民的个人数据隐私和权利，对企业和组织在处理消费者个人信息时提出了一系列严格的要求和规定。主要内容和特点如下。

（1）CCPA 赋予了消费者更多数据控制权。根据该法案，消费者有权了解企业收集和使用其个人信息的情况，可以要求企业提供其收集的个人信息的具体来源、目的、类别和销售对象等信息。

（2）CCPA 规定了企业必须遵循的数据处理原则。企业在处理消费者个人信息时必须遵循合法性、公平性、透明性、目的限制、数据最小化、存储期限限制、数据准确性、保密性和完整性等原则，保障消费者个人信息的安全和隐私。

（3）CCPA 规定了企业需要采取的保护措施。企业必须采取合理的技术和组织措施保护消费者个人信息的安全，包括数据加密、访问控制、风险评估和数据泄露事件通知等。

（4）CCPA 规定了消费者对其个人信息的一些特殊权利，如访问权、删除权、限制处理权、数据可携带性等，消费者可以通过向企业提出请求来行使这些权利。

（5）CCPA 对违反法规的处罚做出了明确规定。违反 CCPA 规定的企业可能面临高额罚款和法律诉讼，从而促使企业严格遵守法规，加强个人数据隐私保护。

CCPA 在美国加州正式实施以来，发生了多起重要的案例，典型案例如表 5-3 所示。

表 5-3　违反美国 CCPA 的典型案例

序号	违规时间	地　点	机构类型	罚款金额（美元）	违规详情	违反的CCPA原则
1	2022年8月	加州	化妆品零售商（丝芙兰）	120万	擅自收集并出售用户人脸识别数据，未明确披露	透明度和消费者同意
2	2021年7月	洛杉矶	社交媒体平台	65万	未保护用户数据安全，导致数据泄露	安全保护
3	2021年5月	旧金山	电商平台	60万	未向用户提供删除个人信息选项	消费者权利（删除权）
4	2021年2月	洛杉矶	金融服务机构	55万	未公开隐私政策，未经用户同意出售用户信息	隐私政策公开和用户同意
5	2020年11月	圣地亚哥	健康科技机构	50万	非法收集并出售患者健康数据	敏感信息收集和处理
6	2020年9月	旧金山	在线教育平台	45万	未提供选择退出数据共享选项，未保护用户数据安全	数据共享和用户数据安全

CCPA 作为美国领先的个人数据隐私法案，为消费者提供了更多的数据控制权和隐私保护，促进了数据处理的透明和合规性。加州随后发布的《加州隐私权法案》（California Privacy Rights Act，CPRA）也对 CCPA 进行了重要修正与补充。通过规范企业的数据处理行为、加强数据安全措施以及对违规行为的处罚，CCPA 与 CPRA 为个人数据隐私保护树立了标准，对于加州甚至全美国的数据保护法律制度的发展具有重要影响。

3．其他国家个人信息保护制度情况

除了美国和欧洲，其他国家也在不断完善个人信息保护制度。一些国家制定了专门的个人信息保护法，或者将数据保护条款纳入更广泛的法律框架中，这些法律和政策通常要求企业在收集和使用个人信息时遵循一系列原则，如目的明确、合法、必要、自愿、安全

等，表 5-4 列出了部分国家个人信息保护制度情况。

表 5-4　部分国家个人信息保护制度情况

国家	法 律 名 称	发布生效时间	主 要 内 容
加拿大	《个人信息保护和电子文件法》（Personal Information Protection and Electronic Documents Act，PIPEDA）	发布时间：2000年 生效时间：分阶段实施，主要部分于2001年1月1日生效	规定了个人信息的收集、使用、披露和保护原则，确保个人信息的合理和合法处理。它要求组织获取个人的明确同意，保护个人信息的机密性、完整性和可用性。
新加坡	《个人信息保护法案》（Personal Data Protection Act 2012，PDPA）	发布时间：2012年 生效时间：主要在2014年	规定了个人数据处理的九大原则，包括告知、同意、目的限制、数据质量和准确性、保留限制、数据安全和保护、开放性和透明性、个人数据访问和更正权等。
日本	《个人信息保护法》（Personal Information Protection Law）	2023年修订	规定了个人信息保护的基本原则和具体措施，包括目的明确、合法获取、安全保护等。它还规定了信息处理者的义务和个人的权利，如访问权、更正权、删除权等。
韩国	《个人信息保护法》（Personal Information Protection Act）	多次修订	规定了个人信息的收集、使用、提供和委托处理等方面的要求，以保护个人信息不被滥用或泄露。它要求组织在收集个人信息时必须明确告知收集目的，并获得个人的明确同意。
巴西	《巴西通用数据保护法》（Lei Geral de Proteção de Dados，LGPD）	发布时间：2018年8月 生效时间：2020年9月18日	规定了数据处理的原则，如透明度、目的限制、数据最小化、数据安全、信息质量等。它赋予数据主体多项权利，包括访问权、更正权、删除权、反对权、数据可移植权等。
印度	《个人信息保护法》（Personal Data Protection Bill）	生效时间未定	规定了个人信息的收集、存储、使用和披露等方面的要求。它强调了数据主体的同意权、知情权、访问权、修正权和删除权等。
澳大利亚	《隐私法》（Privacy Act）	发布时间：1988年	规定了个人隐私的保护原则，包括信息的收集、使用、存储和披露等方面的规定。它要求组织在收集个人信息时必须遵守一系列原则，并确保个人信息的准确性和安全性。

4．国际个人信息保护标准

国际上与隐私保护相关的顶层框架标准是 ISO/IEC 29100：2011《隐私框架》，该标准规范了隐私保护术语，定义了处理个人身份信息（PII）的行为者及其角色，提出了隐私保护的权衡因素，并提供了信息技术的已知隐私原则。

与隐私相关的其他重要标准可以分为 4 个不同的层级，如图 5-1 所示。

应用场景系列标准

· 智慧城市：ISO 27570
· 物联网：ISO/IEC 27400系列标准
· 大数据：ISO/IEC 20547系列标准

管理系列标准

· ISO 29134：隐私影响评估指南
· ISO 27552：7001/27002的扩展，对隐私管理的要求和指南
· ISO 27018：云控制措施
· ISO 29151：个人身份数据（PII）控制措施

实施指南系列标准

· ISO 27550：隐私工程
· ISO 29184：隐私告知与同意
· ISO 29190：隐私能力成熟度模型

特定技术领域系列标准

· ISO 29101：隐私架构框架
· ISO 20889：隐私增强数据去识别技术
· ISO 29191：特定技术要求（部分匿名化、部分去关联化）

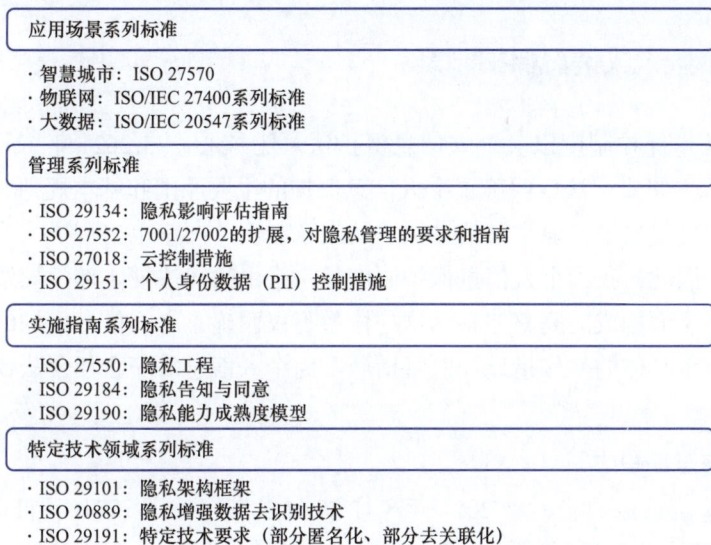

图 5-1　与隐私相关的其他重要标准

除系列标准外，ISO 还发布了一系列的标准支持文档，本书不再逐一赘述。

在管理系列标准中，类比于 ISO 27005 标准提供了安全风险管理，ISO 29134 为开展隐私影响评估（PIA）提供了实施指南，ISO 29151 为个人身份信息（PII）提供了控制措施的集合。

在个人数据保护维度，还包括国际标准：ISO/IEC 17788/89、ISO/IEC 19086、ISO/IEC 19941、ISO/IEC 19944。

针对个人数据采集和处理的不同场景，各项国际标准聚焦不同的对象和领域。个人数据涉及的 ISO 国际标准如图 5-2 所示。

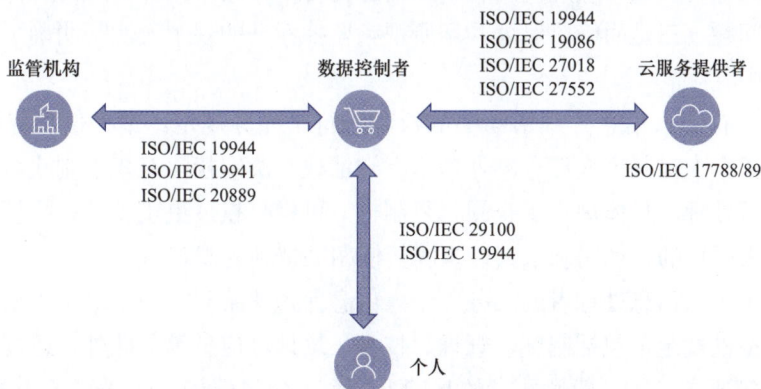

图 5-2　个人数据涉及的 ISO 国际标准

如前所述，ISO 9001、ISO 27001、ISO 27017、ISO 27701 等标准也涵盖信息安全、数据安全与隐私保护的相关内容。

5.2.2　我国个人信息保护制度

我国个人信息保护制度以《个人信息保护法》为核心，自2021年11月1日起实施。2016年出台的《网络安全法》明确了个人信息保护的主要原则和基本规则。不同的政府部门从行业管理角度提出了行业个人信息保护的规章制度，国家也出台了一系列标准来规范个人信息保护。因此，我国个人信息保护制度是一个由法律法规、部门规章、政策规范和技术标准等多个层面构成的完整体系。这一体系不仅明确了个人信息保护的基本原则和具体要求，还提供了具体的操作指导和监管措施，为个人信息的安全和合法权益提供了有力保障。

1.《个人信息保护法》

我国《个人信息保护法》于2021年8月20日发布，并于2021年11月1日起施行。《个人信息保护法》共8章74条，是我国在个人信息保护方面的基本法律，明确规定了个人信息的定义、处理原则、处理规则、个人权利以及法律责任等，为个人信息保护提供了全面的法律保障。具体来看，主要包括6个方面的内容。

（1）明确了个人信息保护的调整范围。个人信息保护法作为专门的个人信息保护法律，在定义方式上兼具了"识别说"和"关联说"，反映了个人信息保护的专业性、动态性，结合个人信息处理主体多样、处理活动复杂、个人信息类型易变的现实发展情况，通过内涵和外延较为宽泛的定义方式，最大程度保证了个人信息保护法能够广泛适用和稳定适用。

（2）明确了个人信息处理的基本规则。一是个人信息保护法规定了个人信息处理的合法性基础，包括用户同意、签订合同所必需、人力资源管理所必需、履行法定职责/义务、紧急保护、新闻报道或者舆论监督、合理处理公开信息等多项合法性基础。二是个人信息保护法对通过自动化决策方式处理个人信息进行了规定，回应了广为关注的信息茧房和大数据杀熟问题。三是明确了对公共场所视频监控活动的规则。四是明确了处理已公开个人信息的规则。

（3）对个人在个人信息处理活动中的权利进行了充分规定。个人信息保护法通过原则性条款明确了个人对其个人信息的处理享有知情权、决定权，有权限制或者拒绝他人对其个人信息进行处理。具体规定了查阅、复制权，可携带权，更正权，删除权，请求解释权。对于自然人死亡的，也明确了其近亲属行使相关权利的规定。

（4）规定了个人信息处理者的义务。个人信息保护法第五十一条对个人信息处理者的义务进行了概括性规定，包括制度、管理、技术、培训、应急等。此外，还规定了合规审计、泄露通知等要求。在一般性要求的基础上，个人信息保护法还进行了一些特殊规定，如"守门人"义务，对于提供重要互联网平台服务、用户数量巨大、业务类型复杂的个人信息处理者还应当履行更高水平的义务，要求成立外部独立监督机构、制定平台规则、阻断违法活动、定期发布履责报告等。

（5）确定了履行个人信息保护职责的部门及其职责。个人信息保护法对个人信息保护体制进行了明确安排。从横向来看，由国家网信部门负责统筹协调个人信息保护工作和相关监督管理工作，国务院有关部门依照本法和有关法律、行政法规的规定，在各自职责范围内负责个人信息保护和监督管理工作。从纵向来看，县级以上地方人民政府有关部门按照国家有关规定确定个人信息保护和监督管理职责。

（6）规定了较为严厉的法律责任。行政责任方面，个人信息保护法设置了全面的行政处罚手段，包括警告、没收违法所得、罚款、责令暂停相关业务或者停业整顿、吊销许可或者营业执照。罚款的最高数额可达五千万元人民币或者上一年度营业额的百分之五。此外还规定了信用惩戒以及对担任企业董事、监事、高级管理人员和个人信息保护负责人的从业禁止等。民事责任方面，规定了过错推定原则，处理个人信息侵害个人信息权益造成损害，个人信息处理者不能证明自己没有过错的，应当承担损害赔偿等侵权责任。

总体来看，《个人信息保护法》是国家层面对个人信息保护问题进行的重大基础性法律制度安排，对个人信息保护问题进行了全面性、基础性的规定，能够有效实现个人信息保护法治环境，标志着我国进入了更高水平的个人信息保护的法治时代。

此外，《网络安全法》《民法典》也对个人信息保护工作提出相关规定。2017 年 6 月，《网络安全法》正式实施，该法第四十条至第四十五条对于网络运营者收集、使用个人信息等行为提出要求。2021 年 1 月，《民法典》正式实施，其中第 1034 条至 1038 条进行相关规定，既对个人信息进行了定义，也对个人信息的保护进行明确规定。

2．个人信息保护规章制度

国家行业管理部门从行业和领域内的个人信息保护角度推出了一系列部门规章、政策制度，对个人信息的保护进行了具体规定。这些制度共同构成了国内外个人信息保护的完整体系，为个人信息的安全提供了有力的保障。表 5-5 列举了近年来我国发布的主要的个人信息保护规章制度。

表 5-5　主要的个人信息保护规章制度

政 策 名 称	部　门	时　间	主 要 内 容
《促进和规范数据跨境流动规定》	国家互联网信息办公室	2024年3月22日	为了保障数据安全，保护个人信息权益，促进数据依法有序自由流动，根据《网络安全法》《数据安全法》《个人信息保护法》等法律法规，对于数据出境安全评估、个人信息出境标准合同、个人信息保护认证等数据出境制度的施行，制定本规定。
《个人信息出境标准合同办法》	国家互联网信息办公室	2023年	为保护个人信息权益，规范个人信息出境活动，根据《个人信息保护法》等法律法规，制定办法，明确个人信息出境标准合同的适用范围、订立和履行等要求。
《个人信息保护认证实施规则》	国家市场监督管理总局、国家互联网信息办公室	2022年	为规范个人信息保护认证工作，根据《中华人民共和国认证认可条例》等法律法规，制定实施规则，明确个人信息保护认证的适用范围、认证依据、认证模式、认证程序等要求。

（续表）

政 策 名 称	部 门	时 间	主 要 内 容
《常见类型移动互联网应用程序必要个人信息范围规定》	工业和信息化部等	2021年	明确常见类型App的必要个人信息范围，要求App运营者不得因用户不同意收集非必要个人信息而拒绝用户使用App的基本功能服务。
《App违法违规收集使用个人信息行为认定方法（2019）》	国家互联网信息办公室、工业和信息化部等	2019年	为认定App违法违规收集使用个人信息行为提供方法，包括未公开收集使用规则、未明示收集使用目的等行为的认定。
《电信和互联网用户个人信息保护规定》	工业和信息化部	2013年	保护电信和互联网用户的个人信息权益，规范相关企业和机构的个人信息处理行为，包括个人信息收集原则、使用限制、安全保障和用户权利保障等内容。

3．个人信息保护标准

近年来我国发布了一批个人信息保护领域的国家标准，包括了个人信息处理活动技术、管理、评测等内容。表5-6梳理了近年来发布的个人信息保护领域重点的国家标准。

表5-6　我国个人信息保护领域重点的国家标准

标 准 名 称	主 要 内 容
GB/T 42574—2023《信息安全技术 个人信息处理中告知和同意的实施指南》	该标准根据《网络安全法》《个人信息保护法》《App违法违规收集使用个人信息行为认定方法》等有关要求，重点围绕个人信息处理的公开透明、选择同意等原则，在GB/T 35273《信息安全技术 个人信息安全规范》的基础上，给出了处理个人信息时，向个人告知处理规则、取得个人同意的实施方法和步骤。
GB/T 41817—2022《信息安全技术 个人信息安全工程指南》	本标准描述了个人信息安全工程目标，给出了在需求分析、产品设计、产品开发、测试审核、发布部署、运行维护等系统工程阶段的个人信息保护实施指南。本标准适用于涉及个人信息的网络产品和服务，为其在需求、设计、开发、测试等系统工程阶段开展个人信息保护实践提供指导。
GB/T 41391—2022《信息安全技术 移动互联网应用程序（App）收集个人信息基本要求》	本文件规定了App收集个人信息的基本要求，给出了常见服务类型App必要个人信息范围和使用要求。本文件适用于App运营者规范其个人信息收集活动，也适用于监管部门、第三方评估机构等对App个人信息收集活动进行监督、管理和评估。
GB/T 39335—2020《信息安全技术 个人信息安全影响评估指南》	本标准给出了个人信息安全影响评估的基本原理、实施流程。本标准适用于各类组织自行开展个人信息安全影响评估工作，同时可为主管监管部门、第三方测评机构等组织开展个人信息安全监督、检查、评估等工作提供参考。
GB/T 35273—2020《信息安全技术 个人信息安全规范》	本标准规定了开展收集、存储、使用、共享、转让、公开披露、删除等个人信息处理活动的原则和安全要求。本标准适用于规范各类组织的个人信息处理活动，也适用于主管监管部门、第三方评估机构等组织对个人信息处理活动进行监督、管理和评估。
GB/T 37964—2019《信息安全技术 个人信息去标识化指南》	本标准描述了个人信息去标识化的目标和原则，提出了去标识化过程和管理措施。本标准针对微数据提供具体的个人信息去标识化指导，适用于组织开展个人信息去标识化工作，也适用于网络安全相关主管部门、第三方评估机构等组织开展个人信息安全监督管理、评估等工作。

此外，行业主管部门从行业管理角度也发布了系列个人信息保护行业标准、团体标

准，如中国通信标准化协会（CCSA）发布的《移动互联网应用程序（App）收集使用个人信息最小必要评估规范》系列行业标准。

5.3　个人信息保护管理

5.3.1　个人信息保护的管理原则

1. 合法、正当、必要与诚信原则

处理个人信息应当遵循合法、正当、必要和诚信原则，不能通过误导、欺诈、胁迫等方式处理个人信息。

（1）合法原则

合法原则是个人信息处理者在处理个人信息时必须遵循的基本原则。在处理个人信息的整个过程中，包括收集、存储、加工、使用、提供和公开等环节，个人信息处理者都必须严格遵守法律规定，采用合法的方式进行操作，绝不允许出现任何违法处理个人信息的行为。这是因为，无论何种形式的个人信息处理活动，都可能对自然人的个人信息权益造成一定的干扰或损害。因此，这些处理活动必须建立在法律的基础之上，或者具备正当化的理由。否则，这些处理行为将被视为对个人信息权益的非法侵害，是不被允许的。

（2）正当原则

正当原则要求处理个人信息时的行为是正当的。个人信息处理需具备目的正当性与手段正当性，处理个人信息应当具有明确、合理的目的，不得误导个人信息主体提供个人信息，不得通过欺诈方式，诱骗个人信息主体提供个人信息，也不得违背个人信息主体的意愿，强迫其提供个人信息。处理不应当通过不公正的方法，如通过欺骗或者在信息主体完全不知情的情况下处理其个人信息。在处理个人信息时，个人信息处理者应当明确处理的目的，并确保这一目的与其所采取的处理手段直接相关。此外，处理手段也应当具有适当性、必要性和均衡性，以确保在处理个人信息时能够平衡安全与效率。

（3）必要原则

必要原则要求确保每一项处理个人信息的活动对于实现个人信息处理目的而言是必要的。具体而言，必要原则要求个人信息处理者遵循最小化原则，即只收集实现特定处理目的所需最少的个人信息，并在处理过程中采取对个人权益影响最小的方式。此外，处理者还应确保个人信息的保存期限是合理的，只保留为实现处理目的所必需的最短时间，并在不再需要时及时删除或匿名化处理。

（4）诚信原则

诚信原则要求秉持诚实、恪守承诺，以及当事人应当真实真诚，如实披露相关信息，不坑蒙拐骗，不欺诈他人，同时严格承诺，讲求信用。具体而言，诚信原则要求个人信息

处理者遵循诚实信用的原则，在处理个人信息时保持真诚、善意和负责任的态度。他们应当如实告知个人信息主体关于信息处理的目的、范围、方式等相关信息，不得故意隐瞒或提供虚假信息。如果个人信息处理者违反了诚信原则，采取不正当手段处理个人信息，可能会对个人信息主体的权益造成损害。因此，诚信原则在处理个人信息中起到了重要的约束作用，要求个人信息处理者以诚信为基础，确保个人信息处理活动的合法性和公正性。

2. 目的明确和最小够用原则

处理个人信息应当具有明确、合理的目的，并应当与处理目的直接相关，采取对个人权益影响最小的方式。收集个人信息，应当限于实现处理目的的最小范围，不得过度收集个人信息。

（1）目的明确原则

目的明确原则指个人信息在收集时必须有明确的特定目的，禁止超出目的范围收集、处理和利用个人信息。

《个人信息保护法》第 6 条第 1 款规定，处理个人信息应当具有明确、合理的目的。第 17 条规定，个人信息处理者在处理个人信息前，应当以显著方式、清晰易懂的语言真实、准确、完整地向个人告知下列事项：个人信息处理者的名称或者姓名和联系方式；个人信息的处理目的、处理方式，处理的个人信息种类、保存期限；个人行使本法规定权利的方式和程序；法律、行政法规规定应当告知的其他事项。个人信息的处理目的、处理方式和处理的个人信息种类发生变更的，还应当将变更部分告知个人。个人信息处理者通过制定个人信息处理规则的方式告知前款规定事项的，处理规则应当公开，并且便于查阅和保存。

从《个人信息保护法》的内容来看，个人信息的收集和处理都应该有明确、合理的目的，并且不得以与目的不相符的方式进行处理。处理个人信息时，应事先明确处理的目的，并在处理个人信息过程中不得改变处理目的。

《信息安全技术 个人信息安全规范》（GB/T 35273）中要求，在目的明确原则下，还需保障"如产品或服务仅提供一项收集、使用个人信息的业务功能时，个人信息控制者可通过隐私政策的形式，实现向个人信息主体的告知；产品或服务提供多项收集、使用个人信息的业务功能的，除隐私政策外，个人信息控制者宜在实际开始收集特定个人信息时，向个人信息主体提供收集、使用该个人信息的目的、方式和范围，以便个人信息主体在作出具体的授权同意前，能充分考虑对其的具体影响"。

（2）最小够用原则

与"最小够用"相关的两个术语叫：最少够用信息、最少够用权限。最少够用信息指保障某一服务类型正常运行所最少够用的个人信息，包括一旦缺少将导致该类型服务无法实现或无法正常运行的个人信息，以及法律法规要求必须收集的个人信息。最少够用权限指用于收集某一服务类型最小必要信息且需要个人信息主体主动授予的智能移动终端操作系统权限。

根据该原则的规定，个人信息的收集应当以必要为原则，即如果没有某些个人信息，处理目的将无法完全实现或者主要的、核心的目的无法实现。最小够用原则对于保护个人信息权益而言十分重要，因为一般个人信息的非法处理往往从过度收集个人信息开始，而对个人信息的非法处理会面临非法买卖或者泄露的风险。

3. 公开透明原则

处理个人信息应当遵循公开、透明原则，公开个人信息处理规则，明示处理的目的、方式和范围。

《个人信息保护法》第 44 条规定，个人对其个人信息的处理享有知情权、决定权，有权限制或者拒绝他人对其个人信息进行处理。该条款旨在保护个人在个人信息处理活动中的权益，确保个人对其个人信息的处理具有充分的知情权和决定权。个人有权了解其个人信息被收集、使用、加工、传输、提供、公开、删除等处理活动的情况，并有权决定是否允许他人对其个人信息进行处理。

《信息安全技术 个人信息安全规范》（GB/T 35273）要求，应向主体提供查询方法，能让主体知晓持有的个人信息的类型：

（1）上述个人信息的来源、所用于的目的；

（2）已经获得上述个人信息的第三方身份或类型；

（3）宜直接在产品或服务提供的功能界面中（如应用程序可设置专门的选项、功能、界面等）设置相应的机制，便于个人信息主体在线行使其访问、更正、删除、撤回授权同意、注销账户等权利。

公开要求处理个人信息时必须主动告知，并且告知应当明确具体、易于访问、通俗易懂。在实际生活中，经常会有违反公开告知原则的行为出现。例如，在使用网站和 App 时，我们的个人信息会被收集，但是有的网站或者 App 没有隐私政策，即没有制定或者没有公开隐私政策。还有的网站有提供隐私政策，但是不够完整和准确，常见为当我们使用 App 时，会被申请各种权限（通讯录、相机、相册等），但是只是通过弹窗申请系统权限，并没有告知用户申请权限的目的。

4. 安全性原则

安全性原则，也称保密原则，即个人信息处理者应当采取必要的措施保障所处理的个人信息的安全，防止个人信息的泄露、篡改、丢失。

《个人信息保护法》第 9 条规定，个人信息处理者应当对其个人信息处理活动负责，并采取必要措施保障所处理的个人信息的安全。这一条款强调了个人信息处理者（即收集、使用、处理个人信息的组织或个人）对其处理活动应承担的责任，并要求他们采取必要的安全措施来保障个人信息的安全。这是为了保护个人信息不被非法获取、滥用、泄露或损坏，确保个人信息的保密性、完整性和可用性。

《网络安全法》第 40 条规定，网络运营者应当对其收集的用户信息严格保密，并建立健全用户信息保护制度。同法第 42 条规定，网络运营者应当采取技术措施和其他必要措施，确保其收集的个人信息安全，防止信息泄露、毁损、丢失。这两个条款旨在保障网络运营者处理用户信息时，不仅需要严格遵循保密义务，还需要采取技术措施和其他必要措施，防止信息泄露、毁损、丢失，更好地保护用户的信息安全。

《信息安全技术 个人信息安全规范》（GB/T35273）中要求，在确保安全的情况下，还需要满足以下几点。

（1）"将个人生物识别信息的原始信息和摘要分开存储"的技术要求。

（2）在信息系统自动决策机制的使用中定期（至少每年一次）开展个人信息安全影响评估，并依评估结果采取有效保护个人信息主体的措施、向个人信息主体提供针对自动决策结果的申诉渠道，并对自动决策结果进行人工复核。

（3）明确组织应为个人信息保护负责人和个人信息保护工作机构提供必要的资源，保障其独立履行职责。如采用公布投诉、举报方式等信息并及时受理投诉举报，与监督、管理部门保持沟通，通报或报告个人信息保护和事件处置等情况等。

（4）要求组织记录的内容包括：所涉及个人信息的类型、数量、来源（如从个人信息主体直接收集或通过间接获取方式获得）；根据业务功能和授权情况区分个人信息的处理目的、使用场景，以及委托处理、共享、转让、公开披露、是否涉及出境等情况。

5.3.2　个人信息保护的组织架构

在个人信息保护方面，企业、组织乃至国家通常会设置专门的部门或专员来负责相关工作。这些部门或专员的设立旨在确保个人信息的合规处理、安全保护以及应对与个人信息相关的风险和问题。

1. 工作职责

具体来说，个人信息保护部门或专员的职责，包括以下几个方面。

（1）制定和执行个人信息保护政策和程序：负责起草、修订和执行组织的个人信息保护政策和程序，确保这些政策和程序符合相关法律法规的要求，并适应组织的业务需求。

（2）监督个人信息处理活动：对组织内部涉及个人信息的处理活动进行监督和检查，确保这些活动符合政策和程序的要求，防止个人信息被非法获取、滥用或泄露。

（3）开展个人信息安全风险评估：定期评估组织在个人信息保护方面面临的风险，并制定相应的风险应对措施，确保个人信息安全。

（4）提供培训和支持：为员工提供有关个人信息保护的培训和支持，提高员工对个人信息保护的认识和意识，确保员工能够正确处理和保护个人信息。

（5）处理与个人信息保护相关的投诉和纠纷：负责接收、处理与个人信息保护相关的投诉和纠纷，及时解决问题，并向相关部门报告。

2. 国际上个人信息保护的组织架构

针对个人信息保护部分或专员的设置，世界各国都有不同的部门设置和规定。

（1）美国政府提倡的是一种基于行业自律的管理方式，即应用成熟的网络信息技术，推动和引导网络产业和电子商务的发展，设立较为宽松的网络服务提供者的政策，在行业中引入市场竞争与行业自我约束的方式，引导产业走向良性循环。美国开放政府数据中的个人隐私保护基于多法律重叠性的制度体系，建立了隐私影响评估的方法和框架，以及整个数据生命周期的隐私分析和审查机制，但是尚未建立可以承担个人隐私保护全部职能的权威机构。

（2）加拿大政府设置加拿大隐私专员办公室（Office of the Privacy Commissioner，OPC）。OPC 以监督加拿大《隐私法》与《个人信息保护和电子文件法》的遵守情况为任务，助力加拿大各个机构开展数字隐私治理工作。OPC 在保护个人隐私方面发挥着核心作用，确保公共和私营部门在处理个人信息时遵循加拿大隐私法律法规。该办公室负责接收并调查与个人信息保护和隐私相关的投诉，定期对涉及个人信息的处理活动进行监督和检查，以确保这些活动合法合规。

（3）欧洲数据保护监督局（European Data Protection Supervisor，EDPS）是欧盟体系内独立的监督机构，专注于确保欧盟机构在处理个人信息时严格遵循欧盟的数据保护法规。EDPS 的核心职责是监督和评估欧盟机构在个人信息处理方面的合规性，确保其遵循 GDPR 等法规的要求。通过定期和不定期的审查、调查和提供独立建议，EDPS 确保了欧盟机构在收集、存储、使用个人信息时，能够充分尊重和保护数据主体的隐私权。此外，EDPS 还积极与成员国的数据保护机构、国际组织以及公众合作，共同推动数据保护工作的进步。EDPS 的独立地位和权力保证了其工作的公正性和有效性。

（4）经济合作与发展组织（Organization for Economic Co-operation and Development，OECD）的隐私和数据保护工作组是一个专注于研究和推动隐私和数据保护政策与最佳实践的国际化平台。该工作组由来自 OECD 成员国和合作伙伴国的专家和代表组成，致力于应对全球范围内的隐私和数据保护挑战。工作组通过定期发布报告、指导原则和最佳实践案例，为政策制定者、企业界和公众提供有关隐私和数据保护方面的权威建议。这些建议旨在促进个人信息的安全、合规使用和跨境流通，同时保护数据主体的隐私权。

3．我国个人信息保护的组织架构

在我国，国家网信部门在个人信息保护工作中扮演着至关重要的角色。它负责统筹协调有关部门，依据相关法律法规，全面推进个人信息保护工作。其职责包括以下几点。

（1）制定个人信息保护的具体规则和标准，为个人信息处理者提供明确的指导。

（2）支持研究开发和推广应用安全、方便的电子身份认证技术，推进网络身份认证公共服务建设。

（3）积极组织和开展个人信息保护情况的测评，并公布测评结果。

此外，国务院有关部门在个人信息保护工作中承担着重要职责，依据《个人信息保护法》和相关法律、行政法规的规定，各行业主管部门在各自职责范围内负责个人信息保护和监督管理工作。

5.3.3　个人信息保护的流程设计

1．个人信息的收集、使用、存储、删除等流程规范

（1）信息收集

个人信息收集规范主要基于《个人信息保护法》和其他相关法律法规，旨在保护个人信息的合法权益，防止信息被非法收集、使用、加工、传输、买卖、提供或公开。个人信息的收集应该遵循合法性要求、最小化原则、明确公开透明原则和授权同意要求几项规范。

① 合法性要求。个人信息的收集必须有合法的目的，并且应当与收集者的业务范围相关。收集者不能为了非法目的获取他人的个人信息，不应该以欺诈、诱骗、误导的方式收集个人信息，不应隐瞒产品或服务所具有的收集个人信息的功能，也不应从非法渠道获取个人信息。

② 最小化原则。仅限于实现合法目的的必要范围，并注意个人信息的时效性、准确性和完整性。避免过度获取信息，不得收集与服务无关或不必要的个人信息。收集的个人信息的类型应与实现产品或服务的业务功能有直接关联。直接关联指没有上述个人信息的参与，产品或服务的功能无法实现。自动采集个人信息的频率应是实现产品或服务的业务功能所必需的最低频率，间接获取个人信息的数量应是实现产品或服务的业务功能所必需的最少数量。

③ 公开透明原则。收集者在收集个人信息时，应当明确告知信息主体个人信息的收集目的、收集方式和范围。收集者不得超出合理的范围收集个人信息。收集者应当公开透明地进行个人信息的收集，完善信息披露体系，及时公布收集个人信息的目的、范围、方式、使用方式、披露方式以及保护措施等信息。

④ 授权同意要求。个人信息的收集应当依法、合规进行，必须经过信息主体的授权同意，明确告知收集目的、方式和范围。收集个人信息，应向个人信息主体告知收集、使用个人信息的目的、方式和范围等规则，并获得个人信息主体的授权同意，如产品或服务仅提供一项收集、使用个人信息的业务功能时，个人信息控制者可通过个人信息保护政策的形式，实现向个人信息主体的告知；产品或服务提供多项收集、使用个人信息的业务功能的，除个人信息保护政策外，个人信息控制者宜在实际开始收集特定个人信息时，向个人信息主体提供收集、使用该个人信息的目的、方式和范围，以便个人信息主体在作出具体的授权同意前，能充分考虑对其的具体影响。

（2）信息使用

个人信息的使用应当遵守法律法规的规定，不得违反公序良俗。同时，企业在使用个人信息时，应当尽量减少对个人信息的处理，避免产生不必要的风险。

① 对被授权访问个人信息的人员，应建立最小授权的访问控制策略，使其只能访问职责所需的最小必要的个人信息，且仅具备完成职责所需的最少的数据操作权限。

② 对个人信息的重要操作设置内部审批流程，如进行批量修改、拷贝、下载等重要

操作。

③ 对安全管理人员、数据操作人员、审计人员的角色进行分离设置。

④ 确因工作需要，需授权特定人员超权限处理个人信息的，应经个人信息保护责任人或个人信息保护工作机构进行审批，并记录在册。

⑤ 对个人敏感信息的访问、修改等操作行为，宜在对角色权限控制的基础上，按照业务流程的需求触发操作授权。例如，当收到客户投诉时，投诉处理人员才可访问该个人信息主体的相关信息。

（3）信息存储

个人信息存储规范是确保个人信息在存储过程中得到妥善保护的重要措施。个人信息存储需要满足以下要求。

① 合法合规依据：存储个人信息的机构和组织应明确其合法合规的依据，并按照法律法规要求进行操作。

② 明确保存期限：个人信息的存储应有明确的期限。在没有明确规定或合法合规依据的情况下，不得长期存储个人信息。存储期限应不超过实现信息收集目的所必需的时间。

③ 安全保护措施：加密存储指采用加密技术对个人信息进行存储，确保即使数据被非法获取，也难以被解密。访问控制指实施严格的访问控制策略，确保只有授权人员才能访问个人信息。监控和防护系统指部署安全监控和防护系统，及时发现和应对潜在的安全威胁。安全审计指定期对个人信息存储系统进行安全审计，确保系统的安全性得到维护。

④ 信息安全管理制度：制定并执行相应的信息安全管理制度，明确责任和义务，确保个人信息的安全性。

⑤ 备份与恢复：定期对个人信息进行备份，并制定恢复策略，以应对可能的数据丢失或损坏情况。

⑥ 物理环境安全：确保存储个人信息的物理环境安全，包括物理访问控制、防火、防水、防雷击等措施。

⑦ 个人同意：在存储个人信息前，应明确告知个人信息使用的目的、范围和方式，并取得个人的明确同意。

⑧ 最小化存储：仅存储必要的个人信息，避免存储过多的敏感信息。对于已存储的个人信息，应根据需要定期清理和删除。

⑨ 风险评估：定期进行个人信息存储风险评估，识别潜在的安全隐患和漏洞，并采取相应的措施进行改进。

⑩ 培训与教育：对负责个人信息存储的员工进行定期培训和教育，提高他们的安全意识和操作技能。

（4）信息删除

个人信息删除规范是确保个人信息不再需要时能够被及时、正确地删除的重要措施。个人信息删除需满足以下要求。

① 合法合规要求：遵循《个人信息保护法》等相关法律法规的规定，确保个人信息在合法、正当、必要的范围内被处理和存储。当个人信息处理目的已实现、无法实现或者实现处理目的不再必要，个人信息处理者应当主动删除个人信息。

② 明确删除标准：设定明确的个人信息删除标准，包括但不限于信息已达到保存期限、个人撤回同意、违反法律或约定等情况。对于符合删除标准的个人信息，应及时启动删除程序。

③ 删除程序与操作：制定详细的个人信息删除程序，明确删除操作的具体步骤、责任人和时间节点。删除个人信息时，应确保信息被彻底删除，无法被恢复或再次访问。如果信息被存储在多个系统中，应确保所有相关系统中的信息都被删除。

④ 记录与监控：建立个人信息删除记录，记录删除的个人信息种类、数量、时间等信息。定期对个人信息删除情况进行监控和审计，确保删除操作的准确性和及时性。

⑤ 通知与反馈：在删除个人信息前，如有可能，应通知个人信息主体并征得其同意。在删除个人信息后，如个人信息主体有查询需求，应提供已删除个人信息的确认信息或相关证明。

⑥ 技术保障：采用技术手段确保个人信息在删除过程中的安全性和完整性，防止信息泄露或被篡改。对于无法直接删除的个人信息（如存储在备份系统中的信息），应采取相应的技术手段进行匿名化处理或加密存储。

⑦ 责任追究：对于未按照规范删除个人信息的行为，应依法追究相关责任人的法律责任。建立健全的内部管理制度，对个人信息删除工作进行监督和检查，确保规范得到有效执行。

2. 个人信息安全事件应急响应流程

个人信息安全事件应急响应包括识别、初步评估、通知与报告、应急响应、调查与取证、恢复与重建等阶段，具体如下。

（1）识别阶段

发现或怀疑个人信息安全事件（如数据泄露、非法访问等），应立即启动应急响应程序。首先，初步判断事件是否涉及个人信息泄露、非法访问、篡改或破坏等。再迅速识别并详细记录事件的性质、范围和严重程度，确定受影响的个人信息类型和数量。

（2）初步评估

对事件进行初步评估，判断是否需要立即采取行动，如关闭系统、隔离受影响的区域等。评估事件对组织和个人可能产生的影响，包括声誉、法律责任、业务连续性等方面。评估事件对个人信息主体可能造成的损害程度，如隐私泄露、财产损失等。根据评估结果，判断是否需要立即采取行动，如关闭系统、断开网络连接等。

（3）通知与报告

立即通知应急响应团队、管理层和其他相关部门，确保他们了解事件的进展。根据法律法规和组织内部规定，及时向相关监管部门、执法机构、上级管理机构等报告事件。通过适当方式通知受影响的个人信息主体，告知他们事件的性质、可能的影响以及已采取的措施。

（4）应急响应

成立由 IT 安全专家、法务人员、公关人员等组成的应急响应团队。为团队成员分配明确的职责和权限，确保他们能够迅速有效地响应事件。根据事件的性质和严重程度，执行相应应急计划，如数据恢复、系统加固、漏洞修复等。持续监测事件的进展，并根据需要调整应急计划。

（5）调查与取证

收集与事件相关的所有证据，包括系统日志、网络流量数据、监控录像等。对事件进行深入分析，查明事件的原因、过程和责任人。确保所有证据都得到妥善保存，以便后续调查和追责。

（6）恢复与重建

在事件得到控制后，采取措施恢复受影响的系统或服务，确保业务的连续性。对受损的个人信息进行修复或替换，确保信息的完整性和可用性。对系统和网络进行加固，修复已知的安全漏洞，提高整体的安全防护能力。

5.4　个人信息保护技术

个人信息保护的重要目标是在提供服务的同时，最大限度地减少信息泄露。这里的信息不仅仅是服务相关的数据，还指与其相关的原始数据或者隐私信息。本书第 4 章介绍了数据安全的核心技术，聚焦于数据的机密性、完整性和可用性的保护。对于特定类型的数据，如个人信息，还涉及差分隐私、随机化、泛化等技术。

5.4.1　差分隐私

1．差分隐私的概念

从隐私保护的角度来讲，隐私的主体是个人，只有发布牵涉某个特定用户的信息才叫隐私泄露，发布群体用户的信息（聚集信息）不算泄露隐私。

以下用简单的例子来说明差分隐私的概念。

假如 5-7 是某企业的工资表，需要对其进行平均工资的分析和统计。

表 5-7　某企业的工资表

姓　　名	出 生 年 月	所 在 城 市	工资/元
张伟	1991-02	北京	13 000
王芳	1987-11	上海	15 000
李伟	1980-06	北京	12 000
李娜	1993-05	上海	9 000
张秀英	1985-07	武汉	11 000

众所周知，每个人的工资是个人隐私数据，如何既可以提供给确实需要的人进行工资统计，又可以避免数据泄露呢？一个最直接的思路是隐去人名，用假名替代，见表 5-8。

表 5-8　针对姓名的假名化工资表

姓　名	出 生 年 月	所 在 城 市	工资/元
小明	1991-02	北京	13 000
小强	1987-11	上海	15 000
小刚	1980-06	北京	12 000
小芳	1993-05	上海	9 000
小娜	1985-07	武汉	11 000

但是这个场景仍然可能有风险。基于出生年月、所在城市，可能可以推断出每个人是谁，从而导致隐私泄露的风险。

针对分析平均工资场景，如果给每个人的工资加上一个不同的随机值，则可以最大限度做到匿名化，见表 5-9。

表 5-9　针对工资的加噪

姓　名	出 生 年 月	所 在 城 市	工资/元
小明	1991-02	北京	$13\,000 + X_1 = 10\,529$
小强	1987-11	上海	$15\,000 + X_2 = 10\,184$
小刚	1980-06	北京	$12\,000 + X_3 = 18\,816$
小芳	1993-05	上海	$9\,000 + X_4 = 3\,032$
小娜	1985-07	武汉	$11\,000 + X_5 = 17\,439$

在 X_i 的选取上，只需要保证：

$$\sum_{i=1}^{N} X_i = 0$$

则最后得到的工资的平均值一定是准确的。

2. 差分隐私示例

差分隐私（Differential Privacy）可以分析数据集中的群体模式，同时是可以隐瞒数据集中的个人信息的机制或系统。其通过一系列密码学技术，使针对数据集的汇总或分析不会损害数据集中个人的隐私，从而可以抵制对数据集中个体的去匿名化、重识别等攻击。差分隐私示例如图 5-3 所示。

如何在不损害个人隐私的前提下分析和统计数据集中的数据，围绕这个话题的讨论已持续了很久。瑞典统计学家 Tore Dalenius 在 20 世纪 70 年代提出了数据隐私的严格定义：攻击者在使用敏感数据集之后，应该无法获得之前不了解的信息。

2006 年，计算机科学家 Cynthia Dwork 证明这个定义是无法实现的。换句话说，任何对敏感数据的访问都会违反这条对数据隐私的定义。她发现的问题是，某些类型的背景信息可以导致关于一个人的新结论。这些背景信息甚至可能不在目标数据集中。一个突出例子是 Kaggle 网站上发布的"匿名化"的 Netflix 租赁数据。根据 Narayanan 等人在 2008 年发表的论文，发现至少有两个参与者可以通过概率数据链接来识别。

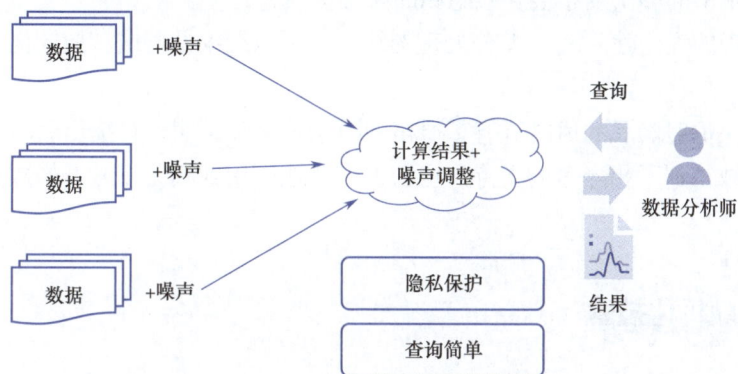

图 5-3　差分隐私示例

基于此，Cynthia Dwork 等人提供了一个弱化版的可用于隐私保护的数学定义，即差分隐私。差分隐私保证：攻击者能够从数据集中获取的个人数据和他们从没有这个个人数据的数据集中获取的"相差无几"。

定性而言即纳入或不纳入数据集中的一条数据源，对结果的概率的改变不超过指定的因子，则可称注入了噪声的统计数据或其他输出为"差分化的隐私"。该因子与参数 ε 相关。参数 ε 量化了聚合输出对任何一个人的数据的敏感程度，也称"隐私损失"或"隐私预算"。如果该因子小，则代表输出是高度"保护隐私"的，即很难在此基础上识别原始的隐私数据；如果该因子大，则代表重建数据集，并识别数据集中对结果有较大影响的个人，相对而言容易。

考虑两个数据库，它们只相差一条记录（假设该记录是爱丽丝的），分别用 D_1 和 D_2 表示。对数据库进行某种分析，用 M 表示，结果输出分别为 Res1 和 Res2。差分隐私是指，这两个结果输出应该是不可区分的。无论谁看到输出结果，都无法知道是否使用了爱丽丝的数据，或者爱丽丝的数据是什么。

使用数学形式表示为：

$$\frac{\Pr(M(D_1) = \mathrm{Res1})}{\Pr(M(D_2) = \mathrm{Res2})} \leqslant \mathrm{e}^{\varepsilon}$$

其中，Pr（ ）表示概率分布。e 为自然对数。

3. 差分隐私技术优点

差分隐私技术具有以下优点。

（1）对基于背景信息的隐私攻击有抵抗力，可以有效防止在去识别化数据时可能出现的链接攻击。

（2）具备可组合性：可以通过简单地将两个分析的单独隐私损失相加来确定在同一数据上运行两个不同的隐私分析的隐私损失。可组合性意味着可以对隐私做出有意义的保证，即使是在发布同一数据的多个分析结果时。去身份识别这样的技术是没有可组合性的，在这些技术下的多次发布会导致隐私的灾难性损失。

（3）后处理的安全性：对于差分处理的结果，可以继续处理或转换，仍可保持差分隐私性。

差分隐私保护对隐私的风险进行了严格的数学定义和证明，自提出后就在隐私计算和统计分析等领域得到了相当多的支持，也已被广泛地应用到相关领域，如数据挖掘、机器学习等。

5.4.2　随机化技术

随机化技术包括加噪、置换等技术。

1．加噪技术

加噪技术指增加噪声的技术：将一定的噪声添加到原始数据中，使数据的精确度降低。例如，医院患者的体重表，添加噪声后，显示的体重的误差为 ±5kg。这样，针对体重维度的统计分析仍然具备一定的可行性，甚至可针对每个患者，也有助于医生判断合适的药量，且一定程度上保护了患者的隐私。

2．置换技术

置换技术指对某个属性的值进行重新排列，其不同的值仍然可以链接到不同的数据主体。当需要在数据集中保留属性的确切分布时，此技术很有用。

置换技术可以被认为是加噪技术的一种特殊形式。在经典加噪技术中，将属性的值替换为随机值。生成一致的噪声很困难，而略微修改原值很难保证隐私。作为一种替代方法，置换技术可以通过将数据从一个记录交换到另一个记录来更改数据集中的值。这种交换将确保值的范围和分布保持不变，但值与个人之间的相关性存在变化。

值得注意的是，如果两个或多个属性具有逻辑关系或统计相关性，并且被独立置换，则这种逻辑关系将被破坏。因此，重要的是对所有相关属性进行置换，否则，攻击者可能会识别出置换的属性并逆转置换。

例如，考虑医学数据集中的属性子集。"住院原因/症状/主治科室"几个属性在大多数情况下存在紧密的逻辑关系，因此仅对其中一个值进行置换，是能够被发现甚至可以被逆转的。

与加噪技术类似，置换技术本身不提供足够的匿名化保障，应始终与移除明显的属性/准标识符结合使用。

表 5-10 展示了一个不恰当的置换的案例。在平均工资统计的场景，将雇员的实际工资做了置换。但是从有逻辑关系的属性（职位）中，仍然易推断每个雇员的真实工资。

表 5-10 不恰当的置换的案例

年　龄	性　别	职　位	月工资/元
25	女	文员	50 000
30	男	工程师	5000
51	男	总经理	10 000
38	男	部门经理	8000
28	女	助理工程师	20 000

另一种略有区别的置换技术是使用某种属性集替代另一种属性集，也经常与加噪技术结合使用。例如，对于身高属性，身高 160 ～ 170cm 使用"绿色"替代，身高 170 ～ 180 cm 使用"蓝色"替代。

5.4.3　K- 匿名技术

聚合旨在通过将数据主体与其他有类似属性的个人进行分组，以避免在组中识别出单个的数据主体。K- 匿名技术是一种聚合的形式，通过保证每组不少于 K 个人，来进一步增加识别的难度。为此，属性值要做一定程度的通用化，使同一组的 K 个人共享相同的属性值。例如，通过将位置的粒度从城市改变到国家 / 地区，将包含数量较高的数据主体。出生日期可以概括为一组日期，如按月或按年分组。其他数字属性（如工资、体重、身高或药物剂量）可以按间隔值（如月平均工资 5000 ～ 7000 元）进行通用化。

论文《K- 匿名：一个保护隐私的模型》系统性地总结了 3K- 匿名的概念，实现机制和应用场景。其基本理念是，通过归纳数据集中的某些值，将个人信息隐藏在组中。例如，人口普查数据，可能不列出实际出生日期，而仅列出所在的十年范围（如 1990—1999 年），或邮政编码可能根据城市或县等层次进行概括。数字"K"指定数据集中每个组中的最小成员数。

K- 匿名可以用一个形象的例子阐述。例如，某医疗机构维护的患者情况表（见表 5-11）。

表 5-11 某医疗机构维护的患者情况表

姓　名	性　别	年龄/岁	体重/kg	所患疾病
张伟	男	52	75	糖尿病
王芳	女	36	57	肺炎
李伟	男	65	85	糖尿病
李娜	女	77	60	流感
张秀英	女	46	55	肝炎

一般而言，某患者的数据只有主治医生、护士和患者自己可以查阅，因此这些数据应经过严格的加密和访问控制、授权机制保护。

同时，患者的数据是极其有价值的信息来源，可以帮助主治医生深入了解导致疾病的原因，或者探索有效治疗方法。医学研究人员可能会利用这些数据分析一些问题，如患者的体重与糖尿病之间是否存在相关性。敏感数据保护的法律法规要求和患者的隐私保护诉求可能会阻止这种分析，因为存在泄露个人数据的风险。

与需要知道哪个特定患者患有哪种疾病的主治医生相反，医学研究人员对像张伟、王芳这样的个体患者所患的疾病不感兴趣。这些医学研究人员的主要目标是从患者的数据中获得医学统计洞察，以找到发病模式或治疗机制。

如何使这个数据集用于研究目的，又不侵犯个人隐私呢？

首先，患者的真实姓名不是研究者关注的对象，应该做到完全匿名化。可能的手段包括删除姓名字段、采用数据掩码、匿名化。针对患者姓名的匿名化如表 5-12 所示。

表 5-12　针对患者姓名的匿名化

姓　　名	性　　别	年龄/岁	体重/kg	所患疾病
患者1	男	52	75	糖尿病
患者2	女	36	57	肺炎
患者3	男	65	85	糖尿病
患者4	女	77	60	流感
患者5	女	46	55	肝炎

显然，这样做是不够的。假定医学研究人员认识一个超重并且已经退休（年龄 >60 岁）的男同事，并且知道他在这个数据集中，从上面的数据集中就可以直接猜出他的姓名，并且知道他患有什么疾病（个人隐私）。

一个直接的措施是，将可能导致识别出具体个人的"准标识符（Quasi Identifier）"删除。具体到本数据集，就是把体重字段删除。但是这种方式得到的数据集将无法支持开展体重和糖尿病的关联研究。

如何在业务需求和隐私保护之间取得平衡呢？匿名化是一种可行的方案。

一种流行的方法是不删除可以识别出个人的数据，而是以结构化的方式对其进行概括。目标是将数据集划分为多个组，这些组仍可以对要分析的数据提供有效的统计见解（在本例中为"体重"和"所患疾病"字段），但无法获得有关个人的敏感信息。

表 5-13 中，准标识符"性别""年龄""体重"已被概括为 2 个组，每个组确保有 2 个或以上成员。在实际的用例中，组当然会更大，一个好的经验数据是 10，这在调查问卷场景中很常见。K- 匿名的变量 K（本例中为 2）表示最小组的大小。

表 5-13　K- 匿名化示例

姓　　名	性　　别	年龄/岁	体重/kg	所患疾病
患者1	*	～60	～70	糖尿病
患者2	*	～40	～55	肺炎
患者3	*	～60	～70	糖尿病

（续表）

姓　　名	性　　别	年龄/岁	体重/kg	所患疾病
患者4	*	～60	～70	流感
患者5	*	～40	～55	肝炎

在进行 K- 匿名化后，即使研究人员认识超重并且已经退休（年龄 >60 岁）的男同事，同时还知道该同事在这个数据集中，也无法猜出该同事对应哪条数据。

这只是一个形象化的示例。实际使用时，需要牢记：在处理个人数据时，需要仔细分析适用的法律法规，落实数据的保护机制，并和法务、数据安全负责人、隐私保护负责人等角色充分沟通。

5.4.4　L- 多样性技术

L- 多样性（L-diversity）是对 K- 匿名的扩展，以确保在每个等价类中的每个属性都至少具有 L 个不同的值，从而确保不受确定推论攻击。

L- 多样性技术要实现的一个基本目标是限制属性可变性较差的等价类的发生，这样针对具有特定数据主体背景知识的攻击者，仍然可以留下显著的不确定性。

当属性值分布良好时，L- 多样性可用于保护数据免受推论攻击。但是，必须强调的是，如果分区内的属性分布不均匀，或者仅有少量可能的值或语义，则此技术无法防止信息泄露。同时，L- 多样性也会受到概率推论攻击。

仍然以上述的场景为例。对于表 5-14，如果 L- 多样性不完善，"所患疾病"属性的分布不均匀，攻击者从其他渠道了解到一名年龄 60 岁左右，体重 70 kg 左右的男性在这个数据集中，就会有很大的概率推测出该患者实际的所患疾病。

表 5-14　L- 多样性示例

姓　　名	性　　别	年龄/岁	体重/kg	所患疾病
患者1	*	～60	～70	糖尿病
患者2	*	～40	～55	肺炎
患者3	*	～60	～70	糖尿病
患者4	*	～60	～70	糖尿病
患者5	*	～60	～70	糖尿病
患者6	*	～60	～70	糖尿病
患者7	*	～60	～70	流感
患者8	*	～40	～55	肝炎

5.4.5　T- 接近度技术

T- 接近度（T-Closeness）是对 L- 多样性的进一步优化。它旨在创建属性初始分布的等效类。此技术对于保持数据尽可能接近原始数据的场景很有用。为此，对等价类又添加了一个约束，即不仅每个等价类中至少应存在 T 个不同的值，而且每个值必须出现多次，以镜像每个属性的初始分布。

5.5 个人信息保护实践

随着人们工作和生活的数字化进程不断加快，海量个人信息以数字化形式传输、存储和使用，数据安全与隐私保护已经成为社会关注的热点议题。中国相继颁布和实施了《网络安全法》《数据安全法》《个人信息保护法》，以法律形式向社会、企业等层面明确提出数据安全与隐私保护的要求，并提供了相应指导措施。从用户角度，移动智能终端涉及大量用户个人数据的采集和使用，其数据安全与隐私保护能力成为用户对智能手机甚至是AI 手机的高优先级诉求。

5.5.1 智能终端个人信息保护

现代的智能移动终端是由多种软硬件组成的复杂系统。在提供给用户社交、购物、支付、出行、娱乐等丰富体验的同时，来自硬件、系统、应用、网络等多层面多维度的安全威胁随之产生，终端用户对于数据安全、隐私保护的诉求越来越突显。移动终端生态链的上下游，涉及众多的产品提供商、方案集成商和互联网服务商。

移动智能终端的个人信息保护，各个终端厂商普遍采用如下的行业实践，以应对上述的风险与挑战。

（1）从硬件安全、操作系统安全、软件安全、服务安全等维度，分层构筑安全能力，并支持安全的用户体验与隐私保护。

（2）采用"设计安全（Security by Design）"和"默认安全（Security by Default）"的防护措施。默认启用各项安全功能，而不需要用户手工配置。

（3）采用安全开发生命周期流程，在产品生命周期的所有时间点都考虑安全和隐私。

（4）关注供应链安全。通过行业标准、产业联盟和生态合作，构筑终端个人信息保护的总体框架。

移动智能终端安全的逻辑架构如图 5-4 所示。

1. 端到端的安全保护能力

安全是系统化的工程。硬件芯片、可信执行环境、系统内核、数据、应用、网络、支付、云服务和设备管理等各个层面，都需要内建安全和隐私保护能力，并互相支持和协同，构筑端到端的终端安全和个人信息保护能力。

（1）硬件芯片层一般提供安全启动机制、防回滚机制，并支持安全存储

安全启动机制用于保证操作系统 ROM 镜像不会被篡改，必须经过签名校验才能在设备

上正常运行，保证了设备 Bootloader、Recovery 以及 Kernel 镜像的启动安全，防止启动过程中攻击者对操作系统的篡改和恶意代码植入，从而确保系统从硬件芯片到系统启动的安全。

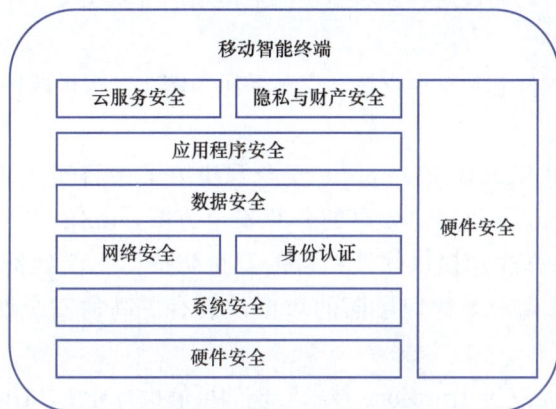

图 5-4　移动智能终端安全的逻辑架构

防回滚机制会通过烧写递增的版本号，并加以完整性校验等手段，防止固件或者镜像降级烧入终端设备，避免攻击者通过重装低版本固件，利用低版本的已知漏洞。

为保证数据安全，用户数据基于硬件提供的设备唯一密钥和用户的锁屏密码进行加密。不同应用之间的数据文件存储在应用自己的文件沙箱内，其它应用无法访问。在设备回收或恢复出厂设置时，提供安全擦除功能来永久清除数据，避免数据被非法恢复。同时终端厂商一般提供自有的云服务，用户可以选择由互联网服务商提供的云存储服务，进行数据的备份和同步，以保证数据的安全。

例如，根据公开资料，某手机操作系统的终端数据加密，采用如图 5-5 所示的分层加密系统。

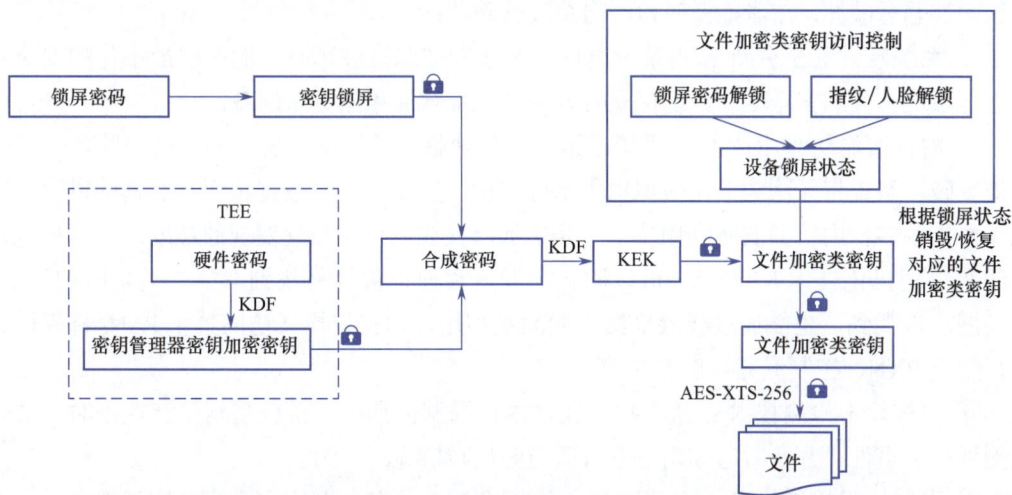

图 5-5　某手机操作系统分层加密系统

如图 5-5 所示。终端上的文件，会采用 AES-XTS-256 加密算法加密。文件加密密钥会采用锁屏密码（Password）、可信执行环境（TEE）保护的硬件密钥（Hardware Key）派生的密钥加密密钥保护。通过这种多层密钥保护体系，可以在文件存储的多个场景，有效保护文件的安全。

可信执行环境由硬件芯片提供支持。以某手机为例，其提供两种基于硬件的安全执行环境：inSE 和 iTrustee。

inSE（integrated Secure Element）安全解决方案指将安全芯片集成到处理器当中。相对于软件安全方案和其他分离的芯片安全方案，inSE 安全解决方案通过 SoC 级的安全设计和软件算法，提供软硬结合的双重防护，不仅具备软件安全防备能力，更能防备诸如侧信道攻击等物理层面的攻击，具有更高的安全性，从硬件上保证了手机安全。

iTrustee 安全 OS 是基于 TrustZone 技术实现的可信执行环境，TrustZone 是硬件级别的安全，兼顾了性能、安全和成本的平衡。TrustZone 技术将处理器的工作状态分为安全世界（Trusted Execution Environment，TEE，可信执行环境）和非安全世界（Rich Execution Environment，REE，普通执行环境）。通过特殊指令在 CPU 的安全世界和普通世界之间切换来提供硬件隔离。安全世界提供了对硬件资源的保护和隔离，包括内存、外设等，通过执行过程保护、密钥保密性、数据完整性和访问权限实现了端到端的安全，可防止来自非安全世界中的恶意软件攻击。

（2）在操作系统与内核安全层，安全目标是基于硬件芯片的安全能力，为运行在系统上的应用程序提供软硬结合的基础安全能力。

该层中的关键技术如下。

① 完整性保护技术：该技术是系统安全的基础，确保设备初始运行的是由厂家提供的可信系统软件，并且通过运行时的完整性保护技术与完整性度量检测技术，确保运行时内核不被恶意破坏，或者能及时检测出系统被破坏；

② 系统软件安全更新：当系统出现问题或者被恶意破坏时，能通过最小化的安全系统进行系统软件的安全更新，确保只有合法的系统软件才能更新设备；

③ 内核漏洞防利用技术：系统在运行时将面临内核漏洞被恶意利用的风险，一旦内核被突破，系统将无法为上层应用提供基础保护，应用的机密数据将面临泄露的风险，因此需要采取多种内核漏洞防利用技术，来增加内核在运行时漏洞发现的难度。如内核地址空间布局随机化技术 KASLR，可以防止漏洞内存地址被轻易找到。第二类是防护技术，即使漏洞被找到，也能通过权限来禁止漏洞被利用，如特权模式访问禁止 PAN/ 特权模式执行禁止 PXN、控制流完整性 CFI 等。

④ 内核攻击检测技术：这类技术能在内核漏洞被利用，系统受到恶意攻击时，准确检测到攻击事件，并及时通知用户采取适当的消减措施；

⑤ 强制访问控制技术：基于上述四类技术打造了安全可信的系统内核基础之后，通过在内核中构建强制访问控制技术，基于策略规则来定义系统中各种应用对不同资源的合

理使用方法，从而确保整个系统为上层应用提供基础的安全能力。

⑥ 身份认证：提供指纹识别和人脸识别两种生物特征识别能力，即利用人体所固有的生理特征（指纹特征和人脸特征）来进行个人身份认证，可应用于设备解锁、支付、应用登录等身份认证场景。

（3）在数据安全层，一般基于对终端设备的识别和分类，以及数据的风险分级，提供基于全生命周期的数据保护能力。根据数据在智能终端设备上的处理的过程，数据生命周期包括生成（Create）、存储（At Rest）、使用（In Use）、传输（Transmit）、销毁（Destroy）阶段。

（4）在应用安全层，也有类似的基于应用程序生命周期的安全保护机制。

由于应用程序来源于各种渠道，用户随时可能下载到带有恶意威胁的应用，如果处理不当，应用程序可能给系统的安全性、稳定性以及用户的个人数据甚至个人财产带来安全风险。

为此，应用安全解决方案从如下几方面确保应用运行环境的安全。

① 应用上架应用市场阶段，通过对应用的安全检测，确保恶意应用的准确识别。同时为开发者提供便捷的安全检测服务，确保 App 上架的安全。

② 应用安装阶段，通过应用签名校验机制，确保开发者的 App 不被恶意篡改。

③ 应用运行阶段，通过应用沙箱、运行时内存保护、安全输入等机制确保应用内产生的数据不会被非法应用恶意读取，造成用户的数据泄露。

同时，在终端操作系统层面，一般提供应用静态威胁检测、基于 AI（人工智能）的应用动态威胁检测、恶意网址检测等机制，确保应用的运行环境安全。

（5）在网络安全层，终端厂商一般通过对近场（Wi-Fi、蓝牙等）和远场（5G、App、互联网访问）的数据传输，在协议层面、实现层面实施安全防护，以保障数据进入设备和离开设备的各种场景的安全性。

例如，很多终端默认提供 WLAN 安全检测功能，可以检测手机将要连接的 Wi-Fi 热点的安全性。如果 Wi-Fi 热点有 ARP 攻击、中间人攻击或者 DNS 服务器劫持等行为，可以提醒用户注意隐私和安全风险。

（6）在安全协议层面，多数终端支持传输层安全协议（TLS 1.1、TLS 1.2、TLS 1.3）和数据包传输层安全协议（DTLS），向 App 提供安全连接和传输的基础能力。互联网 App 可以使用这些协议，在设备与网络服务之间建立一条加密的通信通道。很多终端在操作系统层面已经禁止使用 SSL v2、SSL v3 等不安全的协议。

支付安全与用户的资金与财产密切相关，需要额外保护。终端的支付场景一般分为线下刷卡类业务（如公交卡、小额支付）、线上支付类业务（如购物 App 或者在购物网站付款）以及对互联网金融移动互联网应用程序（如支付宝、微信支付）的支持。

对于线下刷卡类和线上支付类的业务，多数终端都支持采用经过安全认证或者金融认证的安全芯片、NFC 芯片，并结合可信执行环境、生物认证支付等技术，在支付流程的各个环节保护电子支付的安全性。

移动设备的制造商与互联网服务提供商协作，支持互联网金融移动互联网应用程序的安全支付。支付保护中心对加入的支付类应用来源进行严格管控以确保其为官方发布的应用；对支付类应用和外界应用的交互进行严格管控以降低保护中心内的应用遭受外部应用恶意调用和攻击的风险；受保护的支付类应用在运行时，系统会对当前运行环境安全状态进行检测以保障用户的财产和支付安全。

终端通过与互联网服务交互，使用相关功能，支撑更丰富的体验。常见的互联网服务包含应用商店、云存储、支付、信息收发和互联网通信等功能。一般而言，终端厂商的自有云服务提供下述安全功能，以保证用户在使用服务时的安全与隐私保护。

① 云服务账号及其安全防护：包括密码规则、多因子身份认证、账号安全性风控等技术手段，确保是合法的用户在使用其账号。

② 云存储数据加密：用户通讯录、日历、照片、文稿和其他内容，可能存储于云服务中，并支持同步、备份和恢复。云存储的数据加密，根据不同的使用场景，有可能使用终端生成的账号密钥、云服务器生成的账号密钥、终端的解锁口令作为派生因子派生密钥等方式加密。

③ 设备查找：对于设备遗失场景，通过云服务提供的设备查找的功能，可以定位设备的位置，远程查找或者锁定设备、清除数据。

部分终端厂商还提供语音助手、视频通话、即时消息等功能。其安全设计实践不再一一赘述。

移动设备管理（MDM），可让企业安全地配置和管理规模化的设备部署。通过 MDM，IT 部门可在企业环境中注册设备、无线配置和更新设置、监控机构政策的遵循情况、管理软件更新策略，甚至可以远程擦除或锁定被管理的设备。

总之，现代的智能终端可以通过软硬件结合的安全平台，为用户的数据安全及隐私保护提供完整的解决方案，提供从硬件、系统、应用到云的端到端安全保护，包括硬件芯片、可信执行环境、系统内核、数据、应用、网络、互联、服务的安全以及隐私保护。

2. 隐私保护的机制和方法

隐私是用户的基本权利，用户对自己的隐私拥有完整的控制权。在产品设计中，如何确保隐私保护，并提供丰富的业务体验，是终端隐私保护业务的关键。

隐私保护两个基本原则如下。

透明可知：对应用的隐私行为，用户都清晰可见，并可根据自己的意愿进行下一步决策，充分掌控自己的隐私。

用户可控：应用从系统获取用户隐私相关的信息，为用户提供更好的服务，必须经过用户确认。

　　基于这两个基本原则，终端厂商提出了其他一些隐私保护的基础原则，如端侧数据处理原则、数据最小化原则等。基于这些原则，各终端普遍提供相关功能，以支撑隐私保护的用户体验。

　　（1）权限管理机制

　　权限管理机制用于限制应用程序的敏感操作，保护用户隐私数据。如果应用程序在运行时需要访问用户隐私数据，应用程序会向用户发出权限申请请求，由用户决定授予或不授予所申请隐私数据的访问权限。权限的粒度也一直在持续改进和优化。例如，对于基于 Android 的各个操作系统，外部存储的访问权限逐步细化。Android 10 版本增加了应用只能访问外部存储的应用专属目录的限制，Android 13 版本增加了对于外部存储中的媒体文件（如照片、视频和音频）的额外权限限制。

　　权限管理功能支持如下资源的访问控制：电话、短信、联系人、通话记录、相机、定位、麦克风、日历、传感器、身体活动、存储等。

　　为了避免恶意应用通过欺骗的方式获取麦克风／相机权限，在用户不知情的情况下进行录音／录像，窃取用户的隐私数据的行为，很多终端的操作系统提供了录音录像提醒功能。当应用程序使用麦克风或者摄像头时，系统会在通知栏提醒用户有应用正在使用麦克风或者摄像头。用户点击该提示时，会跳转到该应用的界面或者该应用的权限管理界面。用户也可以点击提示中的关闭按钮，关闭正在录音／录像的应用。

　　终端的位置与行为轨迹属于用户的个人隐私。终端上一般包含 GPS/WLAN/ 蓝牙 / 基站信息的四种定位功能。如果应用需要通过定位服务获取位置信息，应用需要申请位置信息权限，用户可以根据应用功能场景，决定是否授予应用位置信息权限（仅使用期间允许、始终允许、禁止），当用户选择"仅使用期间允许"，则应用在后台模式中无法获取位置信息；当用户选择"始终允许"，则应用在前后台都可以获取位置信息；当用户选择"拒绝"，则应用不能获取到位置信息。

　　（2）设备标识符

　　设备标识符可以用于标识每一个设备。如果与设备的行为与用户行为相关联，可能对用户的隐私带来潜在的风险。现代的智能终端，都通过多层次的标识符体系，根据不同的使用对象和不同的使用用途，提供不同的标识符，减少不必要的用户追踪。

　　永久性设备标识符，如 IMEI、SN、MAC 地址（Media Access Control Address）等的权限需要严格控制。事实上，多数终端的操作系统，如华为机构的鸿蒙 3.0 操作系统，苹果机构的 iOS 系统，都不提供应用程序获取此类标识符的接口。

　　其他常见的标识符包含随机标识符、账号标识符、匿名化设备标识符等。以某操作系统为例。其提供表 5-15 所示的典型设备标识符。

表 5-15　典型设备标识符

ID名称	使用场景&作用域	生成时机	重置性
UUID	应用关联随机标识符场景使用	每次调用都生成一个随机数	每调用一次重新生成 UUID
终端账号ID	终端账号ID，用于终端云服务特性，应用市场、云空间、音乐等	创建终端账号时生成	销毁终端账号时删除
Open 终端账号ID	第三方应用使用的终端账号ID，用于登录终端云服务特性，应用市场、云空间、音乐等	创建终端账号时生成	销毁终端账号时删除
ODID（Open Device Identifier）	提供给开发者联盟，防止多个三方厂家之间的数据相互关联。按三方应用签名来分配 ID。	开发者 ID 在安装应用时随机生成，相同的应用在安装两次时会生成不同的 ID	应用重装会重新生成 ID
OAID（Open Anonymous Identifier）	提供给广告主，用于投放广告场景下	系统首次启动或手动重置	用户可手动重置匿名设备标识

在终端问题定位、故障分析、性能统计等场景中，服务商会收集设备上有关可靠性、性能、功耗的统计数据，故障和错误信息，以及有关设备和应用软件使用方式的数据。差分隐私技术在数据中添加随机噪声，使统计方无法获知关联到每个用户的真实数据。用于大量用户数据的统计时，随机添加的噪声会被平均掉，相关统计信息才会显现。在用户体验改进计划特性时，也常使用差分隐私技术，既可提升用户体验，又可保护用户共享的数据。

隐私政策阐述终端厂商如何收集、使用和共享用户的个人数据。通常隐私政策需要详细说明终端厂商和直接关联的服务提供商收集和使用用户个人信息的目的、方式和范围，以及为保护信息安全和个人隐私所采取的安全保护措施。隐私政策有助于机构遵守法律和监管要求，并建立用户对其数据保护能力的信心。隐私政策通常包括数据主体权利，如访问权、更正权、删除权和反对权，以及用户可以采取哪些行动保护他们的隐私。

3. 安全开发生命周期流程

终端软件是大型且复杂的软件系统。在软件研发的整个流程中，需要考虑安全和隐私。由微软最早提出的安全开发生命周期（SDL），如图 5-6 所示，将全面的安全要求、特定于技术的工具和必需流程嵌入到所有软件产品的开发和运营中。开发团队遵循 SDL 流程和要求，获得更安全的软件，并降低开发成本，减少严重漏洞。

培训 → 需求 → 设计 → 实施 → 验证 → 发布 → 响应

图 5-6　安全开发生命周期（SDL）

SDL 由如下核心阶段和关键活动组成。

（1）培训活动。分为针对所有员工的安全意识培训、针对员工特定角色的业务培训。针对所有员工，入职时需要进行安全意识培训，并年度刷新。开发人员和工程师还应该参与特定于角色的培训，以了解安全基础知识以及安全开发的最新趋势。

（2）需求分析。每个产品、服务和功能的需求分析，都应该包含明确定义的安全和隐私需求。这些需求是安全应用程序的基础，并可以指导后续的应用程序设计。开发团队根据产品将处理的数据类型、已知威胁、最佳做法、法规和行业要求，以及从以前的事件中吸取的经验教训等因素定义这些需求。最好采用合适的需求管理系统，明确定义、记录和跟踪安全与隐私的需求。软件开发是一个持续的过程，这意味着关联的安全和隐私需求在整个产品的生命周期中需要根据功能和威胁环境的变化而刷新。

（3）软件设计。定义安全性、隐私和功能需求后，进入软件设计阶段。作为设计流程的一部分，威胁建模是主要的工作任务。威胁建模有助于根据风险识别、分类和对潜在威胁进行评分。在产品的生命周期内，需要维护和更新威胁模型，以反映对软件的修改。

（4）项目实施。开发人员的主要工作任务是根据需求分析和设计，编写实现代码。在此阶段，需要在编译器、集成开发环境（IDE）、持续集成流水线（CI）和版本构建工具中集成相应的安全性、隐私性的检查。

（5）代码验证。任何对于产品代码的提交，都需要验证，以确认代码是否符合 SDL、是否符合设计要求且没有编码错误。验证包含手工代码检视和自动代码分析两种方式。手动代码检视由非提交者的其他检视者进行。这种方式可以避免同一人编写和发布风险代码，从而导致潜在的意外或恶意伤害。自动代码分析可以在代码签入和编译生成时执行。常见的安全检查项包含以下几点。

① 静态代码分析：分析源代码是否存在潜在的安全缺陷，包括代码中的口令、密钥等凭据。

② 二进制分析：在二进制代码级别评估漏洞，确认代码不存在已知的漏洞。

③ 机密扫描：识别源代码和配置文件中可能的凭据和其他机密信息（如 API 调用时传递的口令、访问云存储时的令牌等）。

④ 加密算法扫描：验证源代码中的加密算法，以确定是否符合良好的密码学实践。例如，使用 AES 对称加密算法的 ECB 模式，存在明显的安全风险。

⑤ 模糊测试：向 API 和对外开放的接口传递各类错误格式的数据，或者触发各种边界条件，以检查深层次的漏洞，并验证错误处理模块的健壮性。

⑥ 配置验证：根据安全标准和最佳实践分析生产系统的配置。

⑦ 组件治理：检查所包含的开源软件及其版本，确认是否存在已知的漏洞，以及分析相应的法律义务。

（6）发布阶段。发布阶段，需要汇总和评审前述各阶段发现的风险、问题和漏洞，以决策是否允许版本发布。良好的发布实践还包含基于不同的用户类别分批次发布，以减弱对用户可能造成的影响。例如，先发布给开发团队自行使用，再发布给内部员工试用，再发布给体验版本的注册用户试用，如果无问题，再逐步扩大到所有的目标用户。

（7）响应活动。产品发布后，需要通过多种渠道收集和分析内外部反馈的问题和漏洞，并且按照漏洞处理的时间限制和质量要求，由开发团队或者版本维护团队修复。

5.5.2 应用商店个人信息保护

随着移动互联网技术的飞速发展以及电子设备的快速普及，各类应用程序呈现爆发式增长，应用程序已经渗透到人们工作、生活的各个方面，应用程序的安全问题也日益凸显。

应用程序由开发者提供，可能经过多种分发途径到达用户的手中。开发者拥有丰富的技术知识和资源，能够创建各种各样的应用程序，而用户依赖这些应用程序满足自己的需求。同时，用户对应用程序的内部运行和数据处理方式了解有限，导致在使用过程中容易受到应用行为不受控、用户隐私泄露等多种问题的困扰。这种信息不对称是导致应用开发者与用户之间存在不平衡关系的关键。

1. 应用个人信息保护生态构建

生态构建者作为连接开发者和用户的纽带，起着关键作用。生态构建者指参与构建整个移动应用生态系统的实体，包括设备厂商、操作系统和应用商店等。它们共同为开发者提供开发环境、工具套件、市场渠道，也负责维护和改进生态系统的稳定性和安全性。生态构建者对于移动应用的成功和推广起着至关重要的作用。同时，生态构建者还致力于推动用户的数字素养培养和自我保护意识提升，使用户能够更好地管理自己的数据和隐私。应用生态个人信息保护生态构建如图 5-7 所示。

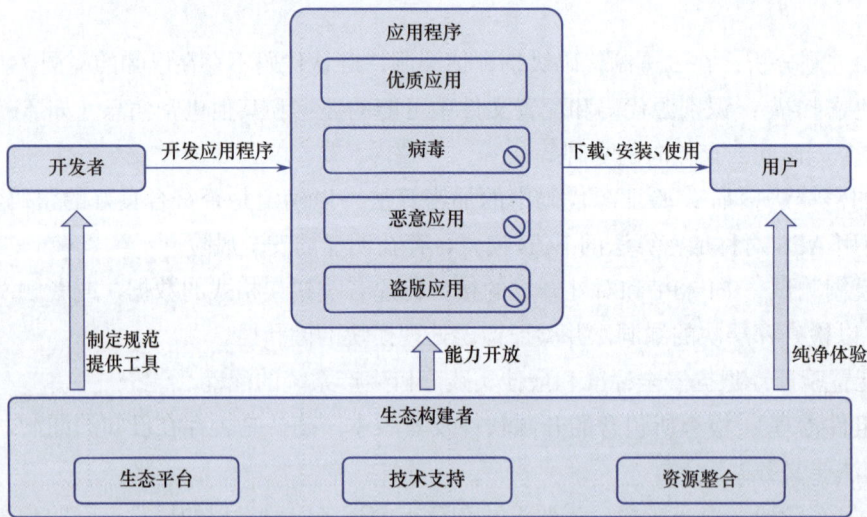

图 5-7　应用个人信息保护生态构建

围绕着各式各样的应用程序，生态构建者、开发者、用户共同组成了一个典型的应用生态系统。在这个系统中，三个角色相互依存，相互影响。安全和隐私保护，是整个生态系统中的重要属性。因此，任何一个角色出现安全和隐私的风险，都将会对整个生态系统带来严重的影响。

用户是整个生态系统的最终使用者，也是最重要的角色。用户的体验和满意度直接影响着应用程序的市场表现和生态系统的健康发展。与此同时，安全和隐私的体验是用户的基本诉求。

应用开发者是整个生态系统的核心角色。他们通过开发应用程序来满足用户需求，不断改进和优化自己的产品。同时，他们也要确保应用程序不会对用户造成安全和隐私方面的威胁，包括确保应用程序没有已知漏洞，没有植入恶意代码，并且可以及时更新和修复安全漏洞。

2．生态构建者的作用

生态构建者是应用生态系统的组织者和推动者。各相关方通过建立生态平台、提供技术支持和资源整合等方式，为应用开发者和用户提供更好的服务与体验。同时，他们需要确保整个生态系统的安全性。只有安全性和隐私得到保障，才能让用户和应用开发者放心使用和开发应用程序。

（1）生态构建者需要考虑用户的安全需求。用户的安全需求包括个人信息的保护、网络安全、支付安全等。生态构建者需要在平台上构筑相应的安全机制，如加密技术、身份认证等，开放给应用程序使用，以保护用户的安全与隐私。

（2）生态构建者还需要考虑应用开发者的安全需求。应用开发者需要保护自己的知识产权、商业秘密、代码安全等。生态构建者需要为应用开发者提供相应的安全保障，如应用加密，代码签名等，以保护应用开发者的权益。

（3）生态构建者还需要考虑整个生态系统的安全。生态系统中的每个环节都可能影响整个系统的安全性。因此，对于应用程序的生命周期，应该进行全面严格的安全审查，确保应用程序没有安全漏洞和恶意行为，不会对整个生态系统造成安全威胁。

3．生态构建者在不同阶段采取的措施

应用程序的生命周期主要分为开发、发布和运行三个阶段。生态构建者在这三个阶段，服务于用户和应用开发者，有不同的安全目标。如图 5-8 所示。

对应上述目标，生态构建者在不同阶段有不同措施，如图 5-9 所示。

（1）在应用开发阶段，生态构建者需要确保应用开发者的身份的合法性，并为开发者提供安全的开发工具，协助开发者提高应用程序的安全性。

（2）在应用发布阶段（应用市场或应用商店上架），生态构建者和应用开发者应该共同确保应用程序的质量。应用程序需要满足权限最小化、数据使用公开透明、无不良内容、无恶意行为等要求。同时，也需保证应用程序不被篡改，应用开发者的知识产权不泄露。

（3）在应用运行阶段，生态构建者特别是操作系统厂商应该确保应用程序的运行环境安全，并确保用户对应用程序行为的可知可控。对于有恶意行为的应用程序，需要根据行为的严重程度，采用提示用户、限制权限、禁止运行甚至应用市场下架等不同的管控方式。

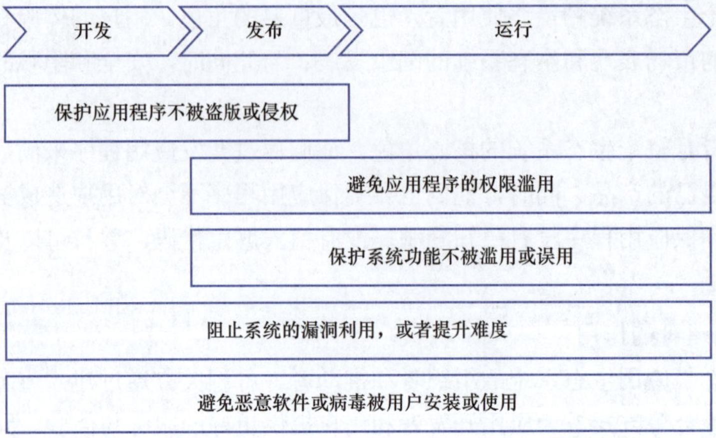

图 5-8　生态构建者在保护生态三阶段不同安全目标

以某机构的操作系统生态为例。应用个人信息保护生态三阶段不同措施如图 5-9 所示。

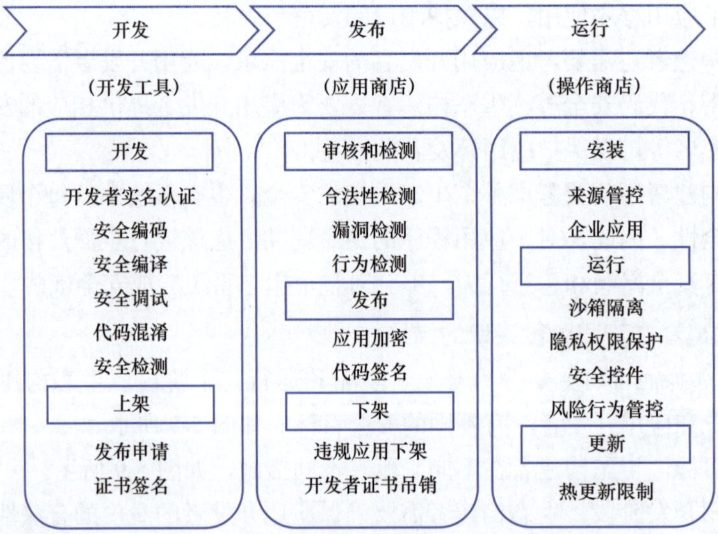

图 5-9　生态构建者在保护生态三阶段不同措施

4．生态构建者向应用开发者和用户提供的关键技术及措施

在应用程序生命周期的不同阶段，生态构建者向应用开发者和用户提供不同的关键技术和措施，解决生态构建的风险和挑战。应用开发安全指在开发流程中嵌入安全能力，从源头上使应用程序安全可靠。

合法和可信赖的开发者是安全、可靠应用程序的前提。因此，生态构建者一般要求应用开发者实名注册，通过开发者证书对应用程序进行签名，保证应用的来源可靠和完整性不被破坏。此外，签名的内容还经常包括权限清单，以协助开发者申请相应的系统权限，获取操作系统的关键属性和敏感能力。

应用开发安全流程中，存在两方面的安全和隐私保护要求。一方面是应用程序自身"不作恶"，没有相关的恶意代码或者漏洞利用的功能。另一方面是增强应用程序的安全性，避免应用程序被攻击。在应用开发时，可以通过代码安全检查有效减少安全漏洞，在应用发布前，可以通过代码混淆、代码加密等手段，增加应用程序被逆向分析的难度和复杂性，保护开发者的知识产权。

（1）在应用发布阶段

生态构建者（应用商店）首先会检查开发者证书的合法性以及应用程序的合法性。其次，生态构建者会基于法律法规、监管要求，应用商店的安全隐私规范以及应用程序自身提供的隐私政策等，通过静态检测、动态检测和人工检测的手段，对应用程序进行全面检测：权限检测、应用行为检测、病毒检测、隐私合规检测等。对于不合规的应用，会列出问题和风险项，通知应用开发者整改。

权限检测指通过技术手段分析应用程序的权限列表的合理性和必要性。同时权限检测也会评估应用程序是否存在过度请求权限、滥用权限、频繁申请权限打扰用户正常使用等行为。通过权限检测，可以提前发现权限问题，更好地保护用户的个人信息。

漏洞检测会通过对应用程序包的扫描，检测潜在的漏洞，识别应用程序可能存在的可疑代码、文件和程序。

行为检测是一种动态检测和分析的安全技术。它通过检测应用程序的接口调用、文件访问、网络传输等行为来识别不良软件或者恶意程序。识别和发现一些滥用或者不当使用网络、系统机制、系统功能和干扰其他应用程序、影响终端功能的行为，是该技术的目标。例如，滥用系统权限保持应用程序常驻内存（通俗称为"保活"）、滥用系统通知和接口回调机制在后台加载应用程序（通俗称为"拉活"）、恶意频繁弹窗、覆盖其他应用程序窗口等行为，将在该阶段被有效识别和分析。

（2）在应用发布阶段

通过应用加密，可以保护应用程序在存储时关键的核心代码，包括敏感信息的配置文件等，不被窃取。

在应用发布阶段，开发者使用自己的证书，对发布版本签名，以保障来源和完整性。部分生态构建者（应用商店）会识别开发者证书的有效性，对满足要求并且通过上述各项检测的应用程序，对应用程序的安装包重新签名。终端通过应用商店下载和使用应用程序时，通过签名校验，可以保证该应用程序来自可信的开发者，并且经过了应用市场的检测。

生态构建者（应用商店）对于违反法律法规、严重侵害用户权益的应用程序，会执行下架流程。被下架的应用程序将无法在应用商店中找到并且安装。对于频繁发布违法违规应用程序的开发者，生态构建者（应用商店）还可能采取吊销开发者证书的手段。

（3）在应用运行阶段

终端厂商或者操作系统厂商提供安全解决方案，在应用程序的安装、启动、运行以及更新阶段保障安全性与可靠性。

在应用安装阶段，对"入口"的来源管控是第一步。终端上的应用程序安装器会校验应用程序的证书签名，确保应用程序的来源可信。对于非应用商店渠道的应用安装，会根据风险等级，采取提示用户、限制权限甚至禁止安装等手段。对于企业应用场景，一般通过企业定制、MDM（Mobile Device Management，移动设备管理）等方式，支持企业应用程序的安装。

在应用运行阶段，沙盒隔离是基础的安全防护手段。来源于不同开发者的应用程序，均运行于操作系统提供的受保护的沙盒中。每个应用程序由唯一的 ID 区隔离。通过沙盒的安全隔离，限制应用程序间互相访问数据，甚至篡改设备。应用沙盒限制了应用程序的数据访问能力。默认情况下，只能访问应用程序自身的安装目录以及应用沙盒的数据目录。

部分敏感权限（如麦克风等传感器权限）的滥用，可能侵害用户的隐私。隐私权限保护提供了一些应对措施，可以根据生命周期划分为"事前授权、事中鉴权、事中提醒、事后审计"等手段。"事前授权"指应用访问敏感数据或者功能前需要申请相应的权限，当应用申请权限时，开发者必须填写权限使用理由字段，以便帮助用户理解应用申请此权限的合理性并进行合适的选择。"事中鉴权"指当实际的数据访问或者动作发生时，操作系统应该校验应用程序是否具备此项权限。"事中提醒"指敏感数据或功能（例如，麦克风）被应用持续访问时，通过状态栏显示、指示灯闪烁等方式实时提醒用户，便于用户感知应用访问行为。"事后审计"指操作系统应该支持用户查看应用访问敏感数据或者功能的历史记录，便于用户完整地审视应用行为。当某个应用长时间未被用户使用或者应用存在风险行为时，操作系统应该对该应用权限进行自动回收，以便更好地保护用户隐私。

一些现代的操作系统，例如 HarmonyOS 3.0 版本，还通过安全控件提供临时的权限授权机制，以解决用户授权的便利性和安全性平衡的问题。安全控件是系统提供的一组系统实现的 ArkUI 基础组件。应用可以自由集成该类组件，当组件被用户点击后，应用将被授予临时授权，无须向用户弹窗授权就可访问受限资源，实现通过识别用户主动行为自动授权的设计思路。

移动终端的操作系统为应用程序提供了丰富的接口，支撑应用程序实现丰富多彩的功能，满足用户的各种需求；但是应用开发者也可能滥用操作系统提供的能力实现一些非法推广销售、违规频繁后台弹框、违规过度申请或诱导用户授予不必要的系统权限等行为，损害系统体验或造成用户信息泄露。

移动终端的操作系统厂商为净化应用生态，保障 OS 纯净运行，构建了应用风险行为管控机制，对应用的违规行为进行动态约束。应用风险行为管控依赖应用运行时的安全检测，对已经识别的应用风险违规行为及时下发管控策略，限制应用的风险行为，从而保障用户的合法权益。

应用风险行为管控依赖端云协同机制，云侧对已发现的应用风险违规行为签发应用违规行为管控策略，随着应用的安装或更新下发到端侧；端侧接收到应用违规行为管控策略后立即生效；应用违规行为策略支持对应用的恶意拉活保活行为、非法干扰用户行为、诱导用户授予权限行为、过度使用系统权限行为等场景进行管控。如果应用整改完毕，修改其违规行为后，OS 会通过更新管控策略，撤销相关应用的管控项。

应用包签名可以为应用提供分发和安装时的合法性校验和完整性保护，但是恶意软件常在应用安装后，滥用私有的热更新机制，在运行时下载恶意代码，从而绕过应用市场的安全审查。因此，在应用更新阶段，需要对应用热更新行为进行限制。一种方式是强制代码签名机制，提供加载时和运行时的代码合法性检查以及完整性保护，确保端侧执行的代码来源可靠，未经审核的代码无法执行。另一种方式是通过静态的应用代码和 API 调用检测，以及动态的行为检测，在应用上架检测和应用运行时检测的过程中，识别和阻止应用的热更新。

5.5.3　互联网 App 个人信息保护

近年来，移动互联网应用程序（App）得到广泛应用，App 超范围收集、捆绑授权、强制索权、私自调用权限上传个人信息等现象普遍存在，违法违规收集使用个人信息的问题突出。不管从用户视角、应用开发者视角还是应用商店运营方视角，应用运行生命周期的安全都是互联网 App 个人信息保护的基础。

应用运行生命周期安全，包括在应用安装、启动、运行以及更新阶段提供安全解决方案，保障应用的安全性和可靠性。

移动终端操作系统在提供自身的系统安全机制，并保护应用的运行安全的同时，还通过系统安全的能力为应用程序提供用户数据保护的手段。

1. 系统安全基础架构

基于不同等级的 App 分级安全机制，是构建 App 运行生命周期安全的基础。如 Android 操作系统将 App 大致分为三类，有不同的文件访问和系统操作权限，见图 5-10 所示。

系统核心服务由操作系统厂商提供，包含操作系统的核心能力。此类应用的权限包括对系统核心资源的访问操作，因此仅向具备系统签名的 App 或者服务开放。

系统服务或者特权应用可申请的权限，涉及允许访问操作系统基础服务相关的资源，一般仅对操作系统厂商或者与其签订协议的第三方开放。

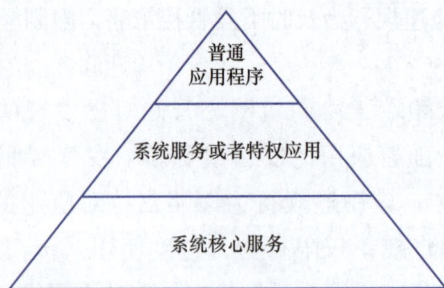

图 5-10　Android 操作系统 App 分类

第三类普通应用程序包括绝大多数第三方应用程序和一部分不需要特殊权限的系统应用程序。此类应用程序仅可以申请普通权限，对用户隐私以及其他应用带来的风险较小。

2. 应用程序基础安全防护

应用程序给用户带来了丰富的体验，与此同时，其设计和实现的正确合理至关重要，否则可能破坏系统的完整、稳定，甚至影响用户数据的安全。应用程序基础安全防护的目标是：应用程序自身不被恶意软件所篡改和窃取信息；应用程序访问用户数据的过程安全可控。

（1）在安全机制的加持下，用户可放心地使用应用程序，而无须担心恶意软件、非授权的数据访问等问题。

（2）操作系统上运行的应用程序均部署在受保护的沙盒中，通过沙盒的安全隔离，限制应用程序互相非法访问数据，甚至篡改设备。每一个应用程序拥有唯一的 ID，并基于此 ID 进行访问的识别与限制。应用沙盒限定了只有目标受众才能访问应用内的数据，同时也限定了应用只能访问受限的数据范围，包括应用程序的安装目录；应用沙盒的数据目录。

（3）为确保应用的数据安全，应用私有数据不应设置为可供所有人访问。如需将文件数据提供给其他应用，可选择应用间文件分享。通常情况下应用无法访问用户公共文件数据，如需访问可申请访问用户公共存储空间的权限。

（4）通过操作系统提供的自主访问控制和强制访问控制机制，可以进一步限制应用可访问的数据范围，从而在机制上消减应用数据泄露的风险。

（5）漏洞是威胁系统和应用安全的核心要素。为缓解漏洞对应用安全的威胁，操作系统需要以应用全生命周期的视角展开漏洞治理。

在应用程序开发阶段，开发者可利用代码安全检测工具，识别、发现、并修复代码中存在的漏洞，如整数溢出检测、数组越界检查、使用已释放内存等典型的代码漏洞。

在运行阶段，对于各类漏洞的利用，操作系统一般提供运行时防御机制，通过安全加固、消减漏洞，可有效保护应用程序和用户数据。主要有如下安全机制。

① 栈保护。栈溢出是经典的攻击方法，攻击者基于栈溢出漏洞可劫持程序控制

流，进而实现攻击目的。利用栈线性溢出的特征，栈保护机制通过在栈特定位置插入 canary 保护字，防止栈溢出时非法覆盖函数返回地址，从而避免应用程序控制流被非法劫持。

② ASLR（地址空间随机化）主要针对内存破坏漏洞。可确保应用程序的内存区域在启动时被随机化，包括堆、栈、共享库等，增加攻击者预测攻击目标的难度。如针对 return to libc 这类攻击技巧，随机化可大幅增加攻击者定位库函数地址的难度。

③ DEP（数据不可执行）。同时具备可写和可执行特性的内存是攻击者执行恶意代码的最佳条件，利用 ARM 处理器的 XN（Execute Never，不可执行）特性，可将内存页标注为不可执行属性，从而避免攻击者在应用程序中直接注入恶意代码。

④ CFI（控制流完整性保护）。前向和后向 CFI 保护技术可以应对攻击者常用的 JOP/ROP 等攻击方法，对抗攻击者利用内存错误非法篡改应用程序的函数返回地址和函数指针。CFI 技术可在攻击路径的关键节点进行有效拦截，起到极佳的防御效果。

3. 应用权限管控

应用访问系统资源（如通讯录等）和使用系统能力（如访问摄像头、麦克风等）需要受到限制，以避免对于系统资源和数据的滥用。

（1）从实现机制上，一般通过权限管控实现。例如，Android 操作系统将应用权限分为三个类别。

① 正常权限（PROTECTION_NORMAL）：指应用程序需要访问的一些数据资源，但并不涉及用户的隐私或者对其他应用程序的潜在损害，如设置闹钟就是属于正常权限。Android 在处理正常权限时并不会提示用户，而用户也没有办法取消这些正常权限

② 签名权限（PROTECTION_SIGNATURE）：指 Android 在安装时授予应用程序的权限，利用签名权限，两个签名相同的应用程序可以进行安全的数据共享。

③ 危险权限（PROTECTION_DANGEROUS）：指涉及用户隐私或者影响其他程序操作的权限。对于这一类的权限，Android 会以弹窗的方式向用户进行问询，应用程序必须要经过用户的授权才可以进行相应行为。

（2）开发者在开发应用时，权限申请满足如下要求，更容易得到应用商店的许可，也更容易获取用户的授权。

① 应用（包括应用引用的三方库）所需权限在应用的配置文件中严格按照权限开发指导逐个声明。

② 权限申请满足最小化原则，禁止申请不必要的、已废弃的权限。应用申请过多权限，会导致使用体验变差，并引发用户对应用安全性的担忧，从而也会影响到应用的安装率和留存率。

③ 应用申请敏感权限时，必须填写合理的权限使用理由字段。敏感权限通常指与用户隐私密切相关的权限，包括地理位置、相机、麦克风、日历、健身运动、身体传感器、音乐、文件、图片视频等权限。

④ 应用敏感权限需在对应业务功能执行前动态申请，而不是在应用启动时申请，满足隐私最小化要求。

⑤ 用户拒绝授予某个权限后，应用与此权限无关的其他业务功能应能正常使用。

4. 隐私控制设计

隐私是用户的基本权利，安全是产品的基本属性。基于这种理念，隐私设计基本原则包括以下几点。

① 数据最小化：仅采集实现业务功能所必需的个人数据。

② 透明可控：当采集个人数据时，清晰、明确地告知用户，并确保用户知道数据被如何使用，以及如何退出。

③ 身份保护：使用差分隐私等隐私增强技术，在数据离开用户的设备时，隐藏用户的身份。

④ 数据本地化：尽可能在用户的设备上完成个人数据的处理和分析。

⑤ 数据安全保障：坚实的数据安全是隐私保护的基础。围绕硬件、OS、应用及服务持续构建数据安全能力。

5. 用户身份认证

终端的用户身份认证与访问控制系统（User Identity and Access Management，用户 IAM）提供了系统级用户身份识别与认证能力。终端支持不同的用户身份认证方式，如口令认证、人脸认证、指纹认证等，以及相应的用户认证界面交互方式，可用于锁屏解锁、支付认证、关键服务的二次访问控制等用户身份鉴别场景。

大部分终端设备，对认证凭据（口令、私钥、人脸等生物特征）采用基于硬件芯片的保护机制，而且用户身份认证的关键过程也在安全隔区中完成。避免认证凭据泄露、用户输入泄露以及认证结果篡改等。

例如，某操作系统，对于基于人脸识别的生物认证功能，提供如图 5-11 所示的安全框架。

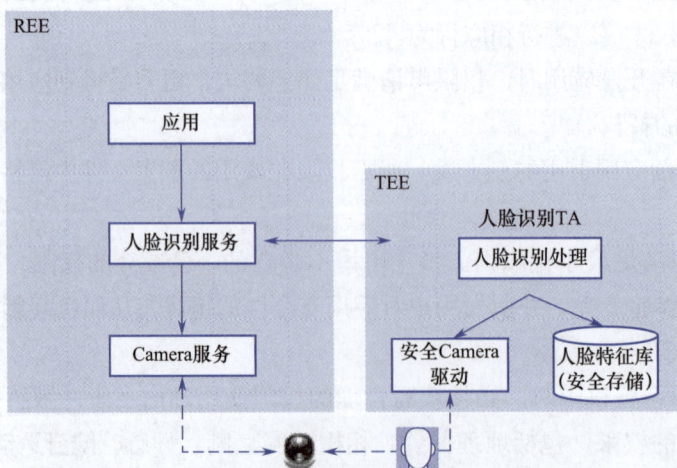

图 5-11 人脸识别安全框架

操作系统在摄像头和 TEE 之间建立安全通道，人脸图像信息通过安全通道传递到 TEE 中，REE 侧无法获取。EMUI 对人脸图像采集、特征提取、活体检测、特征比对等处理完全在 TEE 中，基于 TrustZone 进行安全隔离，外部的人脸框架只负责人脸的认证发起和认证结果等数据，不涉及人脸数据本身。

人脸特征数据通过 TEE 的安全存储进行存储，采用高强度的密码算法对人脸特征数据进行加解密和完整性保护。外部无法获取到加密人脸特征数据的密钥，保证用户的人脸特征数据不会泄露。外部第三方应用无法获取到人脸特征数据，也不能将人脸特征数据传出 TEE。EMUI 不会将加密的人脸数据或者未经加密的人脸数据发送或备份到包括云端在内的任何外部存储介质。EMUI 的人脸识别支持防暴力破解机制，如果用户使用人脸识别连续错误 5 次，则不能进行人脸识别，必须输入密码解锁设备。

部分操作系统通过多样的用户身份认证 API，对第三方应用开放用户身份认证的能力。也有一些操作系统通过定制化、技术合作的方式，向特定的第三方应用开放用户身份认证的能力。

6. 应用数据保护

对于用户的个人数据和开发者的数据，需要以全生命周期的安全防护视角，提供相应措施，确保在每一个阶段，数据都能获得与其个人数据敏感程度、系统数据重要程度和应用程序数据资产价值匹配的保护措施。

（1）数据生命周期

根据数据在智能终端设备上的处理的过程，如图 5-12 所示，数据生命周期包括生成（Create）、存储（At Rest）、使用（In Use）、传输（In Transit）、销毁（Destroy）阶段。

针对数据存储保护，操作系统提供文件级加密（File Based Encryption，FBE）与敏感数据加密存储机制。应用开发者可利用该机制保护不同的文件或应用内敏感数据。

图 5-12　数据生命周期

针对数据使用保护，通常采用内存加密、侧信道攻击防护和访问控制机制。对于部分机密文件的使用，应用开发者可将数据的访问控制归约为密钥的访问控制条件，根据设定的访问控制条件管控密钥的使用，使密钥仅在满足对应条件时可用于解密应用数据或对应用数据进行签名。

针对数据传输保护，一般采用传输双方身份认证、传输通道加密等方式实现。区分分享、同步、交换等场景，还需要额外的安全或者隐私保护措施。例如，应用开发者想要进一步管控应用数据在传输出端后权限依然可控、同时限制数据的二次转发行为，可利用 HarmonyOS 提供的文件受控分享机制对待分享的数据进行保护。

（2）文件级加密

FBE（File-based encryption）即文件级加密。在启用了 FBE 的设备上，每个用户都有两个可供使用的存储空间，即 CE（Credential Encryption）和 DE（Device Encryption）存储空间。

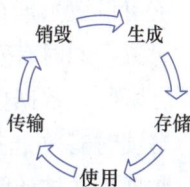

CE 存储空间：文件加密与用户凭证相关，提供了用户凭证后才能使用，即用户解锁设备之后才能使用。

DE 存储空间：在设备执行验证启动后就能使用，即在设备启动之后就能使用。

应用产生的数据，开发者可指定数据存储空间。默认情况下存放在 CE 存储空间中，但是对于某些场景，应用需要在用户解锁前就有可访问的文件，如时钟、闹铃、壁纸等，此时应用需要将这些文件存放到 DE 存储空间中。

（3）敏感数据存储

敏感数据存储，又称关键资产存储，提供了敏感数据或者隐私数据的本地加密存储。应用可以将用户高安全敏感的关键资产短数据（如用户的 App 账号密码，银行卡号等）在本地加密存储，加密这些数据的密钥存储在安全的隔离区，只有合法的应用才能访问并解密这些数据。苹果机构 iOS 操作系统的 Keychain（钥匙串）机制和华为 EMUI 操作系统的"短数据安全存储服务"机制是典型的实现案例。

与此同时，部分终端操作系统的关键资产存储还支持以下一些安全措施。

① 支持基于用户身份认证的二次访问控制。

支持设置访问数据需要经过用户再次即时的授权，如验证用户锁屏口令，或指纹人脸等生物特征。即使用户的设备在解锁状态下给他人使用，他人也无法未经授权访问获取这些隐私数据。

② 支持基于设备当前状态的访问控制。

支持设置数据在不同设备状态下是否可以被访问，包括以下几种状态。

设置密码时有效：数据只有在设备设置了锁屏密码的时候才可访问，如果用户清除设备锁屏密码，数据也会被清除。

解锁时有效：只有设备处于解除锁定的状态下，数据才可被访问，如果设备重新被锁定，数据无法被访问。

第一次解锁后有效：每次重启设备后，必须在用户输入一次锁屏口令后，数据才可被访问。

总是有效：只要设备处于开机状态下，数据都可被访问。

（4）密钥管理

服务于数据安全和个人信息保护，多数终端操作系统还提供密钥管理功能。

如某系统提供的通用密钥库系统（HUKS），是系统级的密钥管理服务，为应用提供密钥的全生命周期管理能力，包括密钥生成、密钥存储、密钥使用、密钥销毁等功能。HUKS 基于系统安全能力，为应用提供密钥全生命周期的安全管理，应用无须自己实现复杂的密钥生命周期管理操作，利用 HUKS 的系统能力，就能确保业务密钥的安全。HUKS 提供的核心安全机制包括以下几点。

① 密钥明文不出安全环境：HUKS 的核心特点是密钥全生命周期明文不出安全环境。根据设备能力的不同，对接 TEE。支持 TEE 的设备，HUKS Core 运行在硬件安全环境中。

上层业务只能通过密钥别名或句柄生成、访问密钥，密钥在安全隔离环境中使用和运算，任何人（包括密钥所属的上层业务自身）都接触不到密钥明文。

② 系统级安全加密存储：业务密钥使用设备根密钥派生的密钥加密保护，在有硬件条件的设备上，设备根密钥通常是硬件唯一密钥，只可在安全隔离环境（如 TEE）中获取和使用，在这些设备上，业务密钥在安全隔离环境中基于硬件唯一根密钥派生的密钥加密保护，明文不出安全隔离环境，获得 TEE 级别的存储安全性。此外，在有锁屏口令的设备上，业务密钥还会叠加用户锁屏口令加密保护密钥。

③ 严格的访问控制：只有合法的业务才有权访问密钥，上层应用只能访问属于它自己的密钥（由应用自身生成的密钥），无权访问其他业务的密钥。

同时 HUKS 框架支持用户二次身份认证访问控制，以支持应用的高安全敏感场景下安全访问密钥的诉求。应用可以在生成密钥的时候，指定访问密钥需要进行二次身份认证，之后应用访问密钥，只有通过即时的身份验证（如验证锁屏密码，人脸，指纹等），才能访问密钥。身份认证的结果在安全隔离环境中生成和验证，即使设备 REE 系统被攻击（如被 root），攻击者也无法绕过二次身份认证访问控制非法访问密钥。

7.　应用运行时安全检测

应用生态普遍面临既要开放生态能力，又要防止生态能力被恶意利用而侵犯用户权益、违背国家法律法规的情况出现。应用运行时安全检测是应用生态安全的最后一道防线。应用运行时安全检测的目标是确保应用访问和获取数据的行为符合法律法规等要求。运行时的安全检测包含应用对 OS 关键行为的检测、对权限获取的检测以及其他可能会影响用户正常使用的安全检测。应用运行时安全检测可以联动应用管控能力，为用户提供纯净安全的用户体验。

应用运行时安全检测不同于基于样本的应用动静态检测，而是结合应用实际运行时行为、所在系统上下文、应用信誉、开发者信誉等进行综合分析，以判断可能存在的应用风险行为。

因为运行时检测的动作本身涉及用户的个人信息和隐私数据（如设备 ID、运行时间、App 包名，App 启动方式），且出于网络连接状况、响应时长的衡量，各终端操作系统的应用运行时安全检测的实现一般以端侧为主。端侧分析的风险结果会经过脱敏后在云侧进一步基于大数据模型和 AI 模型进行分析，通过聚合关联进一步提升应用行为风险感知的能力。云风控系统分析的结果会经过安全运营进一步确认后，联合应用管控能力对恶意应用实时管控，从而为用户提供纯净安全的用户体验。

8.　App 收集个人信息基本要求

国标《信息安全技术　移动互联网应用程序（App）收集个人信息基本要求》（GB/T 41391），给出了 39 种常见类型 App 必要个人信息范围和使用要求，提出了 12 种特定类型个人信息的收集要求，并将 App 收集个人信息的要求细化为以下 7 个主要方面。

（1）App 功能划分：包括明确 App 类型、划分 App 的基本业务功能和扩展业务功能等。

（2）最小必要收集：包括明确 App 必要个人信息范围，以及目的明确、最小范围、最小影响、直接相关、时机恰当的最小必要原则。其中，"范围"包括类型、频率、数量、精度等。

（3）告知同意：包括 App 基本业务功能与必要个人信息的告知同意，敏感个人信息告知同意，多种服务类型告知同意，以及用户拒绝或撤回同意 4 个方面。

（4）系统权限：包括权限申请要求、权限使用要求。同时在附录中给出了可收集个人信息权限范围，以及与常见服务类型相关程度较低的安卓系统权限。

（5）特定类型个人信息收集要求：包括日历信息、应用程序列表、设备信息、短信信息、通话记录信息、通讯录信息、位置信息、生物识别信息、录音及拍摄录像信息、传感器信息、相册信息、存储文件信息等的收集要求。

（6）第三方收集管理：包括 App 接入的第三方应用、嵌入的第三方 SDK 的安全管理要求。

（7）常见类型 App 必要个人信息的使用要求：在《常见类型移动互联网应用程序必要个人信息范围规定》的基础上，给出了地图导航、网络约车、即时通信、网络支付等 39 种常见类型 App 必要个人信息的使用要求。

5.5.4　行业领域个人信息保护实践

1．金融行业个人信息保护实践

金融行业处理大量敏感的个人财务信息，包括银行账户、交易记录和信用信息等。本案例将详细介绍金融行业如何通过加密技术、多因素身份验证、数据脱敏等手段保护客户数据的安全与隐私。

近年来，《网络安全法》《关键信息基础设施保护条例》等网络安全法律法规密集出台，对关键信息基础设施的运营者在系统安全稳定运行等方面都提出了明确的要求。因此，对于国家关键基础保障的证券期货机构来讲，信息系统的安全运营管理工作显得尤为重要。为建立一个可供证券期货机构参考的安全运营管理指南，解决证券期货机构在进行了一定程度安全建设后必须面临的安全运营管理问题，让行业安全能力和水平在一定程度上螺旋提升，研制提出《证券期货业信息安全运营管理指南》（JR/T 0295—2023）。提供了开展信息安全运营管理中安全管理、基础安全管理、信息资产管理、漏洞管理、开发安全管理、数据安全管理、集中监控与响应管理以及持续改进管理的指导思路及方法。

《金融数据安全 数据安全生命周期规范》（JR/T 0223-2021）由中国人民银行正式发

布。此规范指导金融业机构合理制定和有效落实金融数据生命周期管理策略，进一步提高金融业机构的数据管理和安全防护水平，确保金融数据安全应用。本文件在《个人金融信息保护技术规范》(JR/T0171-2020)《金融数据安全 数据安全分级指南》(JR/T 0197-2020)的基础上，明确了金融数据生命周期安全框架将会遵循数据安全原则，以数据安全分级为基础，建立覆盖数据生命周期全过程的安全防护体系，并希望在现有金融单位的组织架构中进一步建立健全的数据安全组织架构以及明确信息系统运维环节中的数据安全需求，进而全面加强金融业机构数据安全保护能力。

本文件中首次明确定义了数据安全的原则，如合法正当原则、目的明确原则、选择同意原则、最小够用原则、全程可控原则、动态控制原则、权责一致原则，为以后金融单位在进行数据安全建设过程中提供了参考意见。在多个原则中，不再进行单个数据定义，而是综合考虑数据所处的业务逻辑，以业务为核心建立数据安全防护，从而构建涵盖数据采集、传输、存储、使用、销毁全生命周期的数据安全治理体系。

2. 医疗健康行业个人信息保护实践

随着电子健康记录（EHR）和远程医疗服务的普及，医疗健康行业的隐私保护尤为关键。健康医疗数据具有普遍的真实性和隐私性，从微观上包含个体身体健康情况、医疗就诊情况等数据，从宏观上包含疾病传播、区域人口健康状况等数据，健康医疗数据安全事关患者生命安全、个人信息安全、社会公共利益和国家安全。为了更好地保护健康医疗数据安全，规范和推动健康医疗数据的融合共享、开放应用，促进健康医疗事业发展，医疗领域提出《信息安全技术 健康医疗数据安全指南》（GB/T 39725，以下简称《安全指南》）。

《安全指南》对健康医疗数据进行了较为明确的界定，"包括个人健康医疗数据以及由个人健康医疗数据加工处理之后得到的健康医疗相关电子数据"。其中，"个人健康医疗数据"指"单独或者与其他信息结合后能够识别特定自然人或者反映特定自然人生理或心理健康的相关电子数据"。可以理解为"个人健康医疗数据"是一种特殊的"个人信息"。而"由个人健康医疗数据加工处理之后得到的健康医疗相关电子数据"则包括群体总体分析结果、趋势预测、疾病防治统计数据等。值得注意的是，《安全指南》中对健康医疗数据的界定仅限于电子数据，主要是基于"互联网＋医疗健康"的快速发展扩大了电子数据的应用，并提升了电子数据安全保护的重要性和迫切性。

《安全指南》参考健康医疗数据的应用场景、特征等因素，将健康医疗数据分为个人属性数据、健康状况数据、医疗应用数据、医疗支付数据、卫生资源数据和公共卫生数据，并划定相应范围。列举了 8 个典型场景中的重点数据安全措施，分别为医生调阅、患者查询、临床研究、二次利用、健康传感、移动应用、商业保险对接、医疗器械。这 8 个场景是健康医疗数据实际使用或披露过程中的常见场景，对于健康医疗数据安全保护的实践具有指导意义。

以商业保险对接安全场景为例，购买商业保险的主体在定点医疗机构就医时，商业保险机构通过与医疗机构建立连接的医疗信息系统，及时掌握主体就诊情况以及相关费用，从而根据规则进行理赔业务。在该场景中，涉及的数据有个人属性数据、健康状况数据、医疗应用数据、医疗支付数据、卫生资源数据。医疗机构与商业保险机构建立连接时，可在医疗信息系统对接前、对接中、对接后三个阶段采取相应安全措施。

3. 零售与电商行业个人信息保护实践

电商和零售行业处理大量消费者数据，包括购物习惯、支付信息和地址等。本案例将介绍这些行业如何通过匿名化、数据最小化原则以及安全支付系统来保护消费者隐私。

为贯彻落实《数据安全法》《个人信息保护法》《关于促进平台经济规范健康发展的指导意见》等有关要求，强化平台企业数据安全责任、保障平台经济安全健康发展，针对网上购物服务的常见数据安全风险，结合行业应用现状，国家标准《信息安全技术 网上购物服务数据安全要求》（GB/T42014—2022）应运而生。标准规定了网上购物服务收集、存储、传输、使用、加工、提供、公开、删除、出境等数据处理活动的安全要求，并给出了网上购物服务典型场景数据安全保护要求。

该标准实施对象为网上购物服务，常见形式包括：网上商城购物、直播购物、社交购物和线上线下融合购物。根据网上购物服务所提供商品或服务的特性，网上购物服务还包括：餐饮外卖、交通票务、酒店服务和演出票务。典型场景数据安全包括以下几点。

① 社交购物：在即时通信平台中通过嵌入的网上购物服务平台等形式提供网上购物服务。用户信息去标识、个人信息有限授权分享信息限制转发、浏览状态／购买信息不公开。

② 直播购物：通过网络直播形式向用户提供商品或服务介绍和展示，并引导用户下单的网上购物服务。主播卖家限制获取用户信息、直播信息广播限制。

③ 线上线下融合购物：通过线上及线下渠道共同完成的网上购物服务。线下消费保护买家信息、联合营销用户信息保护、用户信息查询使用限制。

4. 社交媒体与通信行业的个人信息保护实践

社交媒体和通信平台拥有用户的大量个人信息，包括通信内容、社交关系和用户行为数据。本案例将探讨这些平台如何在满足用户需求和保护隐私之间找到平衡。

目前，数据安全成为热点，国际国内均希望通过法律手段加强数据安全保障，一方面要保障国家安全，另一方面要保障公众权益，同时还要推动数据的应用，保障组织的权益，相关的法律法规也相继出台。

为了落实网络运营者在进行网络数据处理时的法律责任，特别是落实《数据安全法》的要求，保障网络运营者的运营数据安全，合法有序利用数据，国家标准《信息安全技术 网络数据处理安全要求》（GB/T 41479—2022）应运而生。

标准给出了网络数据处理安全的总体要求、技术要求、管理要求以及突发公共卫生安全事件时的数据处理安全要求。首先明确了网络数据处理安全的数据识别是基础、分类分级是根本、风险防控是核心、审计追溯是底线的四项基本原则，即需要完整识别需要保护的数据形成数据保护清单目录；根据网络运营者的实际在符合法律法规要求的前提下，对数据进行分类分级管理；全面分析安全影响和安全风险，积极采取有效措施保障数据安全；在整个数据处理过程中保证完整的审计日志，确保处理可追溯。第五章在进行安全影响分析和风险评估的通则要求基础上，提出了数据处理安全的技术要求。

5.6　个人信息保护发展趋势

5.6.1　面临挑战

随着科技的快速发展和全球化的深入推进，个人信息保护面临着前所未有的挑战。这些挑战不仅来源于技术发展的新威胁，还涉及全球化背景下跨境数据传输的复杂问题。

1．大数据技术的双刃剑效应

大数据技术的崛起极大地推动了社会进步和经济发展，但同时也对个人信息安全带来较大的挑战。企业和机构通过大数据技术能够收集、存储和分析海量的个人信息，包括个人身份、行为习惯、消费偏好等。然而，这种信息的高度集中化和易获取性，使得个人信息泄露和滥用的风险显著增加。一旦这些信息被不法分子获取，将可能导致身份盗窃、欺诈、骚扰等一系列问题，对个人生活造成极大困扰。比如近年来互联网广告发展出了众多新模式、新场景、新特点，AI营销、元宇宙营销，涉及数据流通的场景多样，面临的合规风险严峻。以程序化购买为例，交易在毫秒之间即涉及百万、千万级别高频次、高并发的信息处理，背后都是涉及个人信息的海量数据流通，个人信息保护与数据流通需要平衡。

2．人工智能技术的潜在风险

人工智能技术的快速发展为个人信息保护带来了新的挑战。一方面，人工智能可以通过学习和分析大量数据，实现对个人行为的精准预测和个性化推荐，从而提供更加便捷的服务。然而，另一方面，人工智能也可能被用于非法获取和滥用个人信息。例如，黑客可以利用人工智能技术自动化地发起网络攻击，窃取个人敏感信息；企业也可能利用人工智能技术对用户进行过度分析和干扰，侵犯个人隐私。

3．物联网设备的安全隐患

物联网设备的普及使得个人信息保护面临更加复杂的挑战。这些设备通常具有联网功能，可以收集和传输个人信息。然而，由于物联网设备的安全防护能力较弱，容易被黑客攻击和入侵。一旦物联网设备被黑客控制，不仅可能导致个人信息泄露，还可能对网络安全造成威胁。

4．数据跨境传输的合规挑战

在全球化背景下，跨境数据传输已成为常态。然而，不同国家和地区在个人信息保护方面的法律法规存在差异，这给跨境数据传输带来了合规挑战。企业在进行跨境数据传输时，需要遵守多个国家和地区的法律法规，否则可能面临法律诉讼和罚款。这种复杂的法律环境增加了企业的合规成本和风险。

5.6.2　未来趋势

个人信息保护已成为全球关注的焦点。在这个数据驱动的时代，个人信息不仅关系到个人的隐私权益，也关系到国家安全和社会稳定。因此，未来的个人信息保护将呈现出隐私增强技术不断发展与国际合作日益加强的趋势。

1．平衡个人信息保护与数据合规应用

随着大数据、人工智能技术的发展，对包括个人信息在内的数据需求愈发增加，这些产业发展的基础是以数据作为驱动力，通过对大数据的使用完成应用创新、赋能产业发展。而这一过程一旦过度就会引发用户个人信息滥用的乱象，随着法律法规、政策规范的落地执行，个人信息应用将向着更加合法、健康、透明的方向发展。2020年3月发布的《中共中央　国务院关于构建更加完善的要素市场化配置体制机制的意见》将数据定位为第五大生产要素，这意味着数据是可社会化配置和利用的经济资源。数据产业综合考虑合规与数据要素合法利用，充分发挥互联网技术的优势，增强数字行业的竞争力，发挥数据要素的商业价值。

2．隐私保护技术的进一步发挥作用

随着技术的不断进步，个人信息的范畴将进一步扩大，不仅包括传统的个人和身份信息，还将涵盖照片、视频、语音数据等多媒体内容，以及数据汇聚、分析后可能产生的个人信息。为了应对这一挑战，政府和企业应采取更加严格的措施来保护这些数据的安全。隐私增强技术将不断创新，如使用加密技术、匿名化技术、差分隐私技术等，确保个人信息在传输、存储和使用过程中的安全性。

随着生物特征身份验证和双因素身份验证等技术的普及，传统的密码验证方式将逐渐被取代。这些技术将大大提高身份验证的准确性和安全性，降低密码泄露的风险。同时，这也将推动隐私保护技术的发展，为用户提供更加便捷和安全的身份验证方式。

人工智能技术在处理和分析大量数据方面具有独特优势，但同时也带来了隐私泄露的风险。未来的个人信息保护将注重人工智能与隐私保护的协同发展。通过差分隐私、联邦学习等技术，可以在保护数据隐私的同时实现有效的数据分析和挖掘。同时，加强人工智能技术的监管和评估也是未来发展的重要方向。

3．国际合作与协调机制的完善

在全球化背景下，个人信息保护已经超越了国界的限制。为了有效应对跨境数据流动

和泄露风险，需要加强国际合作，共同构建国际法律框架。这包括制定统一的数据保护标准、加强跨境数据流动的监管以及建立跨国追责机制等。通过国际法律框架的构建，我们可以为全球范围内的个人信息保护提供有力的法律保障。

国际组织在推动全球个人信息保护方面发挥着重要作用。未来，国际组织将进一步加强与其他国家和地区的合作与交流，共同应对全球性的隐私挑战。通过制定相关指南和政策建议，可以为各国提供有益的参考和借鉴，加强对各国个人信息保护实践的监督和评估，推动全球个人信息保护水平不断提高。

企业作为个人信息的主要收集者和使用者，在保护个人隐私方面扮演着重要角色。未来，企业与政府间的合作将进一步加强。政府可以通过制定法律法规、加强监管和执法力度等方式来保障个人隐私权益；而企业则可以通过加强内部管理、采用先进技术以及提高员工意识等方式来确保个人信息的安全和合规使用。通过政府与企业的共同努力，我们可以构建一个安全、可靠、可信赖的数字世界。

未来个人信息保护将呈现出隐私保护技术不断发展与国际合作日益加强的趋势。通过持续创新的技术手段和国际合作机制的完善，将能够更好地保护个人隐私权益，实现数字世界的可持续发展。

习　题

1. 列举常见的敏感个人数据。
2. 阐述个人信息保护的管理原则。
3. 隐私保护技术有哪些？各自适合哪些应用场景？
4. 假设某单位需要开发一款新的互联网 App，需设计的个人信息保护方案关键点有哪些？
5. 如何评估一款 App 在个人信息收集方面的合规性？
6. 在个人信息保护的流程设计中，对于个人信息的存储有哪些规范要求？
7. 在个人信息安全事件应急响应流程中，初步评估阶段需要评估哪些方面的内容？
8. 在移动智能终端的安全开发生命周期（SDL）流程中，需求分析阶段需要考虑哪些因素来定义安全和隐私需求？
9. 在金融行业的数据生命周期中，数据存储阶段需要依据金融数据的级别采取哪些措施？
10. 在应用商店个人信息保护中，生态构建者在应用发布阶段会采取哪些检测手段？
11. 在全球化背景下，企业进行跨境数据传输时可能面临哪些困难？
12. 未来在个人信息保护方面，人工智能技术可能会带来哪些影响？

第 6 章
数据要素流通

数据作为关键的生产要素，其流通在当今数字化时代具有至关重要的意义。本章介绍数据要素流通的各个重要方面，从数据要素的基本内涵出发，剖析其价值与特性；深入研究数据交易的模式与机制；探索数据要素流通中的关键技术及其应用；解析数据出境所面临的挑战与应对策略；展望数据要素流通的未来发展趋势，为读者清晰地呈现数据要素流通的整体图景。

6.1 数据要素

6.1.1 数据要素特点

数据要素指以电子形式存在的、通过计算的方式参与到生产经营活动中并发挥重要价值的数据资源。数据要素作为数字经济时代的核心资源，具有规模性、多样性、高速性和价值性等特点。

1. 规模性

数据要素的首要特征体现在其巨大的规模上。这些要素不仅涵盖海量的数字、文本、图像、音频或视频等数据，而且随着信息技术的迅猛发展，数据规模每年均呈指数级增长。这种庞大的数据量，为数据分析和挖掘提供了丰富的资源，也对数据存储和处理技术提出了更高的挑战。

2. 多样性

数据要素的形式极为多样，涵盖了从简单的数字到复杂的图像、音频和视频等多种类型。每种形式的数据都具有其独特的属性和应用价值，使得数据要素在多个领域都具有广泛的应用前景。同时，数据要素的多样性也要求我们在处理和分析数据时，必须采用多样化的方法和工具，以充分发掘其潜在价值。

3. 高速性

数据要素的处理速度极快，能够在极短的时间内完成大量信息的处理和分析。这种高速性不仅体现在数据的传输速度上，更体现在数据的计算和分析能力上。随着云计算、边缘计算等技术的不断发展，数据要素的高速性得到了进一步提升，为实时数据处理和分析提供了可能。

4. 价值性

数据要素的价值性体现在其对于经济社会发展的重要作用上。通过对数据的深入分析和挖掘，我们可以发现隐藏在数据背后的规律和趋势，为决策制定提供有力支持。同时，数据要素还可以帮助企业和组织优化运营、提高效率、降低成本，从而增强竞争力。此外，数据要素还具有广泛的社会价值，如改善医疗、教育、交通等领域的发展，提升人们的生活质量。

6.1.2　数据要素与传统生产要素

传统生产要素指土地、劳动力、资本、技术等经济学中常用的生产要素，它是经济活动的基础，也是经济增长的源泉。数据要素与传统生产要素在多个维度有共性和差异性。

1. 共性方面

数据要素与传统生产要素在多个维度上表现出显著共性。

（1）数据要素与传统生产要素，如劳动力、资本和土地等，都是生产经营活动不可或缺的组成部分。它们都在生产过程中发挥着重要作用，直接影响生产效率和产出水平。这些生产要素都可以通过市场配置，实现优化组合和有效利用，进而推动经济社会的持续发展和进步。

（2）数据要素与传统生产要素都具有价值属性。它们都可以通过交易、租赁、转让等方式实现价值的流通和实现。同时，这些生产要素的价值也可以通过市场价格或其他评估方法进行衡量。这种价值属性使得数据要素和传统生产要素在市场中具有竞争力，可以为企业和组织带来经济效益。

（3）数据要素与传统生产要素的获取、维护、保护和使用都需要投入一定的成本。这些成本包括直接成本和间接成本，如采集成本、存储成本、处理成本、安全成本、机会成本等。因此，企业和组织在利用这些生产要素时，需要充分考虑成本效益，以实现资源的优化配置和高效利用。

2. 差异性方面

与传统生产要素相比，数据要素也在多个方面展现出其与传统数据要素独特的差异。

（1）非稀缺性与稀缺性

数据要素具有非稀缺性，而传统生产要素则具有稀缺性。数据可以无限复制、重复使用，不会因为使用而消耗，也不会因为共享而减少。这种非稀缺性使得数据成了一种几乎无穷无尽的资源，为企业和组织提供了持续的创新和竞争优势。相比之下，传统生产要素如劳动力、资本和土地等是有限的、不可再生的或者难以再生的资源，它们的数量和使用都会受到一定程度的限制。

（2）非排他性与排他性

数据要素具有非排他性，而传统生产要素则具有排他性。数据可以在一定范围内按照一定权限重复使用，其使用者不会妨碍其他使用者的使用。这种非排他性使得数据可以广泛共享和合作使用，从而推动知识的传播和创新的发展。然而，传统生产要素在同一时间只能由一方使用，其使用者会排斥其他使用者的使用。这种排他性限制了传统生产要素的共享和合作使用，也增加了资源的浪费和成本。

（3）高度流动性与相对低流动性

数据要素具有高度流动性，而传统生产要素则具有相对低流动性。数据可以在不同地域、不同领域、不同层级、不同业务等方面快速流通，其流动速度更快、程度更深、领域更广。这种高度流动性使得数据能够迅速适应市场变化，为企业和组织提供及时的决策支持。相比之下，传统生产要素受到地理、政策、法律、技术等因素的限制，其流动速度更慢、程度更浅、领域更窄。这种相对低流动性限制了传统生产要素的灵活性和适应性。

（4）高度异质性与相对同质性

数据要素具有高度异质性，而传统生产要素则具有相对同质性。数据的来源、类型、格式、质量、用途等因素有很大差异，其价值和贡献也因此有很大不确定性。这种高度异质性使得数据具有独特的价值和潜力，但也增加了数据处理的复杂性和难度。相比之下，传统生产要素的标准、规格、等级等因素差异较小，其价值和贡献也因此有较高确定性。这种相对同质性使得传统生产要素易于管理和使用，但也限制了其创新和发展的空间。

这些区别使得数据要素成为了一种独特的资源，为现代经济体系的发展提供了新的动力。同时，我们在利用数据要素时，需要充分考虑其特性和价值，以实现资源的优化配置和高效利用。

6.1.3 数据要素分类

数据要素分类存在多种维度和多种方法，适用于不同场景。

1. 按照数据资源存储的维度

按照数据资源存储的维度，数据要素可分为基础层数据、中间层数据和应用层数据，具体如下。

（1）基础层数据：这类数据是组织或系统中最基础、最原始的数据集合，通常包括结构化数据（如数据库中的记录）和非结构化数据（如文档、图片等）。基础层数据对数据的集成性要求较高，需要确保数据的完整性、准确性和一致性。

（2）中间层数据：在数据处理和分析过程中，通过对基础层数据进行加工、整合和转换得到的数据，称为中间层数据。这一层的数据更加符合特定的业务需求和分析模型，对数据的灵活性要求较高。

（3）应用层数据：基于中间层数据，根据具体应用场景和需求，进一步加工和呈现的数据。应用层数据通常面向特定的用户或业务系统，需要具备高度的可用性和易用性。

2. 按照对数据资源加工程度的维度

按照对数据资源加工程度的维度，数据要素可分为原始数据、衍生数据和数据产品，具体如下。

（1）原始数据：指未经任何加工处理的数据，通常直接从数据源获取。原始数据是数据处理的起点，对后续的数据加工和分析具有重要影响。

（2）衍生数据：通过对原始数据进行清洗、转换、聚合等操作得到的数据。衍生数据在保持原始数据特性的基础上，增加了更多的信息维度和价值。

（3）数据产品：基于衍生数据，结合特定的业务逻辑和算法，开发出的具有特定功能的数据应用或服务。数据产品是数据价值的最终体现，也是数据驱动业务决策的重要工具。

3. 按照数据安全的维度

根据数据的影响对象和影响程度，数据分为核心数据、重要数据、一般数据。本书 2.2 章节对数据安全分类做了详细介绍。

6.2　数据要素流通场景

推动数据要素的有效供给和规范流通，对于构建以数据为纽带的数字经济与实体经济的深度融合具有重要意义。这种融合不仅促进了两者之间的动态交互和深度连接，还通过协同增效的方式，完善了数据资源管理。加强数据要素应用场景的指引，可以进一步促进产业全要素的互联互通，打破产业和地域的限制，消除生产、分配、流通、消费各环节中的堵点卡点。

通过推动数据要素供给和流通，国内市场与国际市场得以联通，产业链和供应链的韧性和安全水平得到了显著提升。这不仅有利于优化资源配置，提高生产效率，还能促进新产品的开发和新市场的开拓，从而推动经济的高质量发展。

6.2.1　重点领域数据流通场景

近年来，国家以推动数据要素高水平应用为主线，促进多场景应用，先行聚焦重点领域，推动行业中发挥数据要素的乘数效应，释放数据要素价值，实现经济规模和效率的倍增。通过提升数据供给水平、优化数据流通环境、加强数据安全保障等多重保障措施，促进我国数据基础资源优势转化为经济发展新优势。数据要素应用重点领域和场景包括工业制造、现代农业、商贸流通、交通运输、金融服务、科技创新、文化旅游、医疗健康、应急管理、气象服务、城市治理、绿色低碳等。具体场景包括以下几点。

1. 农业和工业等领域

在农业和工业等领域，数据协同需求较大，通过数据要素流通，实现强化协同效应，提升行业运行效率。例如，农业经营主体相对比较分散，生产各环节数据流通不畅，数据资源开发利用程度比较低，推动生产、销售、存储、加工等全链条数据融合利用，将有效提高农业生产效率。

2. 金融等领域

在金融等领域，对其他行业数据需求大，要发挥其牵引作用，推动数据复用。例如，金融机构通过引入科技、环保、养老、医疗等这些领域数据，可以完善信贷模型，辅助面向中小微企业的贷款授信决策，更好地赋能实体经济发展。

3. 科技、交通等领域

在科技、交通等领域，数据聚合价值高，拟通过促进多元数据融合，培育新模式新业态。例如，传统的化学化工工艺设计以实验为主，不同化合物或工艺方法的实验耗费大量的时间，通过结构、物性等基础实验数据的汇聚融合，并结合工艺数据科学分析，能够实现科研最优方案的高效筛选，加速数据驱动的科研范式创新。

4. 气象等领域

在气象等领域，数据通用性强，拟通过推动数据开放，提高数据供给质量。气象数据可以赋能农业、交通、能源、旅游等多领域发展，在气象灾害监测预警、粮食产量预测、恶劣天气条件下的交通应急处置等很多场景中，都可以发挥巨大作用。

6.2.2 数据出境

数据出境指网络运营者在境内收集和生成的个人信息和重要数据，向境外的机构、组织、个人提供的行为。一般将数据出境理解为"数据从一个法域被转移至另一个法域的行为"或"跨境对存储在计算机中的机器可读数据进行处理"。

1. 数据出境的主要情形

数据出境主要有以下三类情形。

（1）向本国境内机构提供数据，但该机构不属于本国司法管辖，如大使馆就属于使馆所在国的国家领土，不属于派遣国的国家领土。

（2）数据未转移存储至本国以外的地方，但可以被境外的组织、个人访问查看，不包括公开的数据和通过网页访问的数据。

（3）数据处理者集团内部数据由境内转移至境外，其中涉及其在境内运营中收集和产生的数据。

但是以下两种情形不属于数据出境。

（1）非在境内运营中收集和产生的数据经由本国出境，且数据未经任何加工处理。

（2）非在境内运营中收集和产生的数据，但在境内存储、加工处理后出境，不涉及境内运营中收集和产生的数据。

2．我国数据出境的主要法律法规

目前，我国数据出境的法律规则主要源于《网络安全法》《数据安全法》《个人信息保护法》这三大基础性法律。

（1）《网络安全法》第三十七条规定了向境外提供数据的法律规则，即"关键信息基础设施的运营者在中华人民共和国境内运营中收集和产生的个人信息和重要数据应当在境内存储。因业务需要，确需向境外提供的，应当按照国家网信部门会同国务院有关部门制定的办法进行安全评估；法律、行政法规另有规定的，依照其规定"。这是我国首条以法律的形式确立数据出境需要进行安全评估的规定，该规定有两层含义：一是关键信息基础设施的运营者在国内收集和产生的个人信息和重要数据应当在境内存储；二是因业务需要，确需向境外提供的，应当依法进行安全评估。

（2）《数据安全法》第三十一条确立了数据出境的基本法律规则，即"关键信息基础设施的运营者在中华人民共和国境内运营中收集和产生的重要数据的出境安全管理，适用《中华人民共和国网络安全法》的规定；其他数据处理者在中华人民共和国境内运营中收集和产生的重要数据的出境安全管理办法，由国家网信部门会同国务院有关部门制定"。该条对数据出境的法律适用做了分工：一是关键信息基础设施的运营者收集和产生的重要数据确需出境的，适用《网络安全法》第三十七条的规定；二是关键信息基础设施运营者以外的"其他数据处理者"在国内收集和产生的重要数据出境，适用国家网信办制定的相关出境安全管理办法。

（3）《个人信息保护法》详细确立了个人信息跨境提供的重要规则，个人信息处理者因业务等需要，确需向境外提供个人信息的，应当具备相关条件。

国家网信办为落实上述法律的相关规定，于 2022 年 7 月 7 日公布了《数据出境安全评估办法》，于 2023 年 2 月 22 日公布了《个人信息出境标准合同办法》，于 2024 年 3 月 22 日公布了《促进和规范数据跨境流动规定》，对数据出境安全评估、个人信息出境标准合同、个人信息保护认证等数据出境制度的施行进行调整，保障数据安全，保护个人信息权益，促进数据依法有序自由流动。

3．我国数据出境安全评估的要点

目前，我国数据和个人信息出境实施阶梯式评估模式，即"自评估"结合"国家安全评估"，以企业数据出境自评估为前提，以数据出境的国家安全审查为保障的数据出境安全评估机制。

自评估的合规要点包括以下几点。

（1）数据出境及境外接收方处理数据的目的、范围、方式等的合法性、正当性、必要性。

（2）出境数据的数量、范围、种类、敏感程度，数据出境可能对国家安全、公共利益、个人或者组织合法权益带来的风险。

（3）数据处理者在数据转移环节的管理和技术措施、能力等能否防范数据泄露、毁损等风险。

（4）境外接收方承诺承担的责任义务，以及履行责任义务的管理和技术措施、能力等能否保障出境数据的安全。

（5）数据出境和转移后泄露、毁损、篡改、滥用等的风险，个人维护个人信息权益的渠道是否畅通等。

（6）与境外接收方订立的数据出境合同是否充分约定了数据安全保护责任和义务。

国家安全评估的审查要点包括以下几点。

（1）数据出境的目的、范围、方式等的合法性、正当性、必要性。

（2）境外接收方所在国家或者地区的数据安全保护政策法规及网络安全环境对出境数据安全的影响。

（3）境外接收方的数据保护水平是否达到中华人民共和国法律、行政法规规定和强制性国家标准的要求。

（4）出境数据的数量、范围、种类、敏感程度，出境中和出境后泄露、篡改、丢失、破坏、转移或者被非法获取、非法利用等风险。

（5）数据安全和个人信息权益是否能够得到充分有效保障。

（6）数据处理者与境外接收方订立的合同中是否充分约定了数据安全保护责任和义务；遵守中国法律、行政法规、部门规章情况。

（7）国家网信办认为需要评估的其他事项。

6.2.3　数据交易

1．数据交易概念

数据交易指以数据作为商品进行分类定价、流通和买卖的行为，它将有效发挥数据价值，实现从数据资源到数据要素到数据资产再到数据资本的转变。

数据交易作为数据要素流通的基本方式之一，帮助数据要素实现信息与货币的交换。在此过程中，交易的不是原始数据，而是相关主体在通过合法手段获取原始数据的基础上，对其采用一定算法，经过深度分析过滤、提炼整合及脱敏处理后形成具有交换价值和技术可行性的衍生数据。

2．数据交易模式

当前，数据商品的交易模式有以下几种。

（1）直接交易数据模式

交易双方就数据交易的内容和方式进行详细约定，签订数据交易合同，一方交货，一方付款，完成交易。通常，购买方通过某种渠道了解到销售方出售某类数据，经与销售方协商后，签订合同，购买数据。这种模式，比较适合线下"一手交钱，一手交货"的交易，在数据黑市比较普遍，但交易不透明，市场监管难度大。此类交易模式，卖方很难控制买方的行为，特别是买方复制数据并与其他第三方再进行交易的行为。例如，A 以 1 万元的价格出售 1 份数据给 B，却很难保证 B 不拿这份数据复制 100 份，以每份 1 千元卖出去。此类交易模式，也容易侵犯数据主体的权益，购买的数据可能涉及较多法律风险。

（2）数据交易所模式

政府牵头成立了一些数据交易所，在政府监管下，在集中场所进行数据供求关系撮合，如贵阳大数据交易所，类似于股票交易市场，在数据交易所，买卖双方必须注册成为市场成员，通过交易所平台进行数据买卖。但是，由于信息不对称，数据易复制，交易双方担心数据被第三方交易所截留，进行非法套利，因此早期政府开办的数据交易所，数据交易很清淡。并且交易双方一旦达成某次交易，就可能不再依靠数据交易所进行下一次交易。

（3）资源互换模式

在移动 App 中，App 服务商通过提供免费的 App 应用服务，换取用户对个人数据的使用权。资源互换模式也存在一些问题：第一，互联网平台与用户之间地位不平等、信息不对称，用户被迫接受数据授权协议，可能用重要的个人数据换取了不太有价值的资讯服务，互联网平台也可能过度收集用户数据，或把从甲业务中收集到的个人数据用于用户不知情的乙业务上，从而造成隐私侵犯和数据滥用问题。第二，用户紧密依赖于互联网平台，难以行使对数据的可携带权，很难将自己的数据开放给或迁移到第三方平台上。第三，用户难以获得对个人数据的合理收益权。

（4）会员账户服务模式

数据比较适合俱乐部交易模式。销售商出售数据平台的会员服务，消费者购买会员服务后，可以获得与会员层级对应的数据访问权益。

（5）数据云服务交易模式

销售商不直接提供数据，而是提供数据应用的云服务或数据应用系统，消费者购买云服务或系统，通过服务获得数据应用价值。

（6）API 访问模式

销售商通过应用程序界面将用户数据开放给经授权的第三方机构，以促进用户数据的开发使用。销售方既限定哪些数据可开放，也限定向哪些机构开放。

（7）基于数据保护技术的数据交易

使用密码学和隐私计算技术，包括可验证计算、同态加密、安全多方计算、联邦学习、区块链技术等，实现数据加密，从而提供手段限制或规定数据的重复使用次数，推动数据产品转换为私人产品进行交易，或者在不影响数据控制权的前提下交易数据使用权，以便从技术上构建数据交易的产权基础，并能计量数据主体和数据控制者的经济利益关系。

（8）利益相关方的数据平台 + 数据的联盟交易模式

数据消费者共同出资，投资一家"数据平台 + 数据"的服务商，这家服务商负责生产数据产品，并将产品出售给所有利益相关方。

3．数据定价机制

数据的价值产生于数据的集中处理、分析、加工、利用等一系列动态过程中，其价值具有不稳定性，主要受以下几方面因素影响。

（1）数据使用者的需求

数据交易的客体往往不是单个信息或数据点，而是批量数据形成的集合体。这些集合体在应用于金融、教育等不同社会场景时，其价值会因使用者的需求而异。

数据的场景敏感性意味着其价值并非静态的或固有的，而是随着不同利用场景的变化而动态变化的。因此，数据价值的评估需要充分考虑其后续利用的场景。

（2）数据使用者的技术水平

数据的价值在很大程度上取决于使用者的技术水平和能力。数据库的作用大小受限于使用者的算力和设备智能化水平。

数据使用者更关注如何通过算法等技术手段对批量数据进行处理分析，形成用户画像等有价值的信息，以实现精准营销等目的。这表明技术与算力是数据价值的重要驱动力。

（3）数据使用者的自有数据量

数据具有聚合效应，不同的数据库通过结合可以增强数据的识别能力。例如，当数据使用者结合自身的用户访问记录和其他平台购买的数据时，可以大大提高用户画像的精确度。

数据的价值也取决于其与其他数据之间的关联性、匹配性。在数据的流动和使用过程中，数据不会发生像传统固定资产那样的价值贬损，反而可能因为不断地结合、匹配、关联其他数据库而发生价值增值。

这一点表明，"二手数据"在某些情况下可能比"一手数据"具有更高的价值，因为它们可能已经过初步的处理和整合，具有更高的可用性。

4．数据交易安全

数据交易应符合相关国家和地区的数据保护法律、隐私法规和行业标准，尤其是跨境交易时的法律合规性。2022年12月，《中共中央 国务院关于构建数据基础制度更好发挥数据要素作用的意见》发布，提出二十条政策举措，从数据产权、流通交易、收益分配、安全治理等方面构建数据基础制度。数据流通交易作为数据基础制度之一，能够激活数据要素潜能，促进数字经济发展，但与此同时也面临数据权属、数据定价、安全合规、场内场外交易等难点问题，亟须建立健全数据交易管理制度，规范数据交易行为，保障数据要素市场高质量发展。

国家标准《信息安全技术 数据交易服务安全要求》（GB/T 37932）根据《网络安全法》《数据安全法》《个人信息保护法》《关于构建数据基础制度更好发挥数据要素作用的意见》等政策法规要求，提出了统一的数据交易安全规则，规定了数据交易服务安全要求，适用于规范数据交易场所和交易服务生态的数据交易活动，为建立健全数据交易制度，保障数据要素市场高质量发展提供标准支撑。该标准规定了通过数据交易服务机构进行数据交易服务的安全要求，包括数据交易参与方、交易对象和交易过程的安全要求。该标准适用于数据供方、数据需方、数据交易场所、数据商、第三方专业服务机构等，同时也为监管部门、评估机构对数据交易服务安全进行监督、管理、评估提供了依据。

6.3 关键技术

6.3.1 匿名化技术

匿名化指个人信息经过处理后无法识别特定自然人且不能复原的过程。匿名化技术通过对数据进行模糊化处理，改变数据颗粒度，进而降低数据的可识别风险。常用技术包括假名化、泛化、加噪等。

1. 假名化

假名化是使用假名替换真值的技术，通常用来处理直接标识符。假名化技术一般通过随机假名分配、散列函数、加密算法来实现，使用过程中需要对假名分配表、散列函数、密钥等辅助信息采取合理的安全保护措施。

假名化技术一般基于密钥、映射表构建假名和真名之间的连接，部分数据流通参与者知晓这些因素，因此它们能够从假名中恢复身份信息。假名化技术主要是保护身份类信息，无法保护需要参与计算的属性类信息，对于外部攻击者、部分数据流通参与者，是无法从假名化信息中获得身份信息的。因此，假名化技术更多的是保护用户的个人隐私，对企业的数据利益保护效果较小。假名化技术通常包含以下几种实现方案。

（1）传统假名化。这种方法使用一个随机数替换数据集中的明确标识符，如身份证号码、姓名与出生日期的组合，并创建一个单独的表格（假名表）来存储这些随机数与原始标识符的对应关系。通过这种方法，原始数据集被分割成两个独立的部分，可分别进行存储和处理。只要假名表不被访问，仅根据交易数据集的内容无法直接识别出数据主体。然而，如果结合其他数据并通过内容匹配，仍有可能重新识别出假名对应的真实身份。这种重新识别的可能性取决于现有的数据资源。

（2）基于哈希 ID 的替换。为了从数据中去除与数据主体的直接联系，一种方法是使用哈希函数将明确标识符转换为哈希值。由于哈希函数是不可逆的，因此无法从哈希值反向推导出原始标识符。这种方法的安全性基于哈希函数的单向性和复杂性，使得暴力破解或根据其他数据推理识别原始数据变得非常困难且成本高昂。

（3）基于哈希 ID ＋盐化＋胡椒化的方法。为了进一步增强哈希值的安全性，引入了"盐化"和"胡椒化"技术。盐化是在哈希过程之前，对每个条目添加不同的附加数据（即"盐"），以确保即使两个条目具有相同的原始值，它们也会产生不同的哈希值。胡椒化则是在特定环境下为每个哈希值添加一个额外的、秘密持有的数据，以防止相同的输入数据在不同环境中产生相同的哈希值。这两种技术的结合大大提高了哈希值的安全性，降低了碰撞的风险，并增强了数据主体隐私的保护。

（4）内容哈希。内容哈希技术允许在不直接访问数据内容的情况下验证数据的完整性和真实性。它通过对数据进行哈希计算并发布哈希值，使得任何对数据内容的更改都会导致哈希值的变化。这种技术广泛用于数字签名和文档完整性校验，以确保数据在传输或存储过程中未被篡改。此外，内容哈希还可用于证明某个数据集的存在性，而不必透露数据本身的具体内容。例如，在交易系统中，参与者可以计算交易数据的哈希值并公开发布，以供第三方验证交易数据的存在和完整性。

2. 泛化

泛化是将属性值抽象为较一般化、不易区分值的过程。泛化技术的目标是减少独特记录的个数，使得泛化后的属性值在多个用户中都会出现，从而降低从属性反推用户信息的可能性。

除了对单一属性进行泛化，目前泛化技术研究还考虑了两种扩展情况：①从多维度属性反推用户信息；②针对流式数据，如何保障用户信息。前者的典型处理技术包括 K- 匿名算法等；后者主要基于扰动、树状结构、伪造值和聚类等构建方案。

以 K- 匿名算法为例，表 6-1 是会员注册信息表，表 6-2 是对外发布的去标识符处理的医疗信息表。

表 6-1　会员注册信息表

姓　　名	年　　龄	性　　别	邮　　编
张三	29	男	476771
李四	25	女	554101
王一	32	女	476075
刘二	47	男	102174

表 6-2　去标识符处理的医疗信息表

年　　龄	性　　别	邮　　编	疾病类别
29	男	476771	心脏病
22	女	476020	心脏病
27	女	476875	心脏病
43	女	479052	骨折
52	男	479096	流感
47	男	479065	流感
30	女	476053	心脏病
36	男	476739	糖尿病
32	女	476075	骨折

第二张医疗信息表中，虽然已经把用户姓名，身份证号等个人关联信息抹去，但如果直接发布这样简单匿名处理的数据，同样会带来数据泄露的风险。因为通过对两张不同数据来源的表进行关联，对出生日期，性别，邮编的值进行匹配，可以定位出张三患有心脏病的隐私数据。这种通过某些属性与外部表链接的攻击称为链接攻击。

如上面两个表所示，每一行代表用户的一条记录，每一列表示一个属性。每一个记录与一个特定的用户 / 个体关联，这些属性可以分为三类。

标识符（Explicit Identifier）：可以直接确定一个个体，如身份证号，姓名等。

准标识符集（Quasi-identifier Attribute set）：可以和外部表链接来识别个体的最小属性集，如邮编，生日，性别等。

敏感数据（Sensitive Attributes）：用户不希望被人知道的数据，如薪水，疾病历史，购买偏好等。

K- 匿名（K-Anonymity）是 Samarati 和 Sweeney 在 1998 年提出的技术，该技术可以保证存储在发布数据集中的每条个体记录对于敏感属性不能与其他的 K-1 个个体相区分，即 K- 匿名机制要求同一个准标识符至少要有 K 条记录，因此观察者无法通过准标识符连接记录。

K- 匿名的具体使用如下：隐私数据脱敏的第一步通常是对所有标识符列进行移除或脱敏处理，使得攻击者无法直接标识用户。但是攻击者还是有可能通过多个准标识列的属性值识别到个人。攻击者可能通过包含个人信息（如知道某个人的邮编，生日，性别等）的开放数据库获得特定个人的准标识列属性值，并与大数据平台数据进行匹配，从而得到特定个人的敏感信息。为了避免这种情况发生，通常也需要对准标识列进行脱敏处理，如数据泛化等。数据泛化是将准标识列的数据替换为语义一致但更通用的数据，以上述医疗数据为例，对邮编和年龄泛化后的数据如表 6-3 所示。

表 6-3　K- 匿名泛化脱敏处理后的医疗信息表

年　　龄	性　　别	邮　　编	疾 病 类 别
2*	男	476***	心脏病
2*	女	476***	心脏病
2*	女	476***	心脏病
>=40	女	4790**	骨折
>=40	男	4790**	流感
>=40	男	4790**	流感
3*	女	476***	心脏病
3*	男	476***	糖尿病
3*	女	476***	骨折

经过泛化后，有多条记录的准标识列属性值相同。所有准标识列属性值相同的行的集合被称为相等集。K- 匿名要求对于任意一行记录，其所属的相等集内记录数量不小于 K，

即至少有 K-1 条记录的准标识列属性值与该条记录相同。

K- 匿名技术是一种保护用户隐私的有效方法，它通过确保每个相等集（或称为等价组）中至少包含 K 条记录，来降低攻击者将特定用户与其记录链接起来的风险。

K- 匿名的实施方法主要分为以下两种。概括（Generalization）：通过将具体的属性值概括到更宽泛的类别中，如将具体的年龄值替换为年龄段，来降低数据的粒度。隐匿（Suppression）：通过删除或替换某些属性值（如使用星号 "*" 替换邮编的末几位），来减少数据的详细程度。

同时，K- 匿名技术也存在一定局限性，无法有效抵御以下几种攻击类型。

（1）同质攻击：当等价组内的记录包含相同的敏感信息时，K- 匿名技术的保护效果会减弱。例如，如果某个等价组内的所有记录都显示有心脏病，那么即使不知道具体是哪个用户，也能推断出该等价组内的用户都患有心脏病。

（2）背景知识攻击：如果攻击者具有关于某个用户的额外背景知识（如通过其他渠道获得的健康记录），他们可能能够利用这些知识与公开的数据集进行比对，从而识别出该用户的记录。

（3）补充数据攻击：当公开的数据集来自多个来源，且这些数据集使用不同的 K- 匿名方法时，攻击者可能能够结合多个数据集来推断出用户的敏感信息。例如，如果一个用户在一个数据集中显示为心脏病患者，在另一个数据集中显示为某种药物的购买者，那么攻击者可能能够推断出该用户正在接受心脏病治疗。

为了应对这些局限性，研究者们提出了许多增强 K- 匿名技术的方法，如 L- 多样性、T- 接近性等，以进一步提高用户隐私的保护水平。

3. 加噪

在原始数据上添加扰动噪声，能够降低攻击者识别出数据主体的可能性。常用的加噪技术为差分隐私，该技术为隐私保护提供了严格可量化的数学定义。差分隐私算法一般通过在特定分布中生成不可预测的随机数的方法实现，同时能够保证加噪结果在真实值附近，保留了数据的统计特征。

差分隐私通过向原始数据添加经过严格控制和计算的噪声来实现对个人隐私的保护。这种噪声的添加确保了数据在保持一定准确性和可用性的同时，其敏感信息得到了有效的隐藏。差分隐私算法通常依赖于在特定分布中生成不可预测的随机数来实现，使得加噪结果能够在真实值附近波动，从而保留了数据的统计特征。

差分隐私按照实施位置的不同，可以分为本地差分隐私（LDP）和集中式差分隐私（CDP）。

本地差分隐私（LDP）包括以下几种实现方式。

（1）数据收集过程中添加噪声：在数据收集阶段，通过在每个个体的设备上添加噪声来保护隐私。这些噪声是随机的，与数据本身无关，如高斯噪声、拉普拉斯噪声等。

（2）个体设备上添加噪声：与 CDP 不同，LDP 在每个用户的设备上，而不是在整个数据集上添加噪声。这减少了对数据传输的需求，进一步增强了隐私保护。

（3）防止通过分析个人信息获取敏感信息：通过添加噪声来模糊数据，使得数据分析过程中无法暴露个人隐私信息。

（4）提供个性化服务：尽管添加了噪声，但 LDP 仍可以在保护隐私的同时提供个性化服务，如基于用户需求的推荐。

集中式差分隐私（CDP）包括以下几种实现方式。

（1）数据计算后添加噪声：CDP 在数据完成计算并准备对外传播之前添加噪声。例如，在用户向数据库管理者发送原始数据后，数据库管理员会在原始数据集或查询结果上添加随机噪声。

（2）信任数据库管理员：在 CDP 中，用户需要信任数据库管理员来正确地实施差分隐私保护。管理员会在响应第三方的统计查询之前，使用差分隐私技术扰动原始数据集或查询结果。

差分隐私在多个领域有着广泛的应用，包括数据共享、隐私保护模型训练、隐私保护数据分析等。它允许多个组织或个人在不泄露个人数据的情况下共享数据，促进合作和知识共享。在机器学习和数据分析中，差分隐私可以通过在训练过程和数据分析过程中引入噪声来保护个人隐私。

6.3.2　多方安全计算

多方安全计算（Secure Multiparty Compute，MPC）是一种密码学分支，旨在将计算任务分布在多个参与方之间，使得参与者在不泄露各自隐私数据的情况下，能够利用这些数据参与保密计算，从而共同完成某项计算任务。

这项技术最早可追溯至 1981 年，Rabin 首次提出了通过 Oblivious Transfer（OT）协议实现机密信息交互的方法。1982 年，姚期智教授在论文 *Protocols for Secure Computations* 中提出了著名的"百万富翁问题"，即两个百万富翁如何在没有可信第三方且不透露自己财产状况的情况下比较谁更富有。这一问题的提出标志着多方安全计算技术的产生。

随后，姚期智教授在 1986 年提出了混淆电路技术，实现了第一个多方（两方）安全计算方案。而在 1987 年，Goldreich 等人提出了基于电路的秘密共享方案 GMW，并将其应用于多方安全计算中。

MPC 通过密码学技术确保多方能够共同计算一个目标，同时不需要将自己的数据泄露给其他参与方。为实现这一目标，MPC 通常会针对每个基础运算设计不同的协议，并通过组合这些基础运算协议来实现复杂的计算任务。每个基础运算的协议通常都涉及密码学运算和网络交互，因此 MPC 协议往往需要大量的密码学运算和网络交互。

目前，安全多方计算主要通过两种主要方式实现：混淆电路和秘密共享。基于混淆电路的协议更适用于两方之间的逻辑运算，通信负担较低，但在扩展性方面表现较差。而基于秘密分享的安全多方计算则具有较强的扩展性，支持无限多方的参与计算，并且计算效率较高，但通信负载相对较大。

为了探索技术理论，一些弱化的 MPC 算法会在"参与方不会篡改本地逻辑"的假设下进行研究。然而，这种假设往往与现实情况不符，因此这些算法通常只能提供一定安全性，而无法完全满足现实应用的要求。

1. 秘密共享

秘密共享的思想是将秘密以适当方式拆分，拆分后的每一个份额由不同的参与者管理，单个参与者无法恢复秘密信息，只有若干个参与者一同协作才能恢复秘密消息。更重要的是，当其中任何相应范围内参与者出问题时，秘密仍可以完整恢复，如图 6-1 所示。

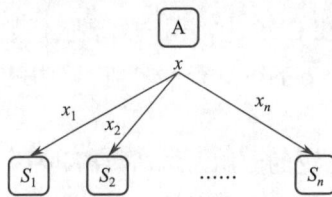

图 6-1 秘密共享模型

秘密共享技术，作为多方安全计算的重要组成部分，其发明时间较早，并且是最早在商业环境中得到应用的技术之一。在隐私计算领域中，秘密共享技术因其成熟性和实用性而备受关注。

常见的秘密共享协议包括三种：Shamir 秘密分享、加性秘密分享、复制秘密分享。其中，Shamir 门限秘密共享方案是最著名的一种。这个方案具有两个关键参数 n 和 t，因此也称 (t, n)-门限方案。具体来说，n 表示秘密被分割后参与者的数量，而 t 是门限值，代表至少需要多少个参与者共同合作才能恢复出原始的秘密信息。

在 Shamir 门限秘密共享方案中，秘密的持有者将秘密分割成 n 个份额，并将这些份额分别分配给 n 个参与者，只有当至少 t 个参与者提供他们的份额时，才能有效恢复出原始的秘密。而任何少于 t 个的份额集合都无法恢复出秘密，也无法获得关于原始秘密的任何有用信息。这种机制确保了即使部分参与者遭到攻击或背叛，秘密仍然能够保持安全。Shamir 门限秘密共享方案涉及分发秘密和合并秘密两个关键步骤。分发秘密主要是选择有限域 F_q（q_n）。设参与者集合为 $P=\{P_1, P_2, \cdots, P_n\}$，$t$ 为门限值，秘密信息为 s。选择 F_q 上的 n 个互不相同的非零元素 $x_1, x_2, \cdots, x_n$，公开这些元素。随机选择 $\alpha_i \in F_q$ 上的 $t-1$ 次多项式 $f(x) = a_0 + a_1 x + a_2 x + \cdots + a_{t-1} x^{t-1}$，其中 $a_0=s$，也就是秘密信息。分别计算 $y_i = f(x_i)$，其中 $i=1, 2, \cdots, n$，将 (x_i, y_i) 作为子秘密分发给成员 P_i。

合并秘密是将任意 t 个成员可以将其持有的子秘密共享，从而通过拉格朗日插值公式恢复出子秘密 s。设 t 个成员的子秘密为 $\{(x_1, y_1), \cdots (x_t, y_t)\}$，拉格朗日插值公式如下：

$$P_n(x) = \sum_{i=1}^{n} y_i \left(\prod_{j \neq i}^{1 \leq j \leq n} \frac{(x - x_j)}{(x_i - x_j)} \right)$$

　　由多项式理论可知，一个 $t-1$ 次多项式在 t 个不同的点取值就可求解出多项式函数，于是可以求出 $y=f(x)$。由此计算出 $f(x_0)=s=a_0$。

2. 不经意传输

　　不经意传输（Oblivious Transfer）是一种密码学协议，它允许消息发送者从一系列待发送的消息中选择一条发送给接收者，但事后发送者无法知道具体发送了哪一条消息。

　　第一种形式的不经意传输如图 6-2 所示，最初由 Michael O. Rabin 在 1981 年提出。在这种协议中，发送者 Alice 发送一条消息给接收者 Bob，而 Bob 接收到信息的概率为 $1/2$。协议结束后，Alice 并不知道 Bob 是否接收到了信息，但 Bob 能知道自己是否收到了信息。

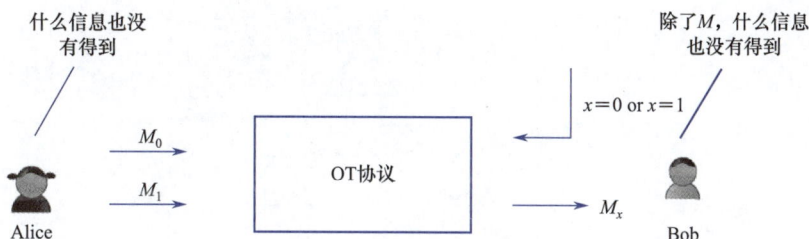

图 6-2　Michael O. Rabin 提出的不经意传输

　　另一种更实用的不经意传输协议如图 6-3 所示，是 2 选 1 不经意传输（1 out of 2 Oblivious Transfer），由 Shimon Even、Oded Goldreich 和 Abraham Lempel 在 1985 年提出。在这种协议中，Alice 每次发送两条信息（M_0、M_1）给 Bob，Bob 提供一个输入，并根据这个输入获得其中一条输出信息。协议结束后，Bob 得到了自己想要的那条信息（M_0、M_1），而 Alice 并不知道 Bob 最终得到的是哪条信息。这种协议在多个领域都具有广泛的应用价值，因为它允许参与者在不泄露自己信息的情况下进行交互。

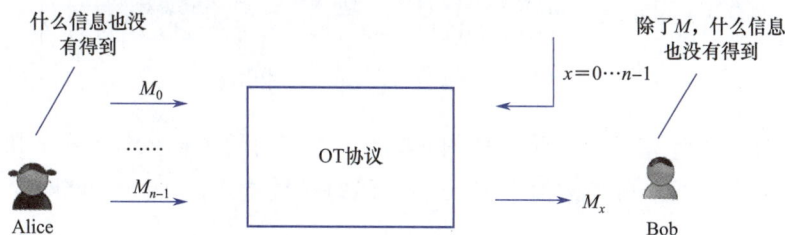

图 6-3　扩展后提出的不经意传输

　　1986 年，Brassard 等人将 2 选 1 不经意传输拓展为 n 选 1。

3. 混淆电路

　　混淆电路（Garbled Circuits）是双方进行安全计算的布尔电路。这种电路将计算过程中的每个逻辑门都加密并打乱，以确保在加密计算的过程中不会对外泄露计算的原始数据和中间数据。双方根据各自的输入，按照混淆电路的规则依次进行计算。只有解密方能够得到最终的正确结果，但无法获取除结果以外的其他任何信息，从而实现了双方的安全计算。

众所周知，计算问题通常可以转换为布尔电路，而布尔电路又由多种基本逻辑门组成，如加法电路、比较电路和乘法电路等。混淆电路技术正是通过将这些基本逻辑门进行加密和混淆，来保护计算过程中的敏感信息，使得参与计算的双方能够在不泄露各自数据的情况下，共同完成计算任务。如图 6-4 所示，Alice 和 Bob 想共同完成一件事，他们设计了个电路，电路里面有一些门，每个门包括输入线（Input Wire）和输出线（Output Wire）。混淆电路就是通过加密和扰乱这些电路的值来掩盖信息的。在最经典的混淆电路中，加密和扰乱是以门为单位的。每个门都有一张真值表。

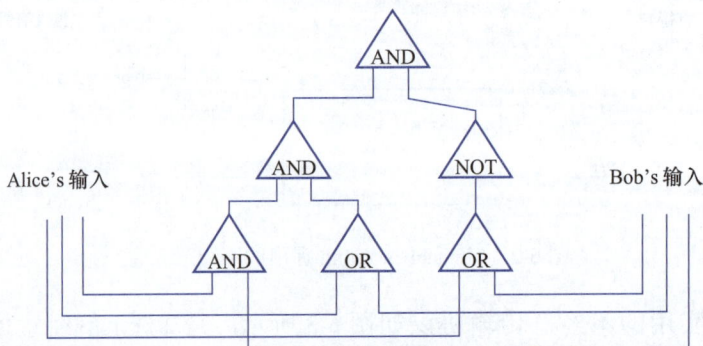

图 6-4　混淆电路举例

下面就以与门为例来说明混淆电路的工作原理，如图 6-5 所示。

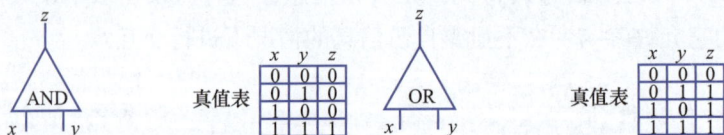

图 6-5　与门举例混淆电路工作原理

Alice 和 Bob 想计算一个与门。如图 6-6 所示，该门两个输入线 x 和 y 和一个输出线 z，每条线有 0 和 1 两个可能的值。Alice 首先给每条线指定两个随机的 key，分别对应 0 和 1。

然后，Alice 用这些密钥加密真值表，并将该表打乱后发送给 Bob，如图 6-7 所示。加密过程就是将真值表中每一行对应的 x 和 y 的密钥 key 加密 z 的密钥。这一加密＋打乱的过程，就是混淆电路的核心思想。

那 Bob 收到加密表后，如何计算呢？

首先 Alice 把自己的输入对应的 key 发给 Bob，比如 Alice 的输入是 0，那就发 k_{0x}，输入是 1 就发 k_{1x}。同时通过不经意传输把和 Bob 有关的 key 都发给 Bob，也就是

k_{0y} 和 k_{1y}，然后 Bob 根据自己的输入挑选相关的 key，但 Alice 并不知道 Bob 选了哪个 key。

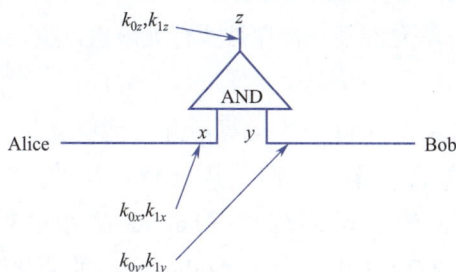

图 6-6　混淆电路核心

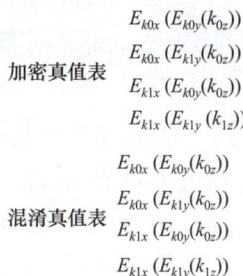

加密真值表
$$E_{k0x}(E_{k0y}(k_{0z}))$$
$$E_{k0x}(E_{k1y}(k_{0z}))$$
$$E_{k1x}(E_{k0y}(k_{0z}))$$
$$E_{k1x}(E_{k1y}(k_{1z}))$$

混淆真值表
$$E_{k0x}(E_{k0y}(k_{0z}))$$
$$E_{k0x}(E_{k1y}(k_{0z}))$$
$$E_{k1x}(E_{k0y}(k_{0z}))$$
$$E_{k1x}(E_{k1y}(k_{1z}))$$

图 6-7　收到加密表后的计算

Bob 根据收到的 k_x 和自己的 k_y，对上述加密表的每一行尝试解密，最终只有一行能解密成功，并提取出相应的 k_z。

Bob 将 k_z 发给 Alice，Alice 通过对比是 k_{0z} 还是 k_{1z} 得知计算结果是 0 还是 1。由于整个过程大家收发的都是密文或随机数，所以没有有效信息泄露。

4．同态加密

同态加密是一种加密形式，它允许用户直接对密文进行特定的代数运算，如图 6-8 所示。而这些运算的结果仍然是加密的，与对明文进行同样的操作后再将结果加密得到的结果一致。这一特性在保护信息安全方面具有重要意义。

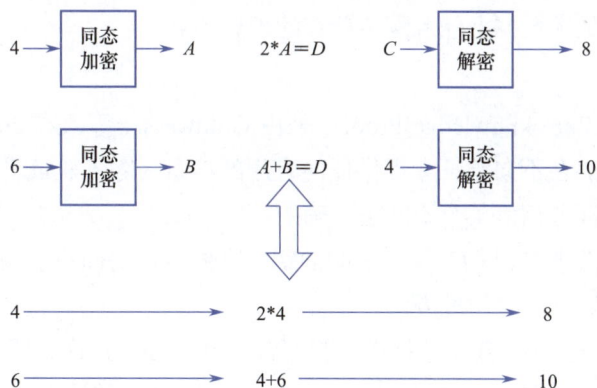

图 6-8　同态加密过程

利用同态加密技术，用户可以先对多个密文进行计算，然后再进行解密，这样就避免了需要对每一个密文单独解密的高昂计算代价。此外，同态加密技术还可以实现无密钥方对密文的计算，这意味着密文计算无须经过密钥方，从而减少了通信代价，并能够将计算任务转移到其他方进行，平衡了各方的计算负载。

最重要的是，同态加密技术使得解密方只能获知最后的结果，而无法获取到每一个密文的具体消息内容。这一特性极大地提高了信息的安全性，使得敏感数据在加密状态下仍可进行必要的计算操作，同时确保了数据的安全性不被破坏。

同态加密方案根据其支持的运算类型和运算次数大致可以分为以下三种类别。

（1）部分同态加密：部分同态加密算法允许某一操作被执行无限次，主要包含加法同态和乘法同态。

如果一种同态加密方案只支持在密文上执行加法运算，并且能够支持无限次的密文运算，则这种方案被称为加法同态加密方案。目前使用比较广泛的是 Paillier 加法同态。Paillier 是一个支持加法同态的公钥密码系统，由 Paillier 在 1999 年的欧密会（EUROCRYPT）上首次提出。此后，在 PKC'01 中提出了 Paillier 方案的简化版本，是当前 Paillier 方案的最优方案。在众多部分同态加密方案中，Paillier 方案由于效率较高、安全性证明完备的特点，在各大顶会和实际应用中被广泛使用，是隐私计算场景中最常用的部分同态加密实例化方案之一。

如果一种同态加密方案只支持在密文上执行乘法运算，并且能够支持无限次的密文运算，则这种方案被称为乘法同态加密方案，如经典的 RSA 加密方案在某些使用场景中可视为乘法同态加密。

（2）有限全同态加密：如果一种同态加密算法同时支持在密文上进行加法和乘法操作，但是只能进行有限次密文运算，那么这种算法称为有限全同态加密算法。

（3）全同态加密（FHE）：如果一种同态加密算法同时支持在密文上进行加法和乘法操作，并且能够支持无限次密文运算，那么这种算法称为全同态加密（FHE）算法。全同态加密被认为是实现加密数据上任意复杂计算的理想工具。

5. 零知识证明

"零知识证明"（Zero-knowledge Proof）是由 Goldwasser 等人在 20 世纪 80 年代初提出的，它指证明者能够在不向验证者提供任何有用的信息（除了验证者已经知道的公开信息）的情况下，使验证者相信某个论断是正确的。

例如，A 要向 B 证明自己拥有某个房间的钥匙，假设该房间只能用钥匙打开锁，而其他任何方法都打不开。这时有两种方法。

（1）A 把钥匙出示给 B，B 用这把钥匙打开该房间的锁，从而证明 A 拥有该房间的正确的钥匙。但这种方法存在一个问题，即 B 可能会记住或复制钥匙。

（2）B 确定房间内有某一物体，A 用自己拥有的钥匙打开该房间的门，然后把物体拿出来出示给 B，从而证明自己确实拥有该房间的钥匙。这种方法就是零知识证明的一个例子。好处在于在整个证明的过程中，B 始终不能看到钥匙的样子，从而避免了钥匙的泄露。

零知识证明实质上是一种涉及两方或更多方的协议，即两方或更多方完成一项任务所需采取的一系列步骤。零知识证明必须包括两个方面，一方为证明者 P（Prover），另一方为验证者 V（Verifier）。证明者试图向验证者证明某个论断是正确的，或者证明者拥有某个知识，却不向验证者透露任何有用的消息（除了验证者已经知道的公开信息）。零知识证明目前在密码学中得到了广泛应用，尤其是在认证协议、数字签名方面。

在 Goldwasser 等人最初提出的零知识证明中，证明者和验证者之间必须进行交互，这样的零知识证明被称为"交互零知识证明"。然而，80 年代末，Blum 等人进一步提出了"非交互零知识证明"的概念，用一个短随机串代替交互过程并实现了零知识证明。非交互零知识证明的一个重要应用场合是需要执行大量密码协议的大型网络。大量事实证明，零知识证明在密码学中非常有用。图 6-9 为零知识证明的一个经典模型——洞穴模型，该模型不涉及具体算法实现，仅用于初步说明零知识证明的原理和效果。

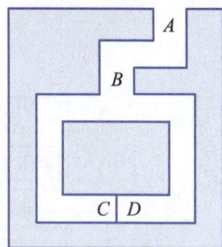

图 6-9 洞穴模型

在图 6-9 中，C 点和 D 点之间存在一道密门，只有知道秘密口令的人才能打开。证明者 P（Prover）知道秘密口令，并希望向验证者 V（Verifier）证明，但又不希望泄露秘密口令，可通过以下证明过程实现。

第一步，验证者 V 站在 A 点，证明者 P 站在 B 点；

第二步，证明者 P 随机选择走到 C 点或 D 点，验证者 V 在 A 点无法看到证明者 P 选择的方向；

第三步，验证者 V 走到 B 点，并要求证明者 P 从左通道 / 右通道的方向出来；

第四步，证明者 P 根据验证者 V 的要求从指定方向出来，如有必要需要用秘密口令打开密门。

如果证明者 P 知道秘密口令，就一定能正确地从验证者 V 要求的方向出来；如果证明者 P 不知道秘密口令，则每次有 1/2 的概率能从验证者 V 要求的方向出来。该证明过程可重复进行多次，直到验证者 V 相信证明者 P 拥有打开密门的秘密口令。

通过以上证明过程，证明者 P 就向验证者 V 完成了关于秘密口令的零知识证明，即证明过程不会泄露任何关于秘密口令的知识。

下面以默克尔树结构为例，实现零知识证明即意味着，如何证明某个人拥有 L1 ～ L4 这些原始数据，但又无须将数据公之于众？

第一步：证明者可通过创建如图 6-10 所示的默克尔树结构，然后对外公布 Hash0-1、Hash1 以及 Top Hash（在哈希算法篇时，我们曾介绍过仅哈希值无法推导出原始数据）。

第二步：通过数据 L1 经哈希算法生成 Hash0-0，然后根据公布的 Hash0-1 生成 Hash0，再根据公布的 Hash1 生成 Top Hash。如果最后生成的 Top Hash 值与公布的 Top Hash 值一致，则可证明他拥有 L1 ～ L4 数据，而无须公布这一系列的原始数据。这也就实现了零知识证明。

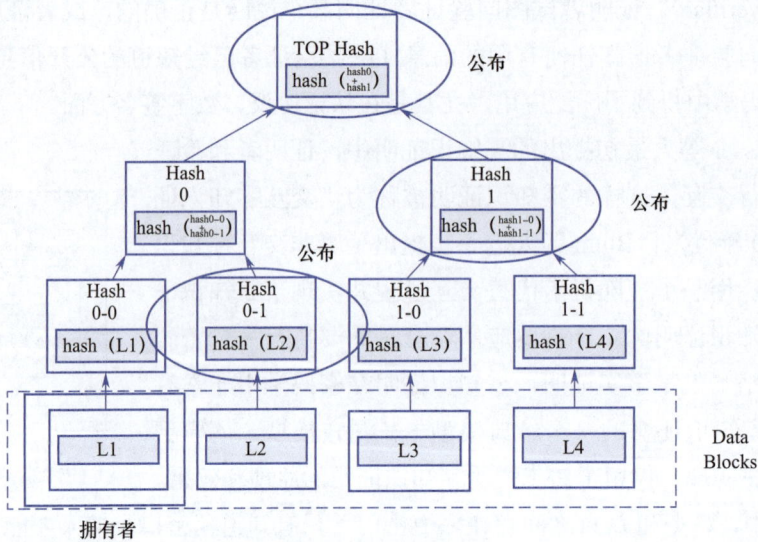

图 6-10　默克尔树结构

6.3.3　联邦学习

联邦学习（Federated Learning，FL）是一种分布式机器学习技术，其核心思想是通过在多个拥有本地数据的数据源之间进行分布式模型训练，无须交换本地数据，仅通过交换模型参数或中间结果来构建基于虚拟融合数据下的全局模型，从而实现数据隐私保护和数据共享计算的平衡。

联邦学习是兼顾数据合作与隐私保护的去中心化协作机器学习技术。传统的数据价值流转通常是将所有数据汇聚到云或数据中心，基于处理后的数据进行大量计算以产生预测，进而应用于具体场景。而联邦学习则不同，AI 计算过程在参与方的设备、数据中心或边缘端进行，利用本地数据训练模型，并将需要更新的参数同步到一个中心节点。在平均所有参与者的模型结果后，再将新的训练模型分发到各个参与者。这种机制使得参与者在不牺牲底层数据隐私的前提下，能够共同实现较大规模的 AI 和机器学习应用。

在现实中，由于各个数据所有者所拥有的用户列表和特征可能不完全相同或完全不同，根据参与联邦学习的不同数据所有者之间数据分布的差异，可以将联邦学习分为三类：横向联邦学习、纵向联邦学习和联邦迁移学习。

（1）横向联邦学习（Horizontal Federated Learning，HFL）又称基于样本的联邦学习。"横向"指数据是按行划分的，如图 6-11 所示，这种学习方式可以增加训练样本的总量，而数据的特征维度则保持不变（或可能减少，因为需要取交集）。

以两家不同地区但同一行业的机构为例，虽然它们的用户群体来自不同的地域，用户交集可能非常小，但由于它们处于同一行业，用户特征往往具有很高的相似性。这时，横向联邦学习就能发挥巨大作用。

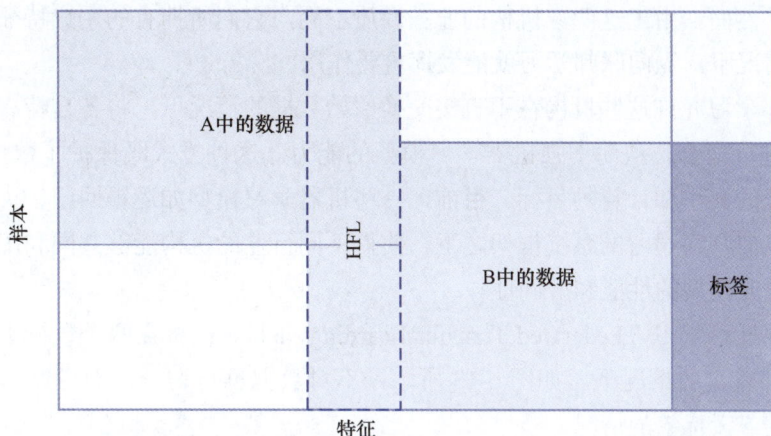

图 6-11　横向联邦学习

横向联邦学习允许这些机构在不交换原始数据的情况下，通过交换模型参数或中间结果来共同训练一个全局模型。这种方式不仅保护了用户数据的隐私，还实现了数据共享和计算的目标。Google 前几年提出的一个针对安卓手机模型更新的数据联合建模方案就是横向联邦学习的一个实际应用。在这个方案中，当用户使用安卓手机时，手机会在本地根据用户的使用习惯和行为不断更新模型参数，并将这些参数上传到安卓云上。通过这种方式，Google 可以在不侵犯用户隐私的前提下，收集大量用户的模型参数，从而对整个模型进行全局优化，提升用户体验。

（2）纵向联邦学习（Vertical Federated Learning，VFL）：又称基于特征的联邦学习，纵向表示数据是纵向（按列）划分的，如图 6-12 所示的纵向联邦可以增加训练数据特征，训练样本总量不变（或者减少）。

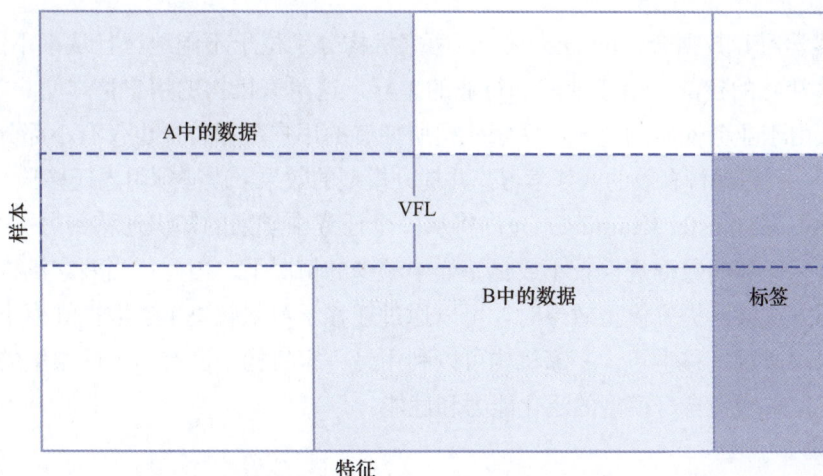

图 6-12　纵向联邦学习

以两家相同地区但不同行业的机构为例，由于它们处于同一地区，其用户群体很可能有大量交集。然而，由于这两家机构的业务性质不同，它们所拥有的用户特征交集可能较小。在这种情况下，纵向联邦学习就能发挥重要作用。

纵向联邦学习允许这些机构在不直接交换原始数据的情况下，将各自特有的特征在加密的状态下进行聚合，从而增强机器学习模型的能力。这种方式既保护了数据的隐私性，又实现了特征的共享和计算的目标。目前，一些机器学习模型如逻辑回归、决策树等已经成功建立在纵向联邦学习的系统框架之下，使得不同行业的机构能够共同利用各自的特征数据，共同提升模型的性能和准确性。

（3）联邦迁移学习（Federated Transfer Learning，FTL）：指在两个数据集的用户与用户特征重叠都较少的情况下，如图 6-13 所示，不对数据进行切分，而可以利用迁移学习来克服小数据或无标签的情况。

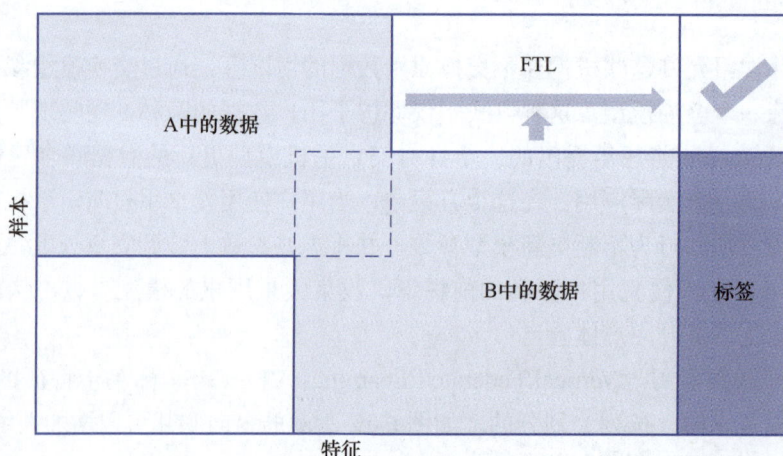

图 6-13　联邦迁移学习

在机器学习和数据合作的场景中，当两家机构分别位于不同地区且从事不同行业时，它们面临着特殊的挑战。由于地域和行业的差异，这两家机构的用户群体交集往往很小。更进一步，由于业务性质的差异，两家机构所拥有的用户数据特征也仅有小部分重合。在这种情况下，要想进行有效的联邦学习，并提升模型的效果，就必须引入迁移学习的概念。

迁移学习（Transfer Learning）允许将从一个任务中学到的知识迁移到另一个任务中，尤其是在目标任务的数据规模较小或标签样本较少的情况下。因此，当两家机构希望通过联邦学习的方式共同提升模型效果时，可以通过迁移学习来解决单边数据规模小和标签样本少的问题。通过迁移学习，一家机构可以利用另一家机构中已有但不同领域的模型知识或数据特征，来增强自身模型的泛化能力和性能。

6.3.4　受控匿名化

相对匿名化指个人信息经过处理，在不结合额外信息的情况下、在经典算力和合理时间范围内，无法识别特定自然人且不能复原的技术。受控匿名化指将相对匿名化的数据限制在受控环境中使用，以确保在受控环境中，达到无法识别特定自然人且不能复原的匿名化效果。通过严格管控受控环境与外界的交互，满足了相对匿名化的限制条件。

受控匿名化技术中，各参与方首先在本地对数据进行去标识和模糊化处理，并且数据的后续处理和使用也受到严格管控，通过受控环境来限制其与外部的交互。图 6-15 为典型的受控匿名化流程。

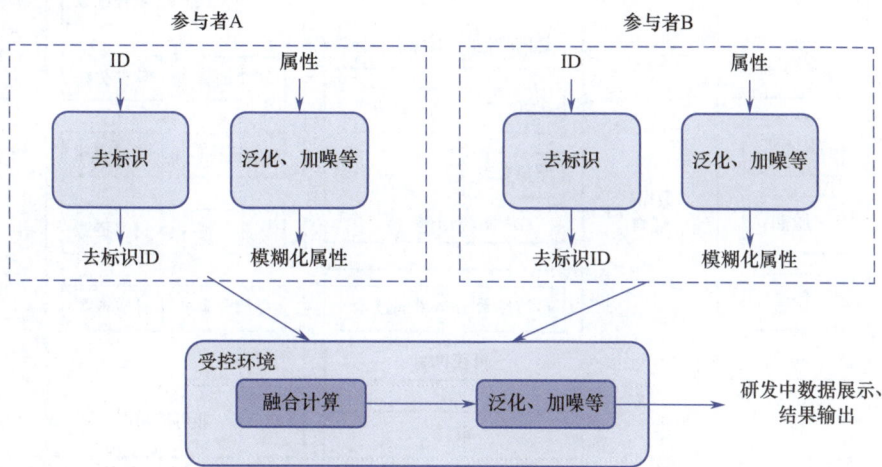

图 6-14　受控匿名化流程

在参与方本地，需要分别对标识符（Identifier，ID）和属性进行处理。首先，参与方在本地对 ID 进行去标识。为保证 ID 能够支持融合碰撞计算，一般通过 HMAC 或确定性加密算法实现去标识。其次，参与方对属性信息进行模糊化处理，可采用泛化、加噪等方式，通过对属性的模糊处理能够进一步降低数据的可识别性。最后，所有参与方完成数据处理后，将数据传输到受控环境中进行融合计算，相对匿名化的数据在离开参与方后仅出现在受控环境中，在研发中的数据展示和结果输出中，需要对数据进行泛化、加噪等模糊化处理，以避免通过结果推断原始数据。

受控环境通过可信计算等安全保障技术，可实现受控环境与外部通道交互的严格管控，降低了数据泄露的风险。此外，受控匿名化极大程度地保留了 ID 和属性的数据价值，且计算量小性能高，能够适用于较多数据碰撞、融合计算等场景中。

6.3.5　跨域管控

在数据流通场景中，跨域管控指数据离开持有者（也叫数据方、数据持有方）的运维域后，数据方仍然能够有效地控制数据的流转过程，避免其被窃取或者非预期使用。

图 6-16 是跨域管控技术示意图。一部分工作需要数据方亲自进行（在数据方域内进行），包括：

（1）验证数据方域外的环境，以确认该环境是否安全；

（2）对数据做预处理，以满足后续处理的格式要求，或者减少对外传递的信息量；

（3）对数据进行加密，并且保证只有前述验证过的环境才能解密；

（4）当有其他方请求数据时，要对数据进行授权。

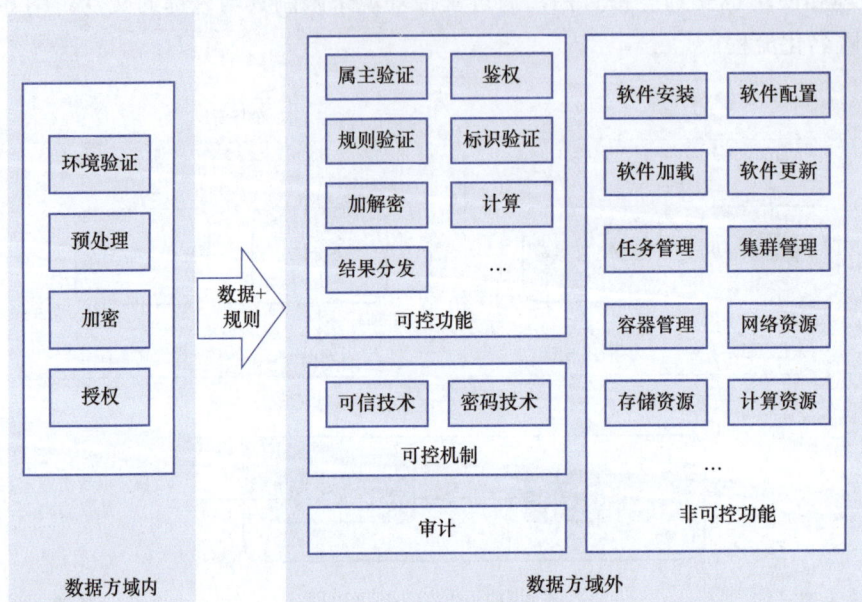

图 6-15　跨域管控技术示意图

在数据方域外，要有相应的机制，提供数据跨域管控的底层基础，如图 6-15 中的"可控机制"；在此基础上，设计支持数据生命周期管理的相应技术功能，如图中的"可控功能"，这里需要指出跨域可控技术里面的数据生命周期比一般的数据生命周期要更细致，因为任何一个细小的生命周期设计不当，都有可能导致数据泄露，除此以外，数据生命周期的相互转换，也需要进行周密设计，否则也有可能被攻击者利用。部分域外的功能可以由域外运维者自主控制，叫非可控功能，包括各种资源的管理、任务的管理、任务与资源的映射、软件环境的维护等。这一灵活度可以很好地提升资源利用率和保障系统稳定性。

图 6-16 是一个"如何将参与方、ID、数据、计算、结果严密绑定在一起"的示例，避免因设计不周密导致数据受威胁。假设整个数据生命周期在可信环境中进行，但是由于采用微服务体系，不同的生命周期可能被分散到不同的可信环境中，数据也是通过可信环境的密钥加密后存储在可信环境之内。其中的标识、属主关系等在"非数据流通场景"通常不需要施加安全保护措施，也是容易在数据流通方案设计中被忽略的地方。主要原理如下。

（1）授权：数据方声明"谁能够对我的哪份数据使用什么算法进行计算"，声明的方式一般采用数字签名。

密钥

```
数据方 ── 使用方 ── 数据 ── 算法 ── 结果 ── 结果
                                    计算    加密    密文
  │ 授权        │         │         │
标识   ↓      标识      标识      标识
绑定          绑定      绑定      绑定
  │           │         │         │
数据方 ── 使用方 ── 数据 ── 算法
  ID          ID        ID        ID
  ↑

属从关系
```

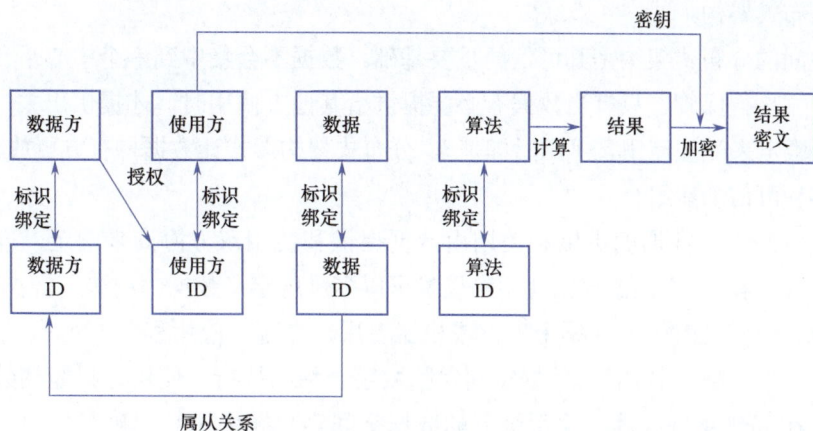

图 6-16　绑定事例

（2）标识：声明消息中的三个实体一般采用 ID 进行标识。所以必须要有可靠的机制确保 ID 和其背后的实体关联起来，并且关联程度要能够防止域外的恶意者进行破坏。一种可行的实现方法是采用身份公钥的哈希值作为身份 ID、采用数据的哈希值作为数据 ID、采用算法的哈希值作为算法 ID。

（3）属主关系：在采纳数据方声明的授权之前，还需要确认"该数据"是否属于"该数据方"，并且这一关联关系不能被域外的恶意者破坏。一种可行的实现方法为，数据方通过密码学手段证实自己拥有解密该数据的密钥。

跨域管控技术可以助力构建大规模的数据流转中心，使得大规模数据中心既可以具备丰富的功能、高性能和灵活性，同时也避免了因为这些能力的增加，导致数据方失去对自己数据的管控，从而极大地提升数据方参与数据流通的意愿。

6.3.6　数据空间

1．数据空间的概念

数据空间指利用先进的数字技术，对各种数据进行收集、存储、处理、分析和应用的空间。欧盟出版局发布的报告《欧洲共同数据空间：进展与挑战》将数据空间定义为：互相信任的合作伙伴之间的数据关系，每一方都对其数据的存储和共享适用相同的高标准和规则。因此，数据空间既是数字经济的核心基础设施，也是现代社会运转的重要支撑。

2．数据空间的技术特点

数据空间作为一种分布式架构的数据生态系统基础设施，其核心理念是实现可信的数据流通。通过共同商定的原则和技术架构，数据空间旨在定义数据生态系统中各方之间的可信赖数据关系，促进数据的要素化、市场化运作，并激活数据流通的新模式和技术创新。这一过程强调互操作性和安全可溯性，确保数据在流通过程中的完整性和可信度，为数据的广泛应用和价值实现提供坚实基础。

（1）分布式架构

数据空间的分布式架构是其可信的重要基础。数据不会集中到一个中心平台上，而是由数据持有方自行保管。只有当数据有必要提供给其他方使用时，才提供出去，并且带上数字合约的限定来受控使用且"用后即焚"。分布式架构形式让数据持有方更放心。

（2）多种可信功能组合

在数据空间中，数据的提供和使用由数据提供和使用双方协商来确定，遵循和保障"最小必要"原则。双方根据数据使用的场景可以多维度定义数据"用法"，包括用哪些数据、用几次、用多长时间、在哪个地点或机器上用、在哪个应用程序上用等。对"用法"的限定形成一个"数字合约"。数据空间保障数字合约的执行。使用方只能按数字合约的约束条件，在部署在自身数字化系统上的数据空间客户端中对数据进行使用。使用完毕后，数据会按合约进行删除，保障数据不被留存或被用于其他用途。

此外，数据空间还提供实名身份，以保障参与者身份的可信；数据标记，以保障数据可溯源；日志存证，以忠实记录数据进入空间、传递、使用到删除的全流程日志。日志可用来解决使用纠纷、质量追溯、数据计量以及数据监管。

通过上述分布式架构及多种可信功能的组合，数据空间实现数据安全和信任的提升。

6.4 数据要素流通发展趋势

6.4.1 面临挑战

1．技术挑战：确保数据安全与隐私保护

随着数字化时代的到来，数据的产生、传输和使用变得越来越频繁，同时也伴随着更多的安全风险。数据泄露是数据要素安全流通的主要威胁之一。黑客攻击、内部人员疏忽或数据管理不当都可能导致敏感数据泄露，给企业和个人带来了巨大损失。数据隐私保护是数据要素安全流通的另一个重要挑战。随着大数据技术广泛应用，个人隐私面临着前所未有的威胁。如何在数据流通和共享过程中保护个人隐私，已成为亟待解决的问题。

2．法律挑战：应对不断变化的法律环境

数据流通涉及的法律问题复杂多变，随着技术的不断发展和应用场景的扩大，相关法律法规也在不断更新和完善。如何应对这种不断变化的法律环境，是数据流通面临的又一个重要挑战。以数据跨境为例，随着全球化进程的加速，数据跨境流动日益频繁。然而，不同国家和地区的数据保护法规存在差异，给数据跨境流动带来了诸多法律风险。如何在遵守各国法规的前提下实现数据的安全流通，是企业面临的又一个挑战。

3．经济挑战：建立有效的数据定价与市场机制

数据作为一种新的生产要素，其定价和市场机制尚不完善，数据确权和授权运营还需

进一步探索。如何建立有效的数据定价和市场机制，是数据流通面临的又一个重要挑战。

首先，数据的价值难以准确衡量。由于数据的来源、质量、用途等因素存在差异，其价值也各不相同。因此，如何根据数据的实际情况进行定价，是一个需要深入研究的问题。其次，数据市场存在信息不对称和垄断现象。在数据市场中，数据提供者和使用者之间的信息不对称问题普遍存在，这可能导致市场失灵和不公平交易。同时，一些大型企业和机构可能利用自身的数据优势形成垄断，影响市场的公平竞争。

6.4.2　发展趋势

1．技术保障数据要素流通

运用新技术提升数据流通管理能力，建设安全可控的数据要素流通环境。应用安全多方计算、联邦学习、数据空间等技术，保障多源多方数据融合和计算的可靠、可控和可溯，做好数据流通方面的技术支撑。具体包括以下几点。

（1）提升数据质量，技术创新能够优化数据处理和分析能力，从而提高数据的质量。这包括使用更先进的算法和模型来清洗、整合和挖掘数据，使其更加准确、完整和有价值。

（2）加速数据传输，随着云计算、大数据、人工智能等技术不断发展，数据可以在更短的时间内被收集、处理和传输，大大加快了数据流通的速度，例如，实时数据分析和处理系统可以在数秒内完成大量数据的处理，使得数据能够更快地转化为有价值的信息。

（3）保障数据安全：技术创新也为数据安全提供了更多的保障。通过加密技术、区块链技术等手段，可以确保数据在传输和存储过程中的安全性和完整性，防止数据泄露和滥用。

2．政策推动数据要素流通

（1）规范市场环境：随着国家对数据要素市场的重视程度不断提高，相关政策和法规的出台将进一步规范市场环境。例如，"数据二十条"的发布、国家数据局的成立等都将有助于完善数据基础制度、建立统一规范的数据流通规则，从而推动数据要素的高效流通。

（2）促进数据共享：政策变化还将促进数据共享。政府和企业将更加注重数据的开放和共享，以推动数据要素在更大范围内的流通和应用。这将有助于打破"信息孤岛"和"数据烟囱"现象，提高数据资源的利用效率。

（3）促进数据交易：政策变化还将支持数据交易的发展。通过建立数据交易所、完善数据交易规则等措施，可以推动数据要素的市场化交易，实现数据价值的最大化。

3．数据要素流通促进数字经济发展

（1）驱动数字经济发展：数据要素流通是数字经济发展的重要驱动力。通过数据流通，可以实现数据资源的优化配置和高效利用，推动新产业、新业态、新模式不断涌现，为数

字经济的持续发展提供强大支撑。

（2）提升经济效率：数据要素流通可以优化资源配置、降低交易成本、提高生产效率等，从而提升整个经济体系的运行效率。例如，通过数据分析和预测，企业可以更加精准地把握市场需求和消费者行为，制定更加有效的生产和营销策略。

（3）促进全球合作：数据要素流通还可以促进全球范围内的合作与交流。通过跨境数据流动和共享，不同国家和地区的企业可以共同开发数据资源、推动技术创新和产业升级等，实现互利共赢的发展目标。

习　题

1．阐述数据要素和其它类型生产要素的异同。

2．有哪些可能的措施，可以促进数据要素的流通？

3．与传统生产要素相比，数据要素在流动性方面的特点对经济发展有哪些潜在的影响？

4．数据流通的重点领域流通场景有哪些？

5．数据出境的主要形式有哪些？

6．数据交易的模式有哪几种？

7．数据交易的定价机制受哪些因素影响？

8．阐述多方安全计算的原理。

9．联邦学习根据数据分布的差异分为哪三类？分别在什么情况下适用？

10．在跨域管控技术中，数据方在其域内需要进行哪些工作？为什么这些工作对于数据安全流转至关重要？

11．数据空间的技术特点有哪些？

12．数据要素面临的挑战有哪些？

13．数据要素流通的发展趋势如何？

参 考 文 献

[1] 程啸. 个人信息保护法理解与适用 [M]. 北京：中国法制出版社，2021.

[2] 程啸. 个人信息范围的界定与要件判断 [J]. 武汉大学学报（哲学社会科学版），2024，77（04）：128-140.

[3] 中国泰尔实验室等. 智能终端产业个人信息保护白皮书（2018 年）[EB/OL]. [2018-12-30].

[4] GOERLICH J. Encrypt：Protect the Business，Prevent the Threats [EB/OL].（2017-02-16）[2021-05-25].